高等职业教育生态林业专业群特色教材

花卉栽培养护及应用

宋雪丽 主编

姚川 鄂晓丹 戴森 常丽 副主编

周鑫 主审

中国轻工业出版社

图书在版编目（CIP）数据

花卉栽培养护及应用 / 宋雪丽主编. -- 北京：中国轻工业出版社，2024. 11. -- ISBN 978-7-5184-5113-5

I. S68

中国国家版本馆CIP数据核字第2024UZ2755号

责任编辑：赵雅慧　　责任终审：李建华　　设计制作：梧桐影

策划编辑：陈　萍　赵雅慧　　责任校对：晋　洁　　责任监印：张京华

出版发行：中国轻工业出版社（北京鲁谷东街 5 号，邮编：100040）

印　　刷：鸿博昊天科技有限公司

经　　销：各地新华书店

版　　次：2024年11月第1版第1次印刷

开　　本：787 × 1092　1/16　印张：16

字　　数：350千字

书　　号：ISBN 978-7-5184-5113-5　定价：78.00元

邮购电话：010-85119873

发行电话：010-85119832　　010-85119912

网　　址：http://www.chlip.com.cn

Email: club@chlip.com.cn

240817J2X101ZBW

本书编写人员

主　编　宋雪丽（黑龙江林业职业技术学院）

副主编　姚　川（黑龙江林业职业技术学院）
鄂晓丹（黑龙江林业职业技术学院）
戴　森（黑龙江林业职业技术学院）
常　丽（黑龙江林业职业技术学院）

主　审　周　鑫（黑龙江林业职业技术学院）

前言

园林花卉种类繁多，观赏性强，自古以来，中外园林无园不花。随着时代的进步，花卉产品也正向着专业化、标准化、商品化的方向发展。同时，花卉业对技术技能型人才的需求也在快速增长，花卉类课程已成为职业院校园林类专业的基础课程。

随着“三教改革”的推进，教材信息化要求越来越高，教学中也越来越注重学生自主学习，力求打破传统单一的学习模式。本教材强调实践操作，结合融媒体的方式，使学习方式多样化，精准对接学生多样化的学习需求。

本教材对应花卉产业实际，按照花卉繁殖—养护—应用的逻辑线，精心设计教学内容。以任务驱动的方式，设计了生产基地的花卉生产计划制订、常见花卉繁殖与养护、园林绿地中的花卉应用三大模块，包括四个学习项目。内容编排上，既保证了全面性，又注重了知识深度与广度的逐步提升，旨在培养学生花卉繁育、栽培及养护的能力，弘扬传统文化，培养学生的生态意识和创新思维。此外，本教材通过过程考核和结果考核评价教学目标，从而对学习成果进行检验。

本教材为契合思政育人的要求，重点突出了黑龙江地区的地域特色和林业特色；为响应信息化教育的趋势，建设了丰富的立体化教学资源；为紧跟行业最新动态，及时更新了相关内容。教材编写基于园林花卉栽培工作岗位典型工作任务展开，有利于缩短学生的就业适应期。同时，配备了丰富的图片、视频、思政微课、自测自评、参考案例等融媒体资源，使教材更具可读性。此外，本教材建有慕课《花间故事——花卉栽培养护及应用》，配合学习进度提供自测自评材料，鼓励学生进行交互式学习，更好地掌握所学知识。

本教材可供高等职业院校园林类专业学生花卉类课程教学使用，也可作为园艺、种植专业相关课程教学参考用书。

本教材由黑龙江林业职业技术学院宋雪丽担任主编，姚川、鄂晓丹、戴森、常丽担任副主编。全书由黑龙江林业职业技术学院周鑫教授主审。

本教材的编写参考了同类教材及相关资料，在此对相关作者一并表示衷心的感谢。

由于编者水平有限，书中疏漏之处在所难免，敬请广大读者批评指正。

宋雪丽

2024年7月

目录

模块一

生产基地的花卉生产计划制订

学习目标

能力目标	知识目标	素质目标	思政目标
1. 能够正确使用花卉生产设备，熟悉生产程序等 2. 能够制订花卉生产计划，分析所制订生产计划的可行性及存在的问题，并确定经营策略	1. 了解花卉产业结构、花卉经营方式、花卉产品销售渠道 2. 掌握花卉生产设备的使用方法及生产程序	1. 初步建立自主学习意识 2. 初步建立团队协作意识 3. 认识语言表达能力的重要性 4. 培养健康意识	1. 坚守林业，爱岗敬业，致力于服务生态强省工作 2. 积极参与生产管理

学习目的

通过对花卉生产企业的参观和调查，以学院为生产单位，为学校篮球场绿化培育花苗。自主撰写花卉生产计划，掌握制订花卉生产计划的基本方法，提高参与生产管理的意识。

材料与用具

笔、笔记本、计算机等。

学习步骤

领取任务书→任务分析→案例分析→撰写生产计划。

任务书

文件编号：　　　　　　　　　　　　　　　　日期：

任务名称	××生产基地的花卉生产计划制订
时间	××年
任务详情	拟在学校篮球场周围（边长为30m的正方形）种植花卉用以装饰环境，各生产小组（可根据班级人数确定）自行利用温室内面积（约4m^2）进行育苗，以满足绿化需要。为了更好地完成种植，请制订花卉生产计划，并绘制花卉种植区域示意图
具体要求	以小组为单位，在4学时内完成花卉生产计划的制订及花卉种植区域示意图的绘制。花卉生产计划应符合以下种植要求：一、二年生草本花卉（天人菊、千日红），宿根花卉（八宝景天、大花萱草、玉簪），球根花卉（卷丹百合）各至少种植一种，用于夏天观赏
学习成果	花卉生产计划一份；学校篮球场花卉种植区域示意图一份
生产负责人	

任务分析单

任务要求	达成目标	显性条件	隐性条件

参考案例　京津地区花卉种植计划

案例分析单

未涉猎的新名词/新内容	案例文本纲要组成部分	案例内容是否适合作为本次学习任务的纲要（是/否）

实践内容

1. 能力目标

熟悉花卉类型、生产设施、生产程序等内容，学会针对具体目标制订相应的花卉生产计划。

2. 材料与用具

笔和记录表。

3. 内容与方法

前往花卉生产单位（盆花或切花生产企业），以小组为单位进行调查。调查内容包括生产花卉种类、生产规模、近1～2年生产经营情况和市场需求情况。在此过程中，要求学生态度认真，积极主动；认真调查，仔细记录。此次调查旨在体现学生综合运用知识的能力。根据调查情况，各小组制订企业（以学院为生产单位）下一年度花卉生产计划（绿化篮球场周围所需花苗）并提出具体实施策略。

生产计划制订的具体内容如下：

① 制订生产月历表，如表1–1所示。

② 填写生产岗位责任落实表，如表1–2所示。

③ 进行生产档案管理，填写工作日志表，如表1–3所示。

④ 填写出、入库单，分别如表1–4和表1–5所示。

⑤ 填写花卉生产成本及成本记录表，分别如表1–6和表1–7所示。

表1-1　××年生产月历表

月份	主要工作要点	备注
1月		
2月		
…		

表1-2　生产岗位责任落实表

生产区域	责任人	工作要点

表1-3　工作日志表

执行人：　　　　　　　　　　　　　　　　生产区域：

日期	任务	要求	完成情况	室外天气	温度、湿度	备注

表1-4　出库单

品种名	数量	规格	单价/元	金额/元	备注
合计					

经手人：　　　　　　　　库管：　　　　　　　　责任人：

表1-5　入库单

品种名	等级	数量	金额/元	备注
合计				

统计员：　　　　　　　　责任人：　　　　　　　　年　　月　　日

表1-6 花卉生产成本 单位：元

项目名称	种子	花盆	基质	肥料	农药	机械作业费	排灌作业费	人员工资	设备折旧费	废品损失	其他支出	成本合计	产成品数量	单位成本

注：毛利率（%）=销售毛利/销售收入×100%。

表1-7 成本记录表

品种名	数量	单价/元	金额/元	备注
合计				

项目： 执行人： 责任人： 年 月 日

相关知识

一、花卉生产计划的制订

花卉生产计划是花卉生产企业经营计划的重要组成部分，它通常对花卉生产企业在计划期内的生产任务做出统筹安排，规定计划期内生产的花卉品种、质量及数量等指标，是花卉日常管理工作的依据。花卉生产计划根据花卉生产的性质、花卉生产企业的发展规划、生产需求和市场供求状况制订。

制订花卉生产计划的任务是充分利用花卉生产企业的生产能力和生产资源，确保各类花卉在适宜的环境条件下生长发育，实现花卉的周年生产，保质、保量、按时提供花卉产品，并按期限完成订货合同，满足市场需求，尽可能地提高生产企业的经济效益，增加利润。

花卉生产计划通常包括年度计划、季度计划和月份计划，分别对花卉每年、每季、每月的生产做好安排，并做好跨年度花卉连续生产安排。花卉生产计划的内容包括花卉的种植计划、技术措施计划、用工计划、生产用物资供应计划及产品销售计划等。其具体内容为种植花卉的种类与品种、数量、规格、供应时间、工人工资、生产所需材料、种苗、肥料农药、维修及产品收入和利润等。季度计划和月份计划是保证年度计划实施的基础。在花卉生产计划实施过程中，要经常督促并检查计划的执行情况，以保证计划的落实与完成。

花卉生产以盈利为目的，生产者应根据每年的销售情况、市场变化、生产设施等及时对生产计划做出相应调整，以适应市场经济的发展变化。

二、生产技术管理

花卉生产技术管理是指花卉生产中对各项技术活动过程和技术工作的各种要素进行科学管理的总称。技术工作的各种要素包括技术人才、技术装备、技术信息、技术文件、技术资料、技术档案、技术标准规程、技术责任制等技术管理的基础工作。技术管理是管理工作的重要组成部分。加强技术管理，有利于建立良好的生产秩序，提高技术水平和产品质量，降低生产成本。尤其在现代大规模工厂化花卉生产的背景下，对技术的组织、运用、工作要求更为严格，技术管理的重要性更为凸显。值得注意的是，技术管理主要是对技术工作的管理，而不是技术本身。企业生产效果的好坏取决于技术水平，但在相同的技术水平条件下，如何发挥技术效能，则取决于对技术工作的科学组织及管理。

1. 建立健全技术管理体系

建立健全技术管理体系的目的在于加强技术管理，提高技术管理水平，充分发挥科学技术优势。大型花卉生产企业（公司）可设以总工程师为首的三级技术管理体系，即公司设总工程师和技术部（处），技术部（处）设主任工程师和技术科，技术科内设各级技术人员。小型花卉生产企业可不设专门机构，但要设专人负责企业内部的技术管理工作。

2. 建立健全技术管理制度

（1）技术责任制

为充分发挥各级技术人员的积极性和创造性，应赋予他们一定的职责，以便更好地完成各自分管范围内的技术任务。一般分为技术领导责任制、技术管理机构责任制、技术管理人员责任制和技术员责任制。

技术领导的主要职责如下：执行国家技术政策、技术标准和技术管理制度；组织制定保证生产质量、安全的技术措施，领导组织技术革新和科研工作；领导组织技术培训等工作；领导组织编制技术、措施计划等工作。

技术管理机构的主要职责如下：做好经常性的技术业务工作，检查技术人员贯彻技术政策、技术标准规程的情况，做好科研计划及科研工作；管理技术资料，收集、整理技术信息等。

技术管理人员和技术员的主要职责如下：按技术要求完成下达的各项生产任务；负责生产过程中的技术工作，按技术标准规程组织生产，处理生产技术中出现的问题，积累生产实际中原始的技术资料等。

（2）制定技术规范及技术规程

技术规范是对生产质量、规格及检验方法所做的技术规定，是人们在生产中从事生产活动的统一技术准则。技术规程是为了贯彻技术规范，对生产技术各方面所做的技术规定。技术规范是技术要求，技术规程则是实现技术规范的路径和方法。技术规范及技术规程是进行技术管理的依据和基础，是保证生产秩序和产品质量、提高生产效益的重要前提。

技术规范可分为国家标准、行业标准、团体标准及企业标准。技术规程则是在保证达到国家技术标准的前提下，由各地区、部门及企业根据自身的实际情况和具体条件自行制定和执行的。

3. 花卉生产成本核算

花卉种类繁多，生产形式多样，其生产成本核算也不尽相同。花卉生产成本核算通常分为单株、单盆花卉成本核算和大面积种植花卉成本核算。

（1）单株、单盆花卉成本核算

单株、单盆花卉成本核算采用单件成本法，其核算过程根据单件产品设计制作成本计算单，即将单株、单盆花卉生产所消耗的一切费用全都归集到该项产品成本计算单上。单株、单盆花卉成本一般包括购买种子费用，培育管理中耗用的设备费用及肥料、农药、栽培容器的费用，栽培管理中支付的工人工资以及其他管理费用等。

（2）大面积种植花卉成本核算

进行大面积种植花卉的成本核算，首先要明确成本核算的对象，即承担成本费用的产品。其次应对产品生产过程中耗费的各种费用进行分类。大面积种植花卉生产过程中耗费的各种费用可分为人工费用和物质资料费用，按生产费用要素可将其细分为以下六类：

① 原材料费用。包括购入种苗的费用、在生长期间所施用的肥料和农药等费用。

② 燃料动力费用。包括花卉生产中进行的机械作业、排灌作业，遮阳、降温、加温供热等耗用的燃料费、燃油费和电费等。

③ 人工费用。即生产和管理人员的工资及附加费用。

④ 废品损失费用。即未达到指标要求的部分产品损失而分摊发生的费用。

⑤ 设备折旧费用。即各种设施、设备按一定使用年限折旧而提取的费用。

⑥ 其他费用。如土地开发或租用费、借款利息支出以及运输、办公、差旅等事项所发生的费用。

（3）花卉生产成本的计算

确定各项费用之后，结合花卉的种植面积或产量，就可以计算出产品成本。即：

$$\text{产品总成本} = \text{人工费用} + \text{物质资料费用} \quad (1\text{–}1)$$

$$\text{产品单位面积成本} = \frac{\text{产品总成本}}{\text{产品种植总面积}} \quad (1\text{–}2)$$

$$\text{多年生花卉产品单位面积成本} = \frac{(\text{往年费用} + \text{收获年份的全部费用})}{\text{产品种植总面积}} \quad (1\text{–}3)$$

三、花卉的分类

花卉种类繁多，分布广泛，从苔藓、蕨类到种子植物都有所涉及。其生态习性多样，有土生、水生、附生等类型；其观赏特性多样，有观叶、观花、观果、观茎等类型；其栽培方式多样，有观赏栽培、生产栽培、无土栽培、盆花栽培、切花栽培等类型。为了方便生产、栽培和应用中的交流，人们依据不同的原则对花卉进行了分类，由此产生了各种分类方法。

（一）按植物系统分类

按植物系统分类是植物学研究中常用的分类方法，也称自然分类法。它以植物进化途径和亲缘关系为依据，将植物排列按界、门、纲、目、科、属、种进行分类。在实际应用中，通常只需掌握花卉的所属科属即可。例如，万寿菊为菊科万寿菊属；薰衣草为唇形科薰衣草属；杜鹃为杜鹃花科杜鹃花属；郁金香为百合科郁金香属。

按植物系统分类的优点是系统、科学、简便易行、便于查找，且其分类位置准确固定、不重复、不交叉。这种分类方法在花卉遗传育种上具有实际指导意义。许多亲缘关系相近的花卉，往往具有相同或相近的地理起源及生态习性，可依据其相同点采用相同或相近的管理措施。同时，亲缘关系越近的花卉，越容易进行杂交育种和嫁接繁殖。

（二）按花卉原产地气候特点分类

自然界中花卉资源极其丰富，广泛分布于热带、温带，极少数分布于寒带，其原产地的自然环境条件差异很大。花卉的生态习性与原产地的环境条件密切相关，其中温度和水分因子在花卉分布中起主导作用。当前我们所栽培的花卉都是由分布于世界各地的野生花卉经过人工引种、驯化培育而来的，因此，了解花卉的原产地对于栽培和引种的顺利进行具有重要意义。依据原产地气候型，可将花卉分为以下几类。

1. 中国气候型花卉

中国气候型花卉也称大陆东岸气候型花卉。这一气候型的特点是夏热冬寒，年温差大，夏季降雨较多。属于此气候型的地区包括中国大部分地区、日本、北美洲东部、巴西南部、大洋洲东部、非洲东南部等地。依据冬季气温的高低，又可细分为温暖型花卉和冷凉型花卉。

（1）温暖型花卉

属于温暖型的地区包括中国长江以南、日本西南部、北美洲东南部等地。原产地花卉：中国石竹、天人菊、美女樱、福禄考、堆心菊、一串红、报春花、半枝莲、矮牵牛、凤仙花、马蹄莲、松叶菊、杜鹃、山茶、百合、石蒜、中国水仙等。

（2）冷凉型花卉

属于冷凉型的地区包括中国北部、日本东北部、北美洲东北部等地。原产地花卉：翠菊、金光菊、黑心菊、芍药、牡丹、荷包牡丹、矢车菊、向日葵、花菖蒲、铁线莲、菊花、荷兰菊、蔷薇等。

2. 欧洲气候型花卉

欧洲气候型花卉也称大陆西岸气候型花卉。这一气候型的特点是冬季温暖，夏季气温不高，一般不超过15 ~ 17℃，年温差小；降雨不多但四季均匀。属于此气候型的地区主要包括欧洲大部分地区、北美洲西海岸中部、南美洲西南角、新西兰南部等地。原产地花卉：丝石竹、勿忘草、羽衣甘蓝、高山飞燕草、毛地黄、雏菊、剪秋罗、三色堇、耧斗菜、铃兰、亚麻、喇叭水仙等。

3. 地中海气候型花卉

地中海气候型的特点是冬季温暖，最低气温6 ~ 7℃，夏季干燥，最高气温20 ~ 25℃；从秋季到次年春末为降雨期，夏季降雨少，为干燥期。属于此气候型的地区主要包括地中海沿岸、南非好望角附近、大洋洲东南部和西南部、南美洲中部、北美洲西南部。该区是世界上多种秋植球根花卉的分布中心。原产地花卉：郁金香、风信子、葡萄风信子、地中海蓝钟花、小苍兰、网球花、白头翁、水仙、鸢尾、仙客来、君子兰、蒲包花、鹤望兰、天竺葵、紫罗兰、金鱼草、风铃草、瓜叶菊、紫花鼠尾草、麦秆菊等。

4. 墨西哥气候型花卉

墨西哥气候型花卉又称热带高原气候型花卉。这一气候型的特点是全年温度在14 ~ 17℃，温差小；降水量因地区不同而异，有的地区雨量充沛且均匀，有的地区降雨集中在夏季。属于此气候型的地区包括墨西哥高原、南美洲安第斯山脉、非洲中部高山地区、中国云南省等地。原产地花卉：藿香蓟、百日草、万寿菊、藏报春、晚香玉、大丽花、一品红、金莲花、球根海棠等。

5. 热带气候型花卉

热带气候型的气候特点是常年气温较高，约30℃，温差小；空气湿度较大；有雨季与旱季之分。该区是不耐寒一年生草本花卉及观赏花木的分布中心，原产地木本花卉、宿根花卉在温带均须室内栽培。此气候型又可分为两类地区：

（1）亚洲、非洲、大洋洲的热带地区

原产地花卉：鸡冠花、彩叶草、凤仙花、虎尾兰、非洲紫罗兰、鹿角蕨、猪笼草、万代兰等。

（2）中美洲和南美洲热带地区

原产地花卉：大岩桐、紫茉莉、美人蕉、椒草、竹芋、水塔花、朱顶红、卡特兰、长春花、大花牵牛、火鹤花、豆瓣绿、四季秋海棠、喜林芋、文心兰等。

6. 寒带气候型花卉

寒带气候型的特点是气温偏低，冬季漫长寒冷，夏季短暂凉爽，植物生长期只有2～3个月；年降水量很少，但在生长季节湿度较大。属于此气候型的地区包括阿拉斯加、西伯利亚、斯堪的纳维亚半岛等寒带地区及高山地区。原产地花卉：龙胆、雪莲、细叶百合、绿绒蒿、镜面草等。

7. 沙漠气候型花卉

沙漠气候型的特点是年降水量少，气候干旱，土壤质地多为沙质或以沙砾为主，多为不毛之地；夏季白天长，风大，植物常呈垫状。该区是仙人掌和多肉、多浆植物的分布中心。属于此气候型的地区包括非洲、大洋洲中部、墨西哥西北部及中国海南岛西南部。原产地花卉：仙人掌类、芦荟、龙舌兰、霸王鞭、伽蓝菜、光棍树、龙须海棠、条纹十二卷等。

（三）按生物学性状分类

1. 草本花卉

草本花卉的茎为草质，木质化程度低，柔软多汁且易折断。按其形态的不同可分为一、二年生草本花卉，宿根花卉，球根花卉和蕨类植物等。

花卉类型

（1）一、二年生草本花卉

① 一年生草本花卉。一年生草本花卉是指在一年内完成生命周期的花卉。这类花卉在春天播种，当年夏、秋季节开花、结果、种子成熟，入冬前植株枯死。代表花卉：万寿菊、百日草、矮牵牛、凤仙花、鸡冠花、孔雀草、翠菊、波斯菊、千日红、紫茉莉等。

② 二年生草本花卉。二年生草本花卉是指在两个生长季内完成生命周期，即需要跨年度才能完成生命周期的花卉。这类花卉一般在秋季播种，第二年春季开花、结果、种子成熟，夏季植株枯死。代表花卉：金鱼草、金盏菊、紫罗兰、羽衣甘蓝、三色堇、雏菊、虞美人、蜀葵等。

（2）宿根花卉

宿根花卉是指可以生活几年到许多年而没有木质茎的植物。可分为耐寒性宿根花卉和常绿性宿根花卉。

① 耐寒性宿根花卉。耐寒性宿根花卉地下根系为须根系或直根系，不发生变态，植株入冬后，地上部分枯死，根系在土壤中宿存越冬，第二年春天萌芽生长开花或秋季开花。代表花卉：菊花、芍药、荷兰菊、耧斗菜、落新妇、萱草、玉簪、荷包牡丹、宿根福禄考等。

② 常绿性宿根花卉。常绿性宿根花卉冬季茎叶仍为绿色，但温度低时停止生长，呈半休眠状态，温度适宜则休眠不明显，或只是生长稍停顿。其耐寒力弱，在北方寒冷地区不能露地越冬，多为温室栽培。主要原产于热带、亚热带或温暖地区。代表花卉：竹芋、冷水花、君子兰、吊兰、万年青、文竹、凤梨科花卉等。

（3）球根花卉

球根花卉地下根或地下茎变态为肥大球状、块状或根状等，以其储藏水分、养分度过休眠期。按其形态的不同可分为鳞茎类、球茎类、块茎类、根茎类和块根类。

① 鳞茎类。鳞茎类是指地下茎极度短缩，呈扁平的鳞茎盘，其上有许多肉质鳞叶相互聚合或抱合成球的一类花卉。代表花卉：水仙、风信子、郁金香、百合、朱顶红等。

② 球茎类。球茎类是指地下茎膨大呈球形，表面有环状节痕，顶端有肥大的顶芽，侧芽不发达的一类花卉。代表花卉：唐菖蒲、小苍兰、番红花、狒狒花、香雪兰等。

③ 块茎类。块茎类是指地下茎膨大呈块状，外形不规则，表面无环状节痕，块茎顶部有几个发芽点的一类花卉。代表花卉：仙客来、大岩桐、球根海棠、白头翁、马蹄莲、彩叶芋等。

④ 根茎类。根茎类是指地下茎膨大呈粗长的根状茎，外形具有分枝，有明显的节和节间，节上可发生侧芽的一类花卉。代表花卉：美人蕉、蕉藕、鸢尾、荷花、睡莲等。

⑤ 块根类。块根类是指地下根膨大呈块状，其芽仅生在块根的根茎处而其他处无芽的一类花卉。这类花卉与宿根花卉的生长基本相似，地下变态根新老交替，呈多年生状。由于根上无芽，繁殖时必须保留原地上茎的基部（根颈）。代表花卉：大丽花、花毛茛等。

（4）蕨类植物

蕨类植物是指叶丛生状，叶片背面着生有孢子囊，可以依靠孢子繁殖的一类观叶花卉。近年来，蕨类植物作为盆栽观叶或插花装饰，日益受到重视。代表花卉：肾蕨、铁线蕨、鸟巢蕨、鹿角蕨等。

2. 木本花卉

木本花卉是指茎坚韧，木质部发达，主要以观花、观叶为主的木本植物。按其形态的不同可分为乔木类、灌木类和藤木类。

（1）乔木类

乔木类是指植株高大，地上部分有明显主干，主干与侧枝区别明显的花卉。代表花卉：樱、梅、桃、海棠、石榴、白兰花、广玉兰、桂花、山茶、印度橡皮树等。部分乔木类花卉也适合盆栽，盆栽后植株矮化，如桂花、山茶、印度橡皮树等。

（2）灌木类

灌木类是指植株低矮，地上部分无明显主干，由基部发生分枝，各分枝无明显区分，呈丛生状枝条的花卉。代表花卉：牡丹、月季、杜鹃、含笑、米兰、栀子、八仙花、蜡梅、贴梗海棠等。大多数灌木类花卉适合盆栽。

（3）藤木类

藤木类是指茎木质化，长而细弱，不能直立，须缠绕或攀缘其他物体生长的花卉。代表花卉：紫藤、凌霄、常春藤、三角梅（叶子花）、金银花、络石等。

3. 多肉、多浆植物

广义的多肉、多浆植物是指仙人掌科及其他50多科多肉植物的总称。这些植物茎叶具有发达的储水组织，呈肥厚多汁变态，有些种类的叶退化为针状刺，抗干旱、耐瘠薄能力强。这类花卉大多原产于热带沙漠或半沙漠地区。代表花卉：仙人掌科、景天科、大戟科、龙舌兰科、番杏科、萝藦科等，常见的有仙人掌、仙人球、仙人指、量天尺、龙骨花、麒麟掌、金琥、昙花、令箭荷花、芦荟、龙舌兰、虎皮兰、石莲花、虎刺梅、松叶菊、景天、燕子掌、毛叶景天等。

（四）按观赏部位分类

1. 观花花卉

观花花卉是指以观花为主的花卉。这类花卉开花繁多，花色艳丽，花形奇特而美丽。代表花卉：牡丹、月季、山茶、菊花、杜鹃、郁金香、木槿、大丽花、一串红、瓜叶菊、三色堇等。

2. 观叶花卉

观叶花卉是指以观叶为主的花卉。这类花卉花形不美，颜色平淡或很少开花，但叶形奇特，挺拔直立，叶色美观，有较高的观赏价值。代表花卉：彩叶草、吊兰、龟背竹、万年青、苏铁、变叶木、非洲茉莉、印度橡皮树、散尾葵、棕竹、蒲葵、马拉巴栗、龙血树、榕树类、竹芋类、蕨类植物等。在我国北方地区，观叶花卉尤为受欢迎。

3. 观茎花卉

观茎花卉是指以观茎为主的花卉。这类花卉的茎、枝奇特，或变态为肥厚的掌状或节间短缩膨大。代表花卉：仙人掌、山影拳、麒麟掌、佛肚竹、光棍树、霸王鞭、富贵竹等。

4. 观果花卉

观果花卉是指以观果为主的花卉。这类花卉果形奇特，果实鲜艳、繁茂，挂果时间长。代表花卉：冬珊瑚、火棘、佛手、石榴、金橘、南天竹、无花果、观赏辣椒、乳茄等。

5. 其他观赏类花卉

其他观赏类花卉是指除花、叶、茎、果外，其他部位有观赏价值的花卉。如观赏银芽柳毛笔状、银白色的芽；三角梅、一品红彩色的苞片；鸡冠花膨大的花托；马蹄莲、红鹤芋的佛焰苞；猪笼草叶中脉延长为卷须，末端膨大呈瓶状等。

（五）按花卉对环境的要求分类

1. 按花卉对温度的要求分类

按花卉耐寒力的不同将其分为耐寒性花卉、半耐寒性花卉和不耐寒性花卉。

（1）耐寒性花卉

耐寒性花卉是指原产于寒带和温带以北的二年生草本花卉及宿根花卉。这类花卉在0℃以下的低温环境中能够安全越冬，部分能耐－10～－5℃的低温。代表花卉：三色堇、雏菊、金鱼草、玉簪、羽衣甘蓝、菊花等。

（2）半耐寒性花卉

半耐寒性花卉是指能耐0℃的低温，0℃以下需要保护才能安全越冬的花卉。这类花卉原产于温带较温暖处，在我国北方需要稍加保护才能安全越冬。代表花卉：石竹、福禄考、紫罗兰、美女樱等。

（3）不耐寒性花卉

不耐寒性花卉是指在北方不能露地越冬，需要10℃以上的温度条件才能安全越冬的花卉。一年生草本花卉、原产于热带及亚热带地区的多年生花卉多属此类。这类花卉在我国北方地区只能在一年中的无霜期内生长发育，其他季节必须在温室内完成（称为温室花卉）。代表花卉：富贵竹、散尾葵、竹芋、马拉巴栗、矮牵牛、三角梅、扶桑等。

2. 按花卉对光照的要求分类

（1）按花卉对光照度的要求分类

① 喜光花卉。喜光花卉是指在阳光充足的条件下才能生长发育良好并正常开花结

果的花卉。光照不足会使植株节间伸长，生长纤弱，导致开花不良或不能开花。代表花卉：月季、荷花、香石竹、一品红、菊花、牡丹、梅、半枝莲、鸡冠花、石榴等。

② 中性花卉。中性花卉一般喜阳光充足，但在微阴条件下生长良好。代表花卉：扶桑、仙人掌、天竺葵、朱顶红、晚香玉、景天、虎皮兰等。

③ 阴性花卉。阴性花卉是指只有在一定庇荫环境下才能生长良好的花卉。这类花卉在北方5～10月需要遮阳栽培，在南方需要全年遮阳栽培。一般要求庇荫度50%左右，不能忍受强烈直射光。代表花卉：秋海棠、万年青、八仙花、君子兰、何氏凤仙、山茶、杜鹃、海桐等。

④ 强阴性花卉。强阴性花卉是指要求庇荫度在80%左右，1000～5000lx光照度下才能正常生长的花卉。这类花卉在南、北方都需要全年遮阳栽培。代表花卉：兰科花卉、蕨类植物等。

（2）按花卉对光周期的要求分类

① 短日照花卉。短日照花卉是指每天光照时数在12h及12h以下才能正常进行花芽分化和开花，而在长日照条件下则不能开花的花卉。代表花卉：菊花、蟹爪兰、一品红、三角梅、大丽花等。在自然条件下，秋季开花的一年生草本花卉多属此类。

② 长日照花卉。与短日照花卉相反，长日照花卉是指每天光照时数在12h以上才能正常花芽分化和开花的花卉。代表花卉：紫茉莉、唐菖蒲、八仙花、瓜叶菊等。在自然条件下，春、夏开花的二年生草本花卉属此类。

提示：

利用上述两类花卉开花对日照时数长短的反应，可以人工调节光照时数，使花卉提早或延迟开花，以达到周年开花的目的。

③ 日中性花卉。日中性花卉花芽分化和开花不受光照时数长短的限制，只要其他条件适宜，即能完成花芽分化和开花。代表花卉：仙客来、香石竹、月季、一串红、非洲菊、扶桑、茉莉、天竺葵、矮牵牛等。

3. 按花卉对水分的要求分类

（1）旱生花卉

旱生花卉是指在干旱环境下能够正常生长发育的花卉。它们原产于干旱或沙漠地区，耐旱能力强，只要有很少的水分便能维持生命或进行生长。这类花卉在生产中应遵循“宁干勿湿”的原则。代表花卉：仙人掌类、景天类及许多肉质多浆花卉等。

（2）中生花卉

中生花卉是指原产于温带地区，既能适应干旱环境，又能适应多湿环境的花卉。

大多数花卉都属此类。这类花卉最适宜于有一定的保水性但又排水良好的土壤，在生产中应遵循“干透浇透”的原则。代表花卉：月季、菊花、山茶、牡丹、芍药等。

（3）湿生花卉

湿生花卉是指原产于热带或亚热带，喜欢土壤疏松和空气多湿环境的花卉。这类花卉根系小而无主根，须根多，水平状伸展，吸收表层水分。大多通过多湿环境补充植物水分，保持体内平衡。代表花卉：兰花、杜鹃、栀子、茉莉、马蹄莲、竹芋等。

（4）水生花卉

水生花卉的整个植物体或根部必须生活在水中或潮湿地带，遇干旱则枯死。主要分为以下几类：

① 挺水植物。挺水植物根生于泥水中，茎叶挺出水面。代表花卉：荷花。

② 浮水植物。浮水植物根生于泥水中，叶片浮于水面或略高于水面。代表花卉：睡莲、王莲等。

③ 漂浮植物。漂浮植物根伸展于水中，叶浮于水面，随水漂浮流动，在水浅处可生根于泥水中。代表花卉：浮萍、凤眼莲（水葫芦）等。

④ 沉水植物。沉水植物根茎生于泥中，整个植株沉入水体之中，通气组织发达。叶多为狭长或丝状，对水质有一定的要求。代表花卉：黑藻、金鱼藻、狐尾藻、苦草、菹草等。

（六）按自然花期分类

1. 春花类

春花类是指在2～4月盛开的花卉。代表花卉：郁金香、虞美人、山茶、杜鹃、牡丹、芍药、梅、报春花、君子兰、雏菊等。

2. 夏花类

夏花类是指在5～7月盛开的花卉。代表花卉：凤仙花、荷花、石榴、月季、紫茉莉、萱草、鸢尾、虞美人、茉莉等。

3. 秋花类

秋花类是指在8～10月盛开的花卉。代表花卉：大丽花、菊花、桂花、翠菊、波斯菊、唐菖蒲、荷兰菊等。

4. 冬花类

冬花类是指在11月至次年1月盛开的花卉。代表花卉：水仙花、蜡梅、一品红、仙客来、蟹爪兰、鹤望兰等。

（七）按栽培方式分类

1. 露地栽培

露地栽培是指在露地播种或在保护地育苗，但主要的生长开花阶段在露地的栽培方式。代表花卉：一串红、鸡冠花、万寿菊、翠菊、大花萱草、大丽花等。

2. 盆花栽培

盆花栽培是将花卉栽植于花盆或花钵的生产栽培方式。我国北方冬季实行温室栽培生产，南方实行遮阳栽培生产。盆花栽培是国内花卉生产栽培的主要类型。

3. 切花栽培

用于插花装饰的花卉称为切花，这类花卉的生产栽培称为切花栽培。切花生产一般采用保护地栽培，生产周期短，见效快，可规模生产，能全年供应鲜花，是国际花卉生产栽培的主要类型。

4. 促成栽培

为满足花卉观赏的需要，人为运用技术处理，使花卉提前开花的生产栽培方式叫作促成栽培。例如，牡丹的自然花期在4月，要使其提前到春节开花，可采用人工加温的方法，使打破休眠的牡丹在高温下栽培2个月，即可将花期提前到春节。

5. 抑制栽培

为满足花卉观赏的需要，人为运用技术处理，使花卉延迟开花的生产栽培方式称为抑制栽培。例如，一品红自然花期为12月，在9月下旬，通过钠灯每天19:30 ~ 23:30进行补光，补光时间持续至计划上市前85天，可达到延迟上市的目的。

6. 无土栽培

无土栽培是指运用营养液、水、基质代替土壤栽培的生产方式，在现代化温室内用于规模化生产栽培。目前，郁金香、风信子、仙客来、唐菖蒲、马蹄莲、香石竹等花卉已能利用无土栽培技术进行工厂化生产。

（八）按用途分类

1. 按园林用途分类

（1）花坛花卉

花坛花卉主要是用于布置花坛的花卉，以一、二年生草本花卉为主。代表花卉：一串红、万寿菊、矮牵牛、鸡冠花等。

（2）花境花卉

花境花卉主要是用于布置花境的花卉，以宿根、球根和木本花卉为主。代表花卉：芍药、萱草、牡丹、大丽花等。

（3）盆栽花卉

盆栽花卉主要用于室内外盆栽观赏。这类花卉以温室花卉为主，如仙客来、君子兰、吊兰、杜鹃、红掌等；也可将一、二年生草本花卉（一串红、矮牵牛、三色堇、四季秋海棠等）栽植于盆内，然后布置室外平面花坛或立体花坛，体现花卉盛花时的景观。

（4）切花花卉

切花花卉是指主要用于切花生产的花卉。代表花卉：百合、红掌、唐菖蒲、香石竹、霞草、月季、非洲菊等。

（5）岩生花卉

岩生花卉是指适合于岩石园栽培的花卉，一般是抗逆性强、耐干旱瘠薄的花卉。代表花卉：石竹、景天、半枝莲、从生福禄考等。

（6）地被花卉

地被花卉是指植株低矮、适应性强，用于覆盖地面的花卉。代表花卉：三叶草、半枝莲、酢浆草、沿阶草等。

2. 按经济用途分类

（1）食用花卉

食用花卉是指有一定食用价值的花卉。代表花卉：百合、仙人掌、黄花菜、莲藕、玫瑰、桂花等。

（2）药用花卉

药用花卉是指有一定药用功能的花卉。代表花卉：金银花、菊花、鸡冠花、牡丹、芍药、百合、天门冬、凤仙花等。

（3）香料花卉

香料花卉是指能散发香味并可作为香料的花卉。代表花卉：茉莉、桂花、白兰花、栀子、晚香玉、蜡梅等。

（4）茶用花卉

茶用花卉是指能用于花茶的花卉。代表花卉：茉莉、桂花、兰花、玫瑰、千日红等。

四、花卉生产设施

（一）温室的建造

1. 基本概念

① 保护地。花卉栽培设施和设备所创造的环境，称为保护地。

② 花卉保护地栽培。花卉保护地栽培是指利用人工创造的栽培环境进行花卉栽

培，实现在自然条件下不能实现或难以实现的栽培活动。

③ 常用保护地。常用保护地包括温室、大棚、荫棚、风障、冷床、温床、冷窖等。

④ 温室。温室是以有透光能力的材料作为全部或部分围护结构材料建成的一种特殊建筑，能够提供适宜植物生长发育的环境条件。

⑤ 日光温室。日光温室是一种在室内不加热的温室，即使在最寒冷的季节，也只依靠太阳光维持室内的温度水平，以满足植物生长的需要。

2. 日光温室的类型

日光温室通常坐北朝南，东西延长，东、西、北三面筑墙，设有不透明的后屋面，前屋面用塑料薄膜覆盖，作为采光屋面。

① 依应用目的划分。观赏温室、栽培温室、繁殖温室、人工气候室。

② 依是否有人工热源划分。不加温温室（日光温室）、加温温室。

③ 依建筑形式划分。单屋面温室、双屋面温室、不等屋面温室、拱顶温室。

④ 依温室相对地面的位置划分。地上式温室、半地下式温室、地下式温室。

⑤ 依建筑材料划分。土温室、木结构温室、钢结构温室、钢木混合结构温室、铝合金结构温室、钢铝混合结构温室。

⑥ 依温室覆盖材料划分。玻璃温室、塑料薄膜温室、硬质塑料板温室。

常见的温室结构有一斜一立式（图1–1）、琴弦式（图1–2）和半拱式（图1–3）。

半拱式温室是由一面坡温室和北京改良温室演变而来的。由于70年代木材和玻璃短缺，前屋面由松木棱改为竹竿。竹片做拱杆，以塑料薄膜代替玻璃，屋面构型由一面坡和两折式改为半拱式。其跨度多为6 ~ 6.5m，脊高2.5 ~ 2.8m，后屋面水平投影1.3 ~ 1.4m。这种温室在北纬40°以上地区较为普遍。

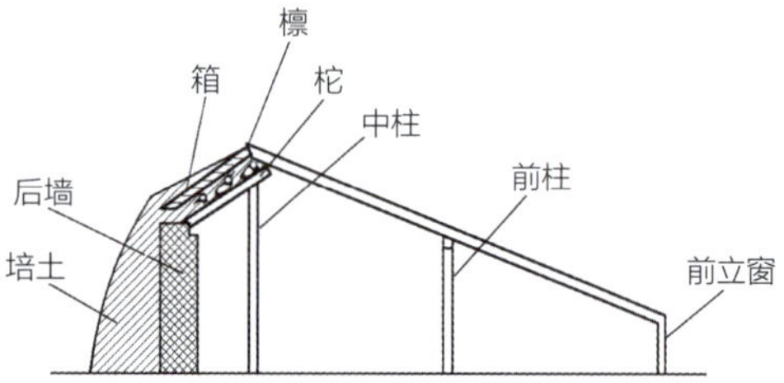

图1–1 一斜一立式温室

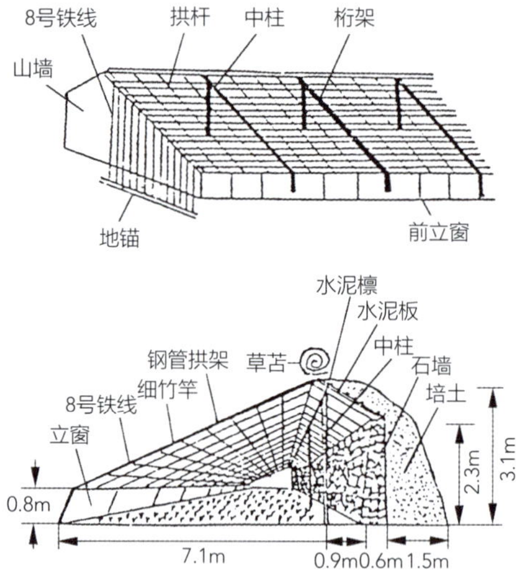

图1–2 琴弦式温室

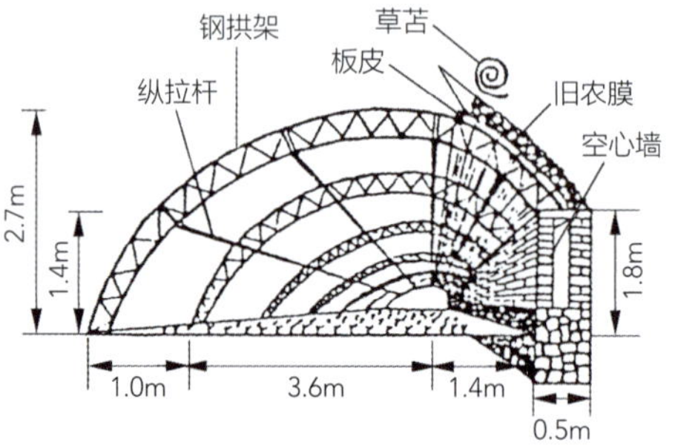

图1–3 半拱式温室

3. 日光温室建筑设计原则

（1）温室方位

日光温室应尽量减少后墙遮阴。一般应坐北朝南，但对高纬度（北纬40°以上）和晨雾大、气温低的地区，冬季日光温室不能日出即揭帘受光，其方位可适当偏西。偏离角应根据当地纬度和揭帘时间确定，一般不宜大于10°。对于牡丹江地区而言，推荐偏离角为南偏西1°～5°。温室方位的确定还应考虑当地冬季主导风向，避免强风吹袭前屋面。

（2）温室间距

温室间距的确定应以前栋不影响后栋采光为前提。丘陵地区可采用阶梯式建造；平原地区也应使冬至日10:00阳光能照射到温室的前沿，即使土地资源非常宝贵的地区，也应保证冬至日中午阳光能照射到温室前防寒沟。东西走向的温室，两个温室之间的间距应为南侧温室最高尺寸的两倍。

4. 日光温室的结构设计与建造

（1）日光温室的几何尺寸

图1–4所示为日光温室几何尺寸定义图。

① 跨度（L）。后墙内侧至前屋面骨架基础内侧的距离，一般为6～7m。

② 后墙高（h）。基准地面至后坡与后墙内侧交点的距离，一般为1.8～2.2m，不宜低于1.6m。

③ 温室高度（H）。基准地面至屋脊骨架上侧的距离，一般为2.8～3.2m。

④ 后坡仰角（α）。后墙内侧斜面与水平面的夹角，一般为35°～45°，不宜小于30°，坡长为1.2～1.5m较好。

⑤ 温室长度（M）。温室长度即两山墙内侧距离。

⑥ 温室面积。温室面积即温室跨度与长度的乘积$L \times M$。

⑦ 南屋面角度。南屋面角度一般为33°～36°。

⑧ 棚膜的选用。东北地区应用的棚膜主要有聚氯乙烯膜（约占4/5）、聚乙烯膜（约占1/5），其中，聚氯乙烯膜几乎全是无滴膜。

（2）温室总体尺寸

后墙高和后坡仰角应根据操作空间要求和当地气候条件确定。一般日光节能温室为了保温和便于操作，其长度不宜大于100m，跨度6～7m，脊高3.0～3.2m，温室面积以小于667m²（1亩）为宜，过大则保温效果较差。塑料大棚一般南北延长，长30～50m，跨度

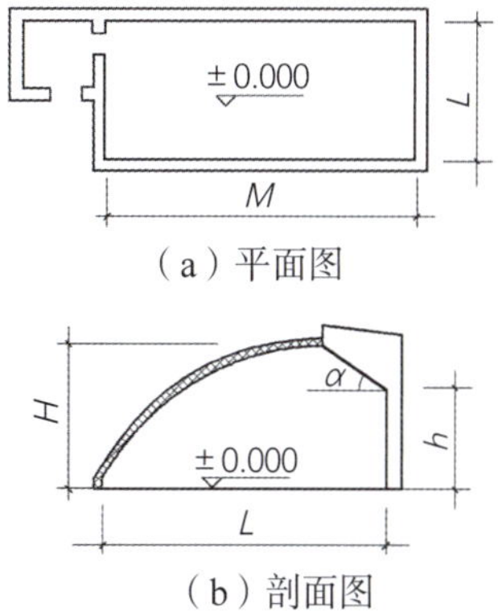

图1–4　日光温室几何尺寸定义图

6 ~ 12m，脊高1.8 ~ 3.2m，面积180 ~ 600m^2。

5. 温室构造

① 温室周围或一侧应设置防寒沟，深度一般应为0.5m，宽度宜为0.3 ~ 0.5m，内填保温材料。保温材料热阻应接近或达到后墙热阻，并应保持干燥，防水防潮。防寒沟可设在温室内或温室外，但设在温室内效果更佳。

② 冬季以北风或偏北风为主导风向的地区，温室北侧应设风障。

③ 为了方便操作，温室前屋面骨架在距温室前沿0.5m水平距离处的高度不应低于0.7m，宜为0.7 ~ 0.8m。

④ 为适应目前草苫的规格和便于压膜线固膜，温室骨架间距应为0.6 ~ 1.2m，推荐距离为0.75 ~ 1.0m。

⑤ 山墙上应设置上人台阶，高于2m的山墙和后墙应设安全防护栏，栏高不低于0.9m。

6. 塑膜覆盖日光温室结构设计与建造

（1）塑膜对直射光光线透过率特性的影响

塑膜光线透过率与直射阳光的投射角不呈单调的线性关系。当投射角在0° ~ 40°时，直射光的透过率变化不大，能保证透过率大于80%；投射角大于45°时，直射光的透过率才明显减小；投射角大于60°时，直射光的透过率急剧减小。因此，直射光光线对棚面的投射角在40°以内时，能够获得较好的光线透过效果。

（2）日光温室断面形状

日光温室断面如图1–5所示。其中，日光温室跨度（L）、后墙高（h）、后坡仰角（α）、温室高度（H）、南屋面角度（α_0）是决定日光温室结构的主要参数。

（3）南屋面角度（α_0）

研究表明，采光总量的多少与采光屋面形状无关，而是由透明屋面最高点到其前棚着地点处的直线与水平地面夹角α_0决定的。由于不同地区接收的太阳辐射能不同，经理论推导，在北纬33° ~ 43°地区南屋面角度（α_0）的优化值如表1–8所示。

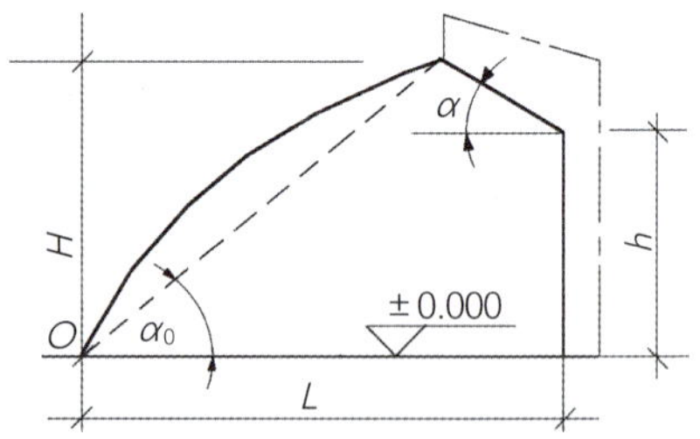

图1–5 日光温室断面图

表1–8 南屋面角度（α_0）优化值

φ	33°	34°	35°	36°	37°	38°	39°	40°	41°	42°	43°
α_0	23.5°	24.0°	25.0°	26.0°	27.0°	28.0°	29.0°	29.5°	30.0°	31.0°	32.0°

注：φ为南屋面所在纬度。

（4）棚面形状

虽然棚面形状与采光量多少无关，但从棚面牢固性出发，棚面摔打现象与棚面弧度有关。棚面摔打现象是由棚内外空气气压不等造成的。当棚外风速较大时，空气压强（静压）减小，棚内产生举力，棚膜向外鼓起；但在风速变化的瞬间，由于压膜线的拉力，棚膜又返回棚架，如此反复，棚膜就反复摔打。

（二）其他设施器具

1. 温床和冷床

（1）温床

温床除利用太阳辐射外，还需要人为加热以维持较高温度，供花卉促成栽培或越冬之用，是我国北方地区常用的保护地类型之一。温床保温性能明显高于冷床，是不耐寒植物越冬、一年生草本花卉提早播种、花卉促成栽培的简易设施。温床建造宜选在背风向阳、排水良好的场地。

温床由床框、床孔及玻璃窗组成。

① 床框。床框宽1.3 ~ 1.5m，长约4m，前框高20 ~ 25cm，后框高30 ~ 50cm。

② 床孔。床孔是指床框下面挖出的空间，床孔大小与床框一致，其深度依床内所需温度及酿热物填充量而定。为使床内温度均匀，通常中部较浅，填入酿热物较少；周围较深，填入酿热物较多。

③ 玻璃窗。玻璃窗用以覆盖床面，一般宽约1m；窗框宽5cm，厚4cm；窗框中部设椽木1 ~ 2条，宽2cm，厚4cm。上嵌玻璃，上下玻璃重叠约1cm，呈覆瓦状。为了便于调节，常用撑窗板调节开窗的大小。撑窗板长约50cm，宽约10cm。床框及窗框通常涂以油漆或桐油防腐。

温床加温可分为发酵热和电热两类。发酵热温床由于设置复杂，温度不易控制，现已很少采用。电热温床选用外包耐高温的绝缘塑料且耗电少、电阻适中的加热线作为热源，能够发热50 ~ 60℃。铺设线路前，应先垫以10 ~ 15cm的煤渣等，再盖以5cm厚的河沙，加热线以15cm间隔平行铺设，最后覆土。电热温床的温度可由控温仪进行控制。电热温床具有可调温、发热快、可长时间加热、可随时应用等特点，因而使用较为广泛。目前，电热温床常用于温室或塑料大棚中。

（2）冷床

冷床是指不需要人为加热而利用太阳辐射维持一定温度，使植物安全越冬或提早栽培繁殖的栽植床。它是介于温床和露地栽培之间的一种保护地类型，又称“阳畦”。冷床广泛用于冬、春季节日光资源丰富而且多风的地区，主要用于二年生草本花卉的保护越冬，一、二年生草本花卉的提前播种，耐寒花卉的促成栽培及温室种苗移栽露地前的炼苗期栽培。

冷床可分为抢阳阳畦和改良阳畦两种类型。

① 抢阳阳畦。抢阳阳畦由风障、畦框及覆盖物三部分组成。风障的篱笆与地面夹角约70°，向南倾斜，土背底宽50cm、顶宽20cm、高40cm。畦框经过叠垒、夯实、铲削等工序，一般北框高35 ~ 50cm，底宽30 ~ 40cm，顶宽25cm，形成南低北高的结构；畦宽一般为1.6m，长5 ~ 6m。覆盖物常用玻璃、塑料薄膜、蒲席等。抢阳阳畦白天接受日光照射，提高畦内温度；傍晚，在透光覆盖材料上再加不透明的覆盖物进行保温。

② 改良阳畦。改良阳畦由风障、土墙、棚架、棚顶及覆盖物组成。风障一般直立；土墙高约1m，厚50cm；棚架由木质或钢质柱、柁构成，前柱长1.7m，柁长1.7m；棚顶由棚架和泥顶两部分组成，在棚架上铺芦苇、玉米秸等，上覆10cm左右厚土，最后以草泥封裹；覆盖物以玻璃、塑料薄膜为主。建成后的改良阳畦前檐高1.5m，前柱距土墙和南窗各为1.33m，玻璃倾角45°，后墙高93cm，跨度2.7m。用塑料薄膜覆盖的改良阳畦不再设棚顶。

抢阳阳畦和改良阳畦均有降低风速、充分接受太阳辐射、减少蒸腾、降低热量损耗、提高畦内温度等作用。冬季晴天，抢阳阳畦内的旬平均温度要比露地高13 ~ 15.5℃，夜间最低温度为2 ~ 3℃；而改良阳畦较抢阳阳畦温度又高4 ~ 7℃，增温效果相当显著，而且日常可以进入畦内管理，应用时间较长，应用范围也比较广。但在春季气温上升时，为防止高温窝风，应在北墙开窗通风。在晴天条件下，阳畦内可保持较高的温度，但在阴天、雪天等没有热源的情况下，阳畦内的温度会较低。

2. 荫棚

荫棚是指用于遮阳栽培的设施，常用于夏季花卉栽培的遮阳降温。荫棚形式多样，可分为永久性荫棚和临时性荫棚两类。

永久性荫棚多设于温室近旁不积水又通风良好的地方，用于温室花卉的夏季遮阳。一般高2 ~ 3m，用钢管或水泥柱构成，棚架多采用遮阳网，遮光率视栽培花卉种类的需要而定。为避免上午、下午阳光从东面或西面透入，在荫棚东西两端设倾斜的遮阳帘，遮阳帘下缘距地表50cm以上，以利于通风。荫棚宽度一般为6 ~ 7m，过窄会导致遮阳效果不佳。盆花应置于花架或倒扣的花盆上，若放置于地面上，应铺以陶粒、炉渣或粗沙，以利于排水，下雨时可免除污水溅污枝叶及花盆。

临时性荫棚多用于露地繁殖床和切花栽培。这类荫棚较低矮，一般高0.5 ~ 1m，上覆遮阳网（可覆2 ~ 3层），也可根据生产需要，逐渐减至1层，直至全部除去，以增加光照，促进植物生长发育。

3. 风障

风障是指露地保护栽培防风屏障。它是我国北方地区常用的简易保护设施之一，可用于耐寒的二年生草本花卉越冬或一年生草本花卉露地栽种。此外，也可对新栽植的园林植物设置风障，借以提高移栽成活率。

风障可降低风速，使风障前近地层气流比较稳定，一般能使风速降低4m/s，风速越大防风效果越明显。它能充分利用太阳辐射能，增加风障前附近的地表温度和气温，并能较容易地保持风障前的温度。一般风障南面夜间温度比开阔地高2～3℃，白天高5～6℃，以有风晴天增温效果最显著，无风晴天次之，阴天不显著，且距风障越近，温度越高。风障还有减少水分蒸发和降低相对湿度的作用，从而相对改善植物的生长环境。

风障主要由篱笆、基埂、披风三部分组成。篱笆是风障的主要部分，一般高2.5～3.5m，通常用芦苇、高粱秆、玉米秸、细竹等材料制成，以芦苇最好。具体的设置方法是在地面东西向挖约30cm的长沟，栽入篱笆，向南倾斜，与地面呈70°～80°，填土压实，然后在距地面1.8m左右处扎一横杆，形成篱笆。基埂是风障北侧基部培起来的土埂，通常高约20cm，用于固定篱笆，又能增强保温效果。披风是附在篱笆北面的柴草层，用于增强防风和保温功能。披风材料常以稻草、玉米秸为宜，其基部与篱笆基部一并埋入土中，中部用横杆缚于篱笆上，高度1.3～1.7m。两风障间的距离以其高度的两倍为宜。

4. 冷窖

冷窖又称地窖，是指不需要人为加温的用于储藏植物营养器官或植物防寒越冬的地下设施。冷窖的保温性能较好，建造简便易行。建造时，从地面挖掘至一定深度和大小，然后做顶，即可形成完整的冷窖。冷窖通常用于我国北方地区储藏不能露地越冬的宿根、球根、水生花卉及一些冬季落叶的半耐寒花木，如石榴、无花果、蜡梅等；也可用于储藏球根，如大丽花块根、风信子鳞茎等。

冷窖依其与地表面的相对位置，可分为地下式冷窖和半地下式冷窖两类。地下式冷窖的窖顶与地表持平，半地下式冷窖的窖顶高出地表面。地下式冷窖保温性能良好，但在地下水位较高及过湿地区不宜采用。

不同的植物材料对冷窖的深度要求不同。一般用于储藏花木植株的冷窖较浅，深度1m左右；用于储藏营养器官的冷窖较深，可达2～3m。

窖顶结构有人字式、单坡式和平顶式三类。人字式出入方便，单坡式保温性能较好。窖顶建好后，上铺以10～15cm的保温材料，如高粱秆、玉米秸、稻草等，其上再覆30cm厚的土封盖。

冷窖在使用过程中，要注意开口通风。有出入口的活窖可打开出入口通气，无出入口的死窖应注意逐渐封口，天气转暖时要及时打开通气口。气温越高，通气次数应越多。另外，植物出入窖时，要锻炼几天再进行封顶或出窖，以免造成伤害。

5. 灌溉设施

① 自动喷灌系统。自动喷灌系统分为移动式和固定式。这种喷灌系统可采用自动控制，无人化喷洒系统使操作人员远离现场，不致受到药物的伤害。同时，喷洒量、喷洒时间、喷洒途径均可由计算机控制，大大提高了其效率。这种系统的缺点是容易造成室内湿度过大。

② 滴灌系统。滴灌系统通过在地面铺设滴灌管道，实现对土壤的灌溉。这种系统优点较多，省水、节能、省力，可实现自动控制。其缺点是对水质要求较高，易堵塞，长期采用易造成土壤表层盐分积累。

③ 渗灌系统。通过在地下40～60cm埋设渗灌系统以实现灌溉。这种系统的优点是更加节水、节能、省力，可实现自动控制，可非常有效地降低温室内湿度，而且不易造成盐分积累。其缺点是对水质要求高，成本较高。

6. 花盆与花钵

（1）花盆

花盆是重要的花卉栽培容器，其种类很多，现就其中主要类别进行介绍。

① 素烧盆。素烧盆又称瓦盆，由黏土烧制，有红盆和灰盆两种。这种花盆虽质地粗糙，但排水良好，空气流通，适于花卉生长；通常为圆形，规格多样。其价格低廉，但不利于长途运输，目前用量逐年减少。

② 陶瓷盆。陶瓷盆为上釉盆，常有彩色绘画，外形美观，但通气性差，不适宜植物栽培，只适合作为套盆，供室内装饰用。除圆形之外，陶瓷盆也有方形、菱形、六角形等。

③ 木盆（或木桶）。需要用40cm以上口径的盆时即可采用木盆。木盆形状仍以圆形较多，但也有方形的。盆的两侧应设有把手，以便搬动。现在木盆正被塑料盆或玻璃钢盆所代替。

④ 水养盆。水养盆盆底无排水孔，盆面宽大而较浅，专用于水生花卉盆栽，其形状多为圆形。球根水养盆多用陶或瓷制的浅盆，如“水仙盆”。

⑤ 兰盆。兰盆专用于栽培气生兰及附生蕨类植物。盆壁有各种形状的气孔，以便流通空气。此外，也常用木条制成各种式样的兰筐代替兰盆。

⑥ 盆景用盆。盆景用盆深浅不一，形式多样，常为陶盆或瓷盆。山水盆景用盆为特制的浅盆，以石盘为上品。

⑦ 塑料盆。塑料盆质轻而坚固耐用，可制成各种形状，色彩也极为丰富。由于塑料盆的规格多、式样新、硬度大、美观大方、经久耐用及运输方便，目前已成为国内外大规模花卉生产及贸易流通的主要容器，尤其在规模化盆花生产中应用更加广泛。虽然塑料盆透水、透气性较差，但只要注意培养土的物理性状，使之疏松透气，便可

克服其缺点。

（2）花钵

花钵多由玻璃钢材料制成，一般口径较大，可制成各种美观的形状，如高脚状、正六边形、圆形等，多摆放于公共场所。

7. 育苗容器

花卉种苗生产中常用的育苗容器有穴盘、育苗盘、育苗钵等。

① 穴盘。穴盘是用塑料制成的育苗容器，呈蜂窝状，有相同规格的小孔。盘的大小及每盘上的穴洞数目不等，一方面满足不同花卉种苗大小差异以及同一花卉种苗不断生长的要求，另一方面也与机械化操作相配套。其一般规格为（128 ~ 800）穴/盘。穴盘能保持花卉根系的完整性，节约生产时间，减少劳动力，提高生产的机械化程度，便于花卉种苗的大规模工厂化生产。

② 育苗盘。育苗盘又称催芽盘，多由塑料制成，也可以用木板自行制作。用育苗盘育苗有很多优点，如对水分、温度、光照容易调节，便于种苗储藏、运输等。

③ 育苗钵。育苗钵是指培育小苗用的钵状容器。其规格有很多，按制作材料不同可划分为两类。一类是塑料育苗钵，由聚氯乙烯和聚乙烯制成，多为黑色，个别为其他颜色；另一类为有机质育苗钵，以泥炭为主要原料制作，还可用牛粪、锯末、黄泥土或草浆制作。这种容器质地疏松、透气、透水，装满水后能在底部无孔情况下40 ~ 60min内全部渗出。由于钵体会在土壤中迅速降解，不影响根系生长，移植时育苗钵可与种苗同时栽入土中，不会伤根，无缓苗期，成苗率高，生长快。

8. 其他器具

① 浇水壶。浇水壶有喷壶和浇壶两种。喷壶用于为花卉枝叶淋水除去灰尘，增加空气湿度。其喷嘴有粗、细之分，可根据植物种类及生长发育阶段、生活习性灵活取用。浇壶不带喷嘴，直接将水浇在盆内，一般用于浇肥水。

② 喷雾器。喷雾器通常用于防虫防病时喷洒农药；或用作温室小苗喷雾，以增加湿度；或用作根外施肥，喷洒叶面等。

③ 修枝剪。修枝剪用于整形修剪，以调整株形，或用作剪裁插穗、接穗、砧木等。

④ 嫁接刀。嫁接刀用于嫁接繁殖，有切接刀和芽接刀之分。切接刀选用硬质钢材，是一种有柄的单面快刃小刀；芽接刀薄，刀柄另一端带有一片树皮分离器。

⑤ 切花网。切花网用于切花栽培防止花卉植株倒伏，通常用尼龙制成。

⑥ 遮阳网。遮阳网又称寒冷纱，是高强度、耐老化的新型网状覆盖材料，具有遮光、降温、防雨、保湿、抗风及避虫防病等多种功能。生产中根据花卉种类选择不同规格的遮阳网，用于花卉覆盖栽培，借以调节、改善花卉的生长环境，实现优质花卉的生产目的。

⑦ 覆盖物。覆盖物用于冬季防寒，如用草帘、无纺布制成的保温被等覆盖温室，与屋面之间形成防热层，有效地保持室内温度，也可用于覆盖冷床、温床等。

⑧ 塑料薄膜。塑料薄膜主要用于覆盖温室。塑料薄膜质轻、柔软、价格低，适于大面积覆盖。其种类很多，生产中应根据不同的温室和花卉采用不同的薄膜。

此外，花卉栽培过程中还需要竹竿、棕丝、铅丝、铁丝、塑料绳等用于绑扎支柱，还有各种标牌、温度计与湿度计等材料。

思政内容

<table>
<tr><th colspan="3">课程思政分析</th></tr>
<tr><td>思政元素</td><td colspan="2">马永顺英雄事迹</td></tr>
<tr><td>融入知识点</td><td colspan="2">花卉产业为朝阳产业</td></tr>
<tr><td>融入方式</td><td colspan="2">① 课前在班课（可在学习平台建设SPOC）发放“林业老英雄”马永顺事迹材料，开展班级活动，讨论观后感，引发共鸣；课上进行“头脑风暴”，讨论老英雄马永顺由伐木向植树造林转变的原因，引出“生态”关键词
② 提问并引出国家和省生态战略——“两山理论”，了解龙江近期建设目标，明确产业前景，切合“花卉产业为朝阳产业”。结合马永顺的英雄事迹，实现情感认同——爱岗敬业、热爱家乡，立志服务生态强省工作</td></tr>
<tr><td rowspan="2">融入资源</td><td>资源名称</td><td>描述</td></tr>
<tr><td>“林业老英雄”马永顺</td><td>马永顺光荣的一生</td></tr>
</table>

自测自评

模块二

常见花卉繁殖与养护

项目一 常见12种花卉的繁殖

任务一 咖啡杯火龙果——火龙果、矮牵牛、紫茉莉种子繁殖

学习目标

能力目标	知识目标	素质目标	思政目标
1. 能够正确使用育苗需要的种子、土壤、工具、药剂等 2. 能够用种子进行容器育苗	1. 掌握常见花卉种子形态特征 2. 掌握盆钵、箱盘、穴盘及常用工具的使用方法 3. 了解净种、点播、条播、撒播技术要点 4. 了解花卉盆播、箱盘育苗、穴盘育苗繁殖的技术要点	1. 初步建立自主学习意识 2. 初步建立团队协作意识 3. 认识语言表达能力的重要性 4. 培养健康意识	1. 树立规范操作意识 2. 树立环保理念及创新意识

学习目的

通过容器育苗，掌握播种繁殖的基本方法，提高参与生产管理的能力。

材料与用具

花卉种子、育苗容器、育苗土、喷壶、手铲等。

学习步骤

领取任务书→任务分析→案例分析→确定播种繁殖方案→播种育苗。

任务书

文件编号：　　　　　　　　　　　　　　日期：

任务名称	咖啡杯火龙果——火龙果、矮牵牛、紫茉莉种子繁殖
时间	××年
任务详情	利用盆播方法为火龙果、矮牵牛、紫茉莉育苗，在咖啡杯（或小花盆）内制作创意盆栽

续表

任务名称	咖啡杯火龙果——火龙果、矮牵牛、紫茉莉种子繁殖
具体要求	以小组为单位，在4学时内完成播种繁殖方案制订并根据方案完成播种育苗
学习成果	三种花卉播种繁殖方案及播种苗
生产负责人	

任务分析单

任务要求	达成目标	显性条件	隐性条件

参考案例 万寿菊种植技术

案例分析单

未涉猎的新名词/新内容	案例文本纲要组成部分	案例内容是否适合作为本次学习任务的纲要（是/否）

实践内容

1. 能力目标

通过火龙果、矮牵牛、紫茉莉盆播育苗，熟悉播种繁殖的内容，学会对花卉种子进行预处理及播种。

2. 材料与用具

火龙果、矮牵牛、紫茉莉的种子，镊子，穴盘或其他容器，椰糠，喷壶。

3. 内容与方法

① 确定火龙果、矮牵牛、紫茉莉的繁殖方法，完成常见的播种方法对比分析表（表2-1）。

② 制订火龙果、矮牵牛、紫茉莉的繁殖方案。

③ 制作咖啡杯火龙果创意盆栽。

④ 火龙果、矮牵牛、紫茉莉播种育苗。

表2-1 常见的播种方法对比分析表

生产单位： （班级： 成员： ）

填表日期：

繁殖方法	适用范围		操作要点		
点播					
条播					
撒播					
植物名称	科属	拉丁名	典型形态特征	生态习性	繁殖方法及判断理由
火龙果					
矮牵牛					
紫茉莉					

相关知识

种子繁殖（有性繁殖）是指用花卉的种子进行繁殖的过程。种子繁殖又称播种繁殖，是花卉生产中最常用的繁殖方法之一。凡是能采收到种子的花卉均可进行播种繁殖，如一、二年生草本花卉，木本花卉以及能形成种子的盆栽花卉等。用种子繁殖生产的花卉苗称为实生苗或播种苗。

种子繁殖的特点是繁殖量大，繁殖方法简便，便于迅速扩大生产量，满足市场需求；根系发达，适应性强，生长发育健壮，植株寿命长；种子便于携带、保存和流通；播种苗变异性大（许多品种为杂交种），常常不能保证品种原有的优良性状而产生劣变；一些木本花卉播种苗开花较迟。

一、花卉种子的寿命及储藏

1. 种子寿命

生产上将种子发芽率降低到原发芽率50%的时间段判定为种子的寿命。

植物种子达到生理成熟期，其活力也达到最高水平，以后随着时间的推移，内部不断发生变化，活力逐渐下降，直到死亡，这个过程的综合效应称为种子劣变。

园林花卉种子的寿命如下：

① 短命种子。成活1年左右，如报春花、秋海棠类。

② 中命种子。成活2～3年，如多数花卉种子。

③ 长命种子。成活4～5年或以上，如荷花、睡莲种子。

2. 影响种子寿命的内在因素

影响种子寿命的内在因素如下：

① 花卉的遗传因素。

② 种子采收时的状态和质量不同，寿命也不同。

③ 种子的含水量是影响种子寿命的重要因子。常规储藏时，大多数种子含水量保持在5%～8%为宜。

3. 影响种子寿命的环境条件

影响种子寿命的环境条件包括空气湿度（相对湿度应维持在30%～60%为宜）、温度（1～5℃为宜）和氧气。

4. 花卉种子的储藏方法

花卉种子的储藏方法包括干燥储藏法、干燥密闭法、干燥低温密闭法、层积法和水藏法。

二、种子萌发条件及播种前种子处理

1. 种子萌发的条件

（1）适宜的水分

种子萌发时，首先要吸足水分。种子吸水膨胀后，种皮破裂，细胞内酶的活性随之加强，呼吸作用也迅速增强，种子内储藏的各种营养物质进行分解、转化，并被胚所吸收利用。随后胚根和胚芽突破种皮，形成幼苗。

（2）适宜的温度

种子萌发需要在适宜的温度条件下进行。各种花卉种子都有自己的萌芽适温，一年生草本花卉种子的萌芽适温多为20～25℃，适于春播；金鱼草和三色堇等二年生草本花卉种子的萌芽适温为15～20℃，适于秋播；萌芽适温较高的花卉如鸡冠花则应在25～30℃。

（3）充足的氧气

种子萌发需要大量的能量，这些能量来源于呼吸作用。因此，种子萌发时呼吸强度会显著增加，这就需要有足够的氧气供应。所以，在播种、浸种和催芽过程中，应加强管理，调节氧气的供应，使种子顺利萌发。

（4）光照

多数花卉种子萌发不需要光照，但某些好光性种子，在发芽期间需要有一定的光照才能萌发，如报春花等。

2. 播种前种子处理

（1）浸种催芽

对于容易发芽的种子，如一串红、翠菊、金莲花、紫荆、珍珠梅、锦带花等，用

30℃温水浸泡2～24h后可直接播种。

对于发芽迟缓的种子，如文竹、仙客来、君子兰、天门冬、冬珊瑚等，播前需要浸种催芽。用30～40℃的温水浸泡，待种子吸胀后捞出，用湿纱布包裹放入25℃的环境中催芽。催芽过程中需要每天用清水冲洗一次，待种子露白后即可播种。

（2）剥壳

对于果壳坚硬不易发芽的种子，如黄花夹竹桃等，需要剥去果壳后再播种。

（3）锉伤种皮

美人蕉、荷花等种子，种皮坚硬且不易透水、透气，很难发芽。可在播种前在近脐处将种皮锉伤，再用温水浸泡，种子吸水膨胀，可促进发芽。

（4）药剂处理

用硫酸等药物浸泡种子，可以软化种皮，改善种皮的通透性。浸泡后再用清水洗净后即可播种。药剂处理的时间视种皮质地而定，切勿使药液透过种皮伤及胚芽。

（5）低温层积处理

对于要求低温和湿润条件下完成休眠的种子，如牡丹、鸢尾、蔷薇等，常用低温湿沙层积法进行处理，第二年早春播种，发芽整齐迅速。

（6）拌种

对于小粒或微粒花卉种子，可以拌入“包衣剂”，给种子包上一层外衣，起到保持种子的水分和防治病虫害的作用，有利于种子发芽。

三、播种方法

播种程序：播种期的确定→苗土（苗床）准备及消毒→浇透底水→播种→覆土→萌发→幼苗管理→第一次移植→第二次移植→壮苗培育→栽植或出售。

1. 播种期的确定

对于不同的园林植物，应根据需要和其本身的生物学特性选择播种期，并根据环境条件灵活掌握，适时播种。这样不仅能够出苗整齐，发芽率高，而且能够满足不同时期花卉应用的需要。

（1）春播

露地一年生草本花卉、宿根花卉、木本花卉适宜春播。我国南方地区在2月下旬至3月上旬春播，华中地区在3月中旬春播，北方地区在4月或5月上旬春播。特殊情况下，如北京地区劳动节花坛用花，可提前于2～3月在温室、温床或冷床中育苗。

（2）秋播

露地二年生草本花卉和部分木本花卉适宜秋播。一般在9～10月进行播种，冬季需要在温床或冷床越冬。

（3）随采随播

有些花卉种子含有较多水分，如君子兰、四季秋海棠等，其生命力短，不耐储藏，失水后易丧失发芽力，应随采随播。

（4）周年播种

热带和亚热带花卉的种子及部分盆栽花卉的种子，如中国兰花、热带兰花等，其常年处于恒温状态，种子随时成熟。如果温度合适，种子随时萌发，可周年播种。

2. 苗土（苗床）准备及消毒

（1）土壤准备

育苗用土是供给花苗生长发育所需要的水分、营养和空气的基础。优质的床土应当肥沃、疏松、细致，对细小种子的营养土要求较严，土壤的颗粒要小。其营养土配方如下：

① 配方1：50%园土（塘泥）、25%草木灰（或椰糠、泥炭）、25%腐熟鸡粪（或其他腐熟有机肥）。

② 配方2：50%园土（塘泥）、25%草木灰（或椰糠、泥炭）、10%细沙、15%腐熟鸡粪（或其他腐熟有机肥）。

（2）土壤消毒

① 五代合剂。40%五氯硝基苯与65%代森锌可湿性粉剂按1：1的比例，混合拌匀，上铺下垫。

② 恶霉灵。1：3000灌注床面。

③ 菌虫全杀。1：500灌注床面或用150g/m^2混拌土壤。

④ 萎枯唑。1：600灌注床面或1：1000苗期喷雾。

（3）种子消毒

种子消毒可有效预防苗期病害（苗期猝倒病、立枯病等），以提高成苗率。常见的消毒方法如下：

① 多菌灵粉剂与敌百虫粉剂拌种消毒。用药量为种子重量的0.2%～0.3%，最好干拌，种子沾药均匀，不易产生药害。

② 福尔马林消毒。常用40%福尔马林200倍液浸种10～15min，捞出冲洗，阴干后播种。

③ 硫酸铜溶液消毒。可用10g/L的硫酸铜溶液浸种5min，捞出冲洗，阴干后播种。

④ 高锰酸钾溶液消毒。可用5g/L的高锰酸钾溶液浸种2h，捞出冲洗，阴干后播种。

（4）浇透底水

浇透底水应结合土壤消毒进行，浇水量应充足，至少使10～15cm土壤湿润。

3. 播种程序

（1）播种

常见的播种方式包括点播、条播和撒播，应根据种子大小及具体情况进行选择。

（2）覆土

播种后应及时覆土，覆土厚度为种子直径的2～4倍。一些极细小的种子如秋海棠类种子、大岩桐种子、部分仙人掌类种子等可以不覆土，但播种后必须用玻璃、塑料膜覆盖保湿。覆土应选用疏松的土壤或细沙、草木灰、椰糠、泥炭等，不宜选用黏重的土壤。

（3）镇压

镇压能够使种子与土壤紧密结合，使种子充分吸水膨胀，促进发芽。镇压应在土壤疏松、上层较干时进行。较黏重的土壤不宜镇压，以免影响种子发芽。此外，催芽播种的也不宜镇压。

（4）覆盖

播种后，用薄膜、遮阳网等覆盖，保持土壤湿度，防止雨淋并能调节温度。幼苗出土后，覆盖物应及时撤除。

（5）播种后的管理

播种后的管理应注意以下几个问题：

① 保持苗床的湿润，初期水分应充足，以保证种子充分吸水发芽的需要。发芽后适当减少水分，以土壤湿润为宜，不能使苗床有过干或过湿现象。

② 播种后，如果温度过高或光照过强，应适当遮阳，避免床面出现“封皮”现象，影响种子发芽出土。

③ 播种后期根据发芽情况，适当拆除遮阳物，逐步见阳光。

④ 当真叶出现后，根据苗的疏密程度及时间苗，去掉弱苗，留壮苗，充分见光“蹲苗”。

⑤ 间苗后应立即浇水，以免留苗因根部松动失水而死亡。

4. 盆播

（1）苗盆准备

盆播一般采用播种盘或盆口较大的浅盆，底部有排水孔，播种前应洗刷消毒后待用。

（2）盆土准备

盆土要求疏松通气，排水保水性能好，腐殖质丰富，不含病虫卵和杂草的种子。通常用园土：泥炭土（或腐叶土）：蛭石为5：1：4混合均匀后过筛，然后消毒（用40%福尔马林100倍液或50g/L的高锰酸钾溶液，将配好的土分层喷洒一遍，再用塑料薄膜盖严，密封2天后晾开，气体挥发后再装土上盆）。消毒后装入盆内，填实并刮平，盆土距盆沿约1cm。

常见盆土配合比例（体积比）如下：

① 细小种子。腐叶土：河沙：园土=5：3：2。

② 中粒种子。腐叶土：河沙：园土=4：2：4。

③ 大粒种子。腐叶土：河沙：园土=5：1：4。

此外，也可将其他栽培基质如泥炭、蛭石、珍珠岩等混合使用，装入盆土，使土面距盆沿约1cm。

（3）播种

微粒、小粒种子（四季秋海棠、蒲包花、瓜叶菊、报春花等）掺土或细沙后均匀撒播，大粒、中粒种子和包衣种子可点播。播种后用细筛视种子大小覆土，微粒和小粒种子覆土要薄，以不见种子为度。

特别注意

1. 小粒种子播种技术

（1）装盘

小粒种子播种最好用苗箱或育苗盘。装土入盘后，把土刮平，稍加镇压，营养土不能装得过满，留下一定的空间以备覆膜。

（2）浇底水

盘面整平后浇底水。浇底水一定要浇透，浇水后若发现苗床有不平处，应用床土填平。浇水后在床面上撒一层薄薄的营养土，防止底水过大而发生猝倒病。浇底水不宜采用喷淋法，应用盆底渗水法，如图2-1所示。

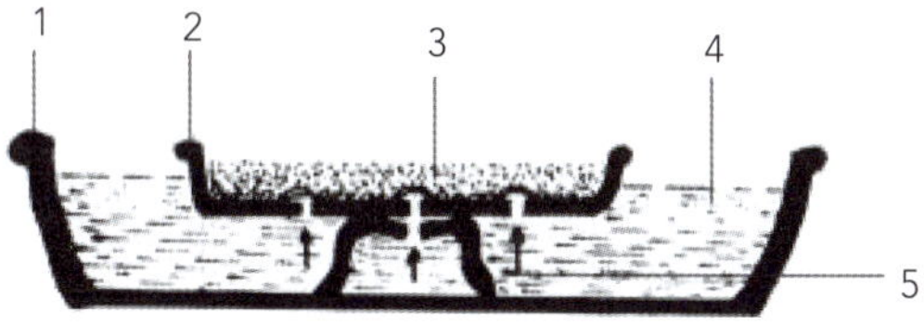

1—水盆；2—苗箱或育苗盘；

3—营养土；4—水；5—倒置花盆。

图2-1　小粒种子给水法（盆底渗水法）

（3）播种方法

小粒种子播种采用撒播法，撒播应均匀，播种时可在种子中掺少量细沙，使种子松散，播种均匀。

（4）覆土

播种后应及时覆土，覆土的厚度为种子直径的2～4倍，对于极细小的种子不应覆土。

（5）覆盖

用塑料薄膜或玻璃覆盖苗箱或育苗盘，以保温保湿。当膜下水滴过多时取下薄膜，去掉水珠。出苗后方可撤膜。

2. 中粒、大粒种子的播种技术

中粒、大粒种子的土壤准备和土壤消毒基本和小粒种子的相同，但营养土可稍粗一些。少量的中粒、大粒种子可用育苗盘播种，大量种子可作畦播种。播种前应灌足底水，播种可采用撒播、条播和点播。旱金莲、君子兰、仙客来等的点播可按一定间距把种子逐粒按入营养土中，深度为种子直径的2～3倍，而文竹和武竹每穴应下种3～4粒，以尽快成丛。播种后覆土为种子直径的2～3倍，不宜太厚及太薄，覆土太厚会导致出苗迟缓，太薄时床土易干，造成种子“芽干”现象。

（1）盆底浸水法

将播种盆底部浸到水里，至盆面刚刚湿润均匀后取出，忌喷水。

（2）覆盖

浸盆后将盆平放在遮阴处，用玻璃或报纸覆盖盆口，防止水分蒸发和阳光直射。夜间可将玻璃掀去，使之通风透气，白天再盖好即可。

（3）管理

种子出苗后应立即揭去覆盖物，并移到通风处，逐步见光。可继续用盆底浸水法给水，当长出1～2片真叶时用细眼喷壶浇水，并视苗的密度及时间苗，当长出3～4片真叶时可分盆移栽。

思政内容

<table>
<tr><th colspan="3">课程思政分析</th></tr>
<tr><td>思政元素</td><td colspan="2">创新精神、环保理念</td></tr>
<tr><td>融入知识点</td><td colspan="2">创意盆栽、浸种催芽</td></tr>
<tr><td>融入方式</td><td colspan="2">①课前发放“脑洞大开的盆栽”图片，开展班级活动，交流有创意的容器，引发共鸣；课上进行“头脑风暴”，讨论用咖啡杯育苗的原因，引出“创新＋环保”关键词
②展示传统育苗容器，讨论创新＋环保的重要性，实现情感认同</td></tr>
<tr><td rowspan="3">融入资源</td><td>资源名称</td><td>描述</td></tr>
<tr><td>创意盆栽</td><td>各种有创意的育苗容器</td></tr>
<tr><td>奇葩的浸种催芽方法</td><td>用外卖盒、药盒、白炽灯等催芽</td></tr>
</table>

自测自评

课外实践一　播种繁殖花卉观察记录

1. 能力目标

通过对繁殖花卉的观察，掌握花卉播种繁殖后的养护方法。

2. 材料与用具

笔和记录表。

3. 内容与方法

熟知播种繁殖花卉（火龙果、矮牵牛、紫茉莉等）播后管理任务，实地观察种子播后管理，并完成花卉播种繁殖记录表（表2-2）。

表2-2　花卉播种繁殖记录表

序号	花卉名称	繁殖方法	繁殖日期	繁殖时间/天	发芽粒数/粒	管理措施
1	火龙果					
2	矮牵牛					
3	紫茉莉					

思政内容

课程思政分析		
思政元素	持之以恒的精神	
融入知识点	花卉播种观察记录活动	
融入方式	通过课外栽培花卉进行物候观测记录环节，培养持之以恒的精神	
融入资源	资源名称	描述
	植物物候观察	形态特征，长势观察

课外实践二 花卉种子识别

1. 能力目标

通过对花卉种子外部形态的观察，掌握花卉种子的识别方法。

2. 材料与用具

放大镜、解剖镜、铅笔、记录本、种子瓶、盛物盘、白纸板、修枝剪、采集箱、布袋、纸袋、天平、卡尺、直尺、镊子、培养皿。

3. 内容与方法

学习20种花卉种子的形态特征及识别方法，实地观察种子。分组复习、识别花卉种子，熟悉种子的形态特征。

① 每人采收1～2种花卉种子，分别晒干、整理、装袋、贴标签（写明种子名称、采收日期、姓名）后交实验室储藏。

② 填写20种花卉种子或果实的采收方法和外部形态特征（表2–3）。

③ 各小组之间相互提问当地常见花卉种子的形态特征，能够识别20种常见花卉种子。

4. 思考与作业

① 什么是千粒重?

② 如何检验种子品质?

③ 花卉种子如何采收和储藏?

表2–3 花卉种子识别

序号	花卉名称	学名	别名	科属	果实类型	果熟期	种子形态特征			
							大小	色泽	形状	附属物
1										
2										
3										
4										
5										
6										
7										
8										
9										

续表

序号	花卉名称	学名	别名	科属	果实类型	果熟期	种子形态特征			
							大小	色泽	形状	附属物
10										
11										
12										
13										
14										
15										
16										
17										
18										
19										
20										

相关知识

一、花卉种子采收、处理和识别

（一）果实类型

根据雌蕊结构的不同，可形成三种不同形式的果实，即单果、聚合果、复果。

1. 单果

由一个雌蕊或合成雌蕊形成的果实称作单果。单果按果皮性质不同可分为肉质果和干果两类。

（1）肉质果

肉质果的果实成熟后肉质多汁，它可进一步细分为浆果、瓠果、柑果（橙果）、核果和梨果等。

① 浆果。浆果果皮大部分肉质化，充满液汁，内含多数种子，如番茄、茄、柿等。

② 瓠果。瓠果是葫芦科植物特有的果实，果实的肉质部分由子房和花托共同发育而成，因此属于假果。南瓜、黄瓜、西瓜等属于瓠果。取黄瓜果实横剖，可以看到它是由三个心皮组成的。其种子着生腹缝线上，侧膜胎、胎座肉质化且特别发达，外果皮、中果皮、内果皮均肉质化，是食用的主要部分。

③ 柑果（橙果）。柑果是由多个心皮及具中轴胎座的子房发育而来的，如柑橘属的果实。取柑橘果实剖开观察，可以看到外果皮和中果皮紧密相连，外果皮呈革质，

有挥发油腺；中果皮内有许多分枝的维管束；内果皮膜质分隔成瓣（即橘瓣），里面长出许多肉质多浆的腺毛，是主要的食用部分。

④ 核果。核果由单雌蕊长成，内果皮由石细胞组成，特别坚硬，包在种子之外以形成果核，如桃、梅、李、杏等。取核果纵剖，可以看到它是由一个心皮组成的，核内含一粒种子。果实最外面的皮为外果皮，包括表皮和表皮下的厚角组织；中果皮发达，全由薄壁细胞组成，为食用的部分；内果皮坚硬，包在种子外面，即所谓的“核”，核内的种子即所谓的“仁”。

⑤ 梨果。梨果属假果，是子房和花筒愈合在一起发育成的果实，由多心皮组成，如梨、苹果等。

（2）干果

干果果实成熟时果皮干燥，根据开裂与否，可分为裂果和闭果两类。

① 裂果。裂果的一个果实内含多粒种子，成熟后，果皮裂开散出种子。按开裂方式不同，可分为蓇葖果、荚果、蒴果和角果等。

a. 蓇葖果由一心皮长成。成熟时，沿一个缝线（腹缝线或背缝线）裂开，如八角、梧桐、芍药、牡丹、飞燕草等。

b. 荚果由一心皮单雌蕊长成。成熟时，沿背缝线、腹缝线裂开。它是豆科植物特有的果实，如绿豆、豌豆、蚕豆等。

c. 蒴果由多心皮组成，一室或多室，每室含多粒种子。果实成熟时有多种裂开方式。纵裂：果实沿缝线纵向裂开，如牵牛花、棉花的果实；横裂（盖裂）：果皮横裂为二，上部呈盖状，如马齿苋、车前的果实；孔裂：在每个心皮的顶端裂开一个小孔，在蒴果的上部有一圈小孔，种子很小，风摇果动，种子大量从孔中飞出，如罂粟的果实。

d. 角果由两个心皮合生，子房一室，是假隔膜，故分成两室。成熟时，果皮由下向上裂开成两片并脱落，只保留假隔膜。它是十字花科植物所特有的果实。

② 闭果。闭果的果实内只含一粒种子，成熟后，果皮不开裂。闭果可分为瘦果、颖果、翅果、分果和坚果等。

a. 瘦果果实小，成熟时只含一粒种子，果皮与种皮分离，如向日葵的果实。

b. 颖果果皮与种皮不易分离，它是禾本科植物所特有的果实。

c. 翅果果皮伸展成翅，如榆属植物的果实。

d. 分果由两个或两个以上的合生雌蕊生成各室，各含一粒种子。它是伞形科植物所特有的果实，如胡萝卜的果实。

e. 坚果果皮坚硬，果实下方或外部有环状或刺状的总苞。如板栗的果实，其果实外部包着多刺的总苞。

2. 聚合果

聚合果是指由一朵花中许多离生雌蕊形成的果实。每一个雌蕊形成一个单果，许多单果聚集在一个花托上，成为聚合果。如悬钩子的果实，它是由许多核果聚合成的聚合果；莲蓬是聚合坚果（每一个莲子都是一个坚果）。

3. 复果

复果又称花序果、聚花果，整个花序形成一个果实，每一花形成一个单果。如桑葚，各花的子房发育为一个小核果，包在肥厚多汁的花萼中，其食用部分为花萼。又如观赏无花果（或薜荔），它由许多小瘦果包藏在肉质内陷的束状花托内。再如菠萝（凤梨），它有很多花，长在花轴上，花不孕，花轴肉质化，为食用部分。

图2–2所示为常见果实的类型。其中，1～10为干果，11～15为肉质果。

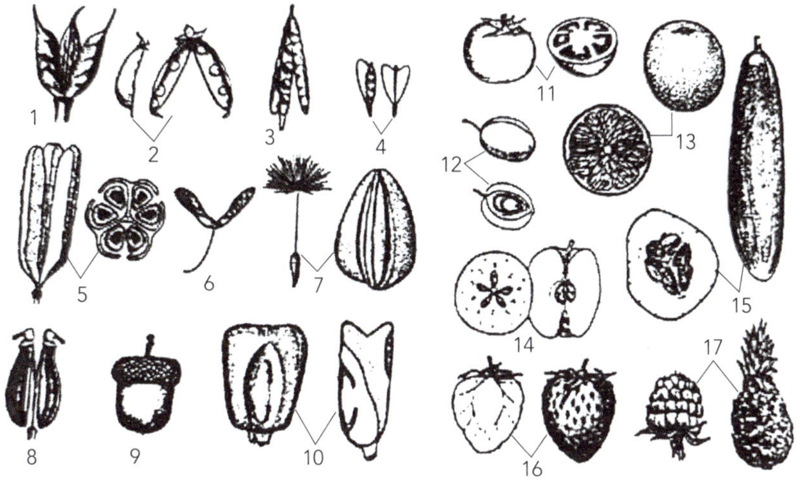

1，2—荚果；3—长角果；4—短角果；5—蓇葖果；6—翅果；
7—瘦果；8—分果（双悬果）；9—坚果；10—颖果；
11—浆果；12—核果；13—柑果；14—梨果；15—瓠果；16—聚合果；17—复果。

图2–2　常见果实的类型

（二）种子采收内容与方法

秋季将不同草花的种子分别采收、晒干、整理，并进行种子检验，然后装袋、贴标签（写明种子名称、采收日期、姓名）后交实验室储藏。

1. 种子的品质

优质种子是播种育苗成败的关键。可以通过以下几方面检验花卉种子的品质。

（1）品种纯正

花卉种子形状各异，通过种子的形状可以确认品种，如弯月形（金盏菊）、地雷形（紫茉莉）、鼠粪形（一串红）、肾形（鸡冠花）、卵形（金鱼草）、椭圆形（四季秋海棠）等。在种子采收、处理去杂、晾干、装袋储藏过程中，要标明品种、处理方法、采收日期、储藏温度、储藏地点等，以确保品种正确无误。

（2）发育充实，颗粒饱满

采收的种子要成熟，粒大而饱满，有光泽，种胚发育健全。种子大小按千粒重分级，大粒种子的千粒重为10g左右，如牵牛花、紫茉莉、旱金莲等；中粒种子的千粒重为3～5g，如一串红、金盏菊、万寿菊等；小粒种子的千粒重为0.3～0.5g，如鸡冠花、石竹、翠菊、金鸡菊等；微粒种子的千粒重约0.1g，如矮牵牛、虞美人、半枝莲、藿香蓟等。

（3）发芽率高，富有生活力

新采收的种子比陈旧的种子生活力强，发芽率高。储藏条件适宜，则种子的寿命长、生命力强。此外，花卉种类不同，其种子寿命差别也较大。

（4）无病虫害

种子是传播病虫害的重要媒介。种子上常常带有各种病虫的孢子和虫卵，储藏前应进行杀菌消毒、检验检疫，避免通过种子传播病虫害。

2. 种子采收

选取优良采种母株，采收时应根据不同种类种子的特点分别进行。种实采集完后，应做好记录。

（1）选择留种母株

要得到优质的花卉种子，一定要对留种的植株进行选优。留种母株必须选择生长健壮、能体现品种特性而无病虫害的植株。留种母株应在始花期开始选择，后续须精细栽培管理。大面积栽培时，应选择地势高燥、阳光充足的地方作为留种地，并进行留种母株的专门培养，以保证种子粒大饱满。种植时，为了避免品种混杂，需要对一些近缘的异花授粉花卉隔离种植。此外，还要对母株进行严格的检查、鉴定，及时淘汰劣变、混杂的植株。同时，还要注意一些优变植株，发现后立即标好标签，进行观察、记录，以便作为一个新品种收藏。

（2）采收

采收花卉的种子，一般应在其充分成熟后进行。采收时，应考虑果实开裂方式、种子着生部位、种子发育顺序和成熟度等。由于很多花卉种子都是陆续成熟，因此其采收宜分批进行。对于翅果、荚果、角果、蒴果等易于开裂的花卉种类，为防止种子飞散，宜提早采收；或事先套上袋子，使种子成熟后落入袋内。采收的时间应在晴天的早晨进行，以减少种子落失。对于种子成熟后不易散落的花卉种类，可以一次性采收，当整个植株全部成熟后，连株拔起，晾干后脱粒即可。

干果类种子如蒴果、蓇葖果、荚果、角果、坚果等，其果实成熟时自然干燥，易干裂散出。应在充分成熟前、即将开裂或脱落前采收。某些花卉如凤仙花、半枝莲、三色堇等果实是陆续成熟散落的，须从尚在开花的植株上陆续采收种子。

肉质果成熟时果皮含水多，一般不开裂，成熟后自母体脱落或逐渐腐烂。应待果实变色、变软时及时采收，因为过熟会引起果实自落或遭鸟虫啄食。若在果皮干后才采收，会加深种子的休眠或使种子受霉菌感染，如君子兰。

3. 采收后的处理

对于采集到的种实，首先应进行调制，其目的是获得纯净的，适于运输、储藏或播种的种子。调制的内容包括种实脱粒、净种、干燥、分级等。

（1）种实脱粒

对于干果类的脱粒，采后可直接摊开暴晒3 ~ 5天，期间须经常翻动，辅以木棍敲打，即可脱出种子；对于含水量较高的蒴果的脱粒，应放入室内或阴凉处阴干，同样需要经常翻动，数天后敲打即可脱出种子；对于肉质果类的脱粒，常采用堆沤法、浸沤法使果皮软化，经水洗取种。

（2）净种

采用风选、筛选、水选和粒选等方法，将饱满种子与夹杂物分开。

（3）干燥

种子经过净种后，在调拨、储藏前还须对其进行适当的干燥，直至其含水量达到安全含水量为止。种子干燥的方法可分为晒干法和阴干法。种皮坚硬、安全含水量低的种子，可采用晒干法；种皮薄、粒小的种子，安全含水量高的种子，含挥发性油脂的种子，经水选或由肉质果中取出的种子，均采用阴干法。

（4）分级

将种子按种粒大小、轻重进行分类，即为分级。其目的是保证播种后出苗整齐，花卉生长一致，便于管理。

4. 种子储藏

种子处理后即可储藏。种子储藏的原则是抑制呼吸作用，减少养分消耗，保持种子的生命力，延长寿命。

（1）自然干燥储藏法

自然干燥储藏法即将经过阴干或晒干后的种子装入纸袋或布袋中，放在室内通风环境中储藏。该法主要适用于耐干燥的一、二年生草本花卉种子。

（2）干燥密封储藏法

干燥密封储藏法即将干燥的种子装入瓶罐中密封储藏，这是近年来普遍采用的方法。

（3）低温干燥密封储藏法

低温干燥密封储藏法即将干燥密封的种子存放于1 ~ 5℃低温环境中储藏，该法可以很好地保持花卉种子的生活力。

（4）湿藏法

有些花卉种子长期置于干燥环境下，容易丧失发芽力，这类种子可采用湿藏法。湿藏法多用于越冬储藏，往往和催芽结合。一般将种子与相当于种子体积2～3倍的湿沙或其他基质混拌，埋于排水良好的地下或堆放于室内，保持一定的湿度。也可将种子与湿沙分层堆积，即层积沙藏。这种方法可以有效地保持种子的生活力，并具有催芽作用，能够提高种子出芽率和发芽的整齐度。

（5）水藏法

王莲、睡莲的种子必须储藏在水中才能保持其生活力和发芽力。

种子是有生命的有机体，各种花卉种子都有一定的保存年限。在保存年限之内，种子具有生命力或生命力强，若超出了保存年限，则种子生命力就会降低甚至失去生命力。常见花卉种子的保存年限如表2–4所示。

表2–4　常见花卉种子的保存年限

花卉名称	保存年限/年	花卉名称	保存年限/年	花卉名称	保存年限/年
菊花	3～5	凤仙花	5～8	百合	1～3
蛇目菊	3～4	牵牛花	3	茑萝	4～5
报春花	2～5	鸢尾	2	一串红	1～2
万寿菊	4～5	长春花	2～3	矢车菊	2～5
金莲花	2	鸡冠花	4～5	千日红	3～5
美女樱	2～3	波斯菊	3～4	大岩桐	2～3
三色堇	2～3	大丽花	5	麦秆菊	2～3
毛地黄	2～3	紫罗兰	4	薰衣草	2～3
花菱草	2～3	矮牵牛	3～5	耧斗菜	2
蕨类	3～4	福禄考	1	藏报春	2～3
天人菊	2～3	半枝莲	3～4	含羞草	2～3
天竺葵	3	百日草	2～3	勿忘草	2～3
彩叶草	5	藿香蓟	2～3	木樨草	3～4
仙客来	2～3	桂竹香	5	宿根羽扇豆	5
蜀葵	5	瓜叶菊	3～4	地肤	2
金鱼草	3～5	醉蝶花	2～3	五色梅	1～2

续表

花卉名称	保存年限/年	花卉名称	保存年限/年	花卉名称	保存年限/年
雏菊	2～3	石竹	3～5	观赏茄	4～5
翠菊	2	香石竹	4～5	—	—
金盏菊	3～4	蒲包花	2～3	—	—

二、常见草花种子形态特征

1. 鸡冠花

鸡冠花的种子表面具有光泽，呈黑色；直径1.2～1.7mm，多为圆形、圆肾形，少数为圆三角形；在放大镜下可见细网状花纹。

2. 虞美人

虞美人的种子呈深褐色或褐色，少数为淡黄色；长0.6～0.9mm，宽0.5～0.8mm，多为肾脏形，少数为圆三角形；表面具四角或五角形的网眼。

3. 太阳花

太阳花的种子直径0.5～0.7mm，呈圆肾形，具有蜗牛状弯曲；表面具有光泽，有刺状小突起；呈黑色或深灰色。

4. 荷包花

荷包花的种子呈椭圆形至长椭圆形，其大小相差较大；长0.7mm，宽0.2～0.4mm；呈褐色，表面有纵列的小圆筒，这些小圆筒和小沟的排列相同，并且存在横而小的纵纹。

5. 石竹

石竹的种子呈黄色；长2.5～3mm，宽2.0～2.2mm，整体平坦但稍有起伏，呈杯形，具有波状式的边；其背面突出，腹面收缩，中部具有鸡冠状隆起。

6. 三色堇

三色堇的种子呈褐色至深褐色；长1.8～2.2mm，宽0.9～1mm，呈倒卵形；其上端具有明显的黑色圆形斑点，斑点以下则有纵向略高的黑线条，这条黑线条纵贯整个种子。

7. 凤仙花

凤仙花的种子呈褐色；长2.5～4mm，宽2～3mm，呈圆球形或近球形；密被黄褐色高低不平的疣状小突起，突起间有金黄色或近黄色的凸起短线条。

8. 金鱼草

金鱼草的种子呈黑褐色或深灰色；长0.8～1mm，宽0.6～0.9mm，呈卵形或窄卵形，上下端呈平截面，少数呈钝圆形；表面粗糙，覆盖五角形或六角形的小网眼，这些小网眼的排列不规则。

9. 百日草

百日草瘦果呈深灰色或灰褐色；长8～14mm，宽2～6mm，形态扁平，外形相差较大，呈楔形、广卵形至瓶形；侧边有的具有粗糙的厚边，背部稍微隆起。管状花形成的瘦果呈卵形至瓶形，筒状花形成的瘦果呈椭圆形且较为扁小。

10. 蜀葵

蜀葵分果呈淡黄色，毛为金黄色；长5～6mm，宽45～55mm，呈圆形，向下尖锐呈双齿形，侧面扁平；沿分果的外缘有鸡冠状的边，其上有辐射状小肋条。

11. 香豌豆

香豌豆的种子直径4～5mm，呈球形或稍揉皱的球形，表面高低不平。

12. 球根海棠

球根海棠的种子呈橙黄色，很小；长0.4～0.5mm，宽0.25～0.5mm，呈椭圆形，上端广而钝圆，下端大部为斜截面，先伸出小突起，略具光泽。

三、种子分级

1. 种子大小分级

测量种子大小，包括测量粒径大小（以长轴为准）和千粒重。可任选几种数量较多的花卉种子进行千粒重称量，以此确定种子大小；也可用1g种子或100g种子所含粒数表示种子大小。种子大小的分级如表2–5所示。

表2–5　种子大小的分级

等级	粒径/mm	每克粒数/粒	代表花卉
大粒种子	>5.0	<100	紫茉莉、牡丹、牵牛
中粒种子	2.0～5.0	800～1000	石竹类、矢车菊、紫罗兰
小粒种子	1.0～2.0	2000～8000	三色堇、一点缨
微粒种子	<1.0	10000～25000	四季秋海棠、矮牵牛、金鱼草

2. 形状

种子有球状、卵形、椭圆形、镰刀形等多种形状，可根据材料情况详细确定。

3. 色泽

观察种子表面的附属物及其色泽，如茸毛、翅、钩、突起、沟等，对照实物一一描述。

思政内容

课程思政分析		
思政元素	团队协作能力、规范操作及安全意识	
融入知识点	花卉种子识别	
融入方式	① 通过实践环节，树立规范操作及安全意识 ② 通过小组合作，培养团队协作能力	
融入资源	资源名称	描述
	花卉种子识别	外观特征观察

课外实践三 花卉种子品质检验

1. 能力目标

熟悉种子品质检验的内容，学会对花卉种子进行品质鉴定；通过发芽率的测定，了解种子的生活力。

2. 材料与用具

几种常见花卉的种子、50g/L的红墨水、5g/L的TTC溶液、镊子、培养皿或发芽盒、中性滤纸或脱脂棉、恒温培养箱、烧杯、刀片。

3. 内容与方法

（1）花卉种子品质的快速鉴定

学习花卉种子品质的快速鉴定方法，分组实际操作。

① 视觉检验。视觉检验用于判断种子的品质，如种子籽粒的饱满度、均匀度、杂质，不完整籽粒的多少，色泽是否正常，有无虫害、机械损伤或霉变等情况。

② 嗅觉检验。用鼻子判断种子有无霉烂、变质及异味。如发过芽的种子带有甜味，发霉的种子带有酸味或酒味，这些气味在刚打开包装袋时最为明显。

③ 触觉检验。触觉检验主要针对种子水分进行简单判断。例如，手插入种子袋内感觉松散、光滑、阻力小、有响声，用手抓种子时种子容易从手中滑落则水分较小。

④ 感觉检验。用牙齿轻轻加大压力，切断种子籽粒，若感觉费力、声音清脆、硬质粒端面整齐，则水分含量低。

⑤ 听觉检验。抓一把种子紧紧握住，五指活动，听有无沙沙响声；或将带有果皮的品种抓起摇动或扬起听响声。一般声音越大，水分含量越低。

（2）花卉种子品质检验

花卉种子品质检验包括种子成熟度测定、净度测定、千粒重测定、生活力测定以及发芽试验等。

采用氯化三苯四氮唑法分组进行实际操作。将待测种子在30～35℃温水中浸种（可采用大粒种子，如牵牛、紫茉莉、金盏菊、千日红、百日草等花卉种子）以增强种胚的呼吸强度，使显色迅速。计算活种子的百分率，再与实际发芽率进行比较，看是否相符。

随机选取100粒种子，放于培养皿或发芽盒中（大粒种子用发芽盒，小粒种子用培养皿），垫上潮湿的滤纸或铺上脱脂棉，在恒温箱中培养，观察发芽率。

（3）调查记载

① 调查并记载种子来源。

② 调查并记载种子生产程序是否规范及符合生产要求。

③ 调查并记载是否掺杂、掺假或是否为假种子。

4. 思考与作业

① 分组练习花卉种子品质的快速鉴定。

② 讨论如何进行花卉种子品质检验，简述目前种子品质的快速鉴定方法。

③ 将发芽试验结果填入表2–6。

表2–6 种子发芽试验记录表

<table>
<tr><th>花卉名称</th><th></th><th>置床时间/h</th><th></th><th colspan="2">每个重复试验置床种子数/粒</th><th></th></tr>
<tr><td>发芽床</td><td></td><td>发芽温度/℃</td><td></td><td colspan="2">持续时间/h</td><td></td></tr>
<tr><td rowspan="5">发芽率/%</td><td colspan="6">重复试验</td></tr>
<tr><td colspan="2">I</td><td colspan="2">II</td><td colspan="2">III</td></tr>
<tr><td colspan="2"></td><td colspan="2"></td><td colspan="2"></td></tr>
<tr><td colspan="2"></td><td colspan="2"></td><td colspan="2"></td></tr>
<tr><td colspan="2"></td><td colspan="2"></td><td colspan="2"></td></tr>
</table>

相关知识

种子检验工作是指种子收获后，在收购、调运或播种前对每批种子进行的检验。收购时主要检验种子净度、发芽率、含水率等。种子精选入库后，还需要检验千粒重、病虫害等。目前，种子多进行商品化生产，并采用多渠道经营，新、陈种子混杂不清，如果购入时不经检验，往往出苗率很低，甚至育苗失败。因此，播种前必须经过种子品质的检验和发芽试验。

种子物理性状测定

1. 净度的测定

净度（纯度）是指被检验的某一园艺植物种子中纯净种子的质量占供检种子总质量的百分率。净度是种子播种品质的重要指标之一，是确定播种量的主要根据。只有净度高的种子，才能较准确地计算出播种量。

（1）测定样品的提取

将种子样品用四分法或分样器法进行分样，提取一份样品称量和测定。净度测定用的样品量，一般视种粒大小、千粒重和纯净程度等情况而定。除种粒较大的须取300～500粒外，其他种子通常要求在净度测定后，能有纯净种子2500～3000粒。

（2）测定样品的分析

将测定样品铺在种子检验板上，仔细观察，区分出纯净种子、废种子及夹杂物。经过上述分析后，用天平称量纯净种子、废种子和夹杂物的质量，计算种子净度。种子的净度可按式（2–1）计算。

$$净度=\frac{纯净种子质量}{纯净种子质量+废种子质量+夹杂物质量}\times 100\% \qquad (2\text{–}1)$$

2. 千粒重的测定

千粒重是指在阴干状态下1000粒纯净种子的质量，一般以克（g）表示。千粒重能够反映种子的大小及饱满程度。同一园艺植物的不同批种子，千粒重数值越高，种子越大且越饱满，内部储藏的营养物质较多，空粒较少，播种后发芽率高，苗木质量好。种子千粒重的测定应采用百粒法。而对于种粒大小、轻重极不均匀的种子，则可采用千粒法。采用千粒法时，须从净度测定所得的纯净种子中不加选择地数出1000粒进行称重，然后计算千粒重。

3. 含水率的测定

含水率是指种子中所含水分的质量占种子质量的百分率，它是影响种子寿命的重要因素之一。种子安全储藏的含水率因品种的不同而异，一般以8%～10%为宜。含水率过高、过低都有可能使种子失去活力。含水率一般采用简易测定法，即通过感官鉴定。一般情况下，干燥的种子颜色、光泽正常，手极易插入种子堆，且有光滑与坚硬的感觉；搅动时，种子响声清脆；用牙咬时，种子抗压力较大，咬碎时响声清脆，呈碎块状；切断时感觉坚硬，且断片会崩开。相反，湿润的种子颜色、光泽暗淡，甚至可能出现生霉、结块现象；用手插入种子堆内会有涩、潮湿、发热的感觉；搅动时不光滑，也无清脆响声；用牙咬时，种子抗压力较小，呈湿饼状，且不散落。

4. 种子生活力的测定

种子潜在的发芽能力称为种子的生活力。它可以通过使用某些化学试剂对种子进行染色的方法来测定。种子生活力用有生活力的种子数占供检种子总数的百分率表示。其测定的结果只是接近发芽率，而不能代替发芽率，因为处于休眠状态的种子，其生活力高于发芽率。当需要迅速判断种子的品质时，对于休眠期长以及难以进行发芽试验的种子，可采用快速染色法测定。测定时，用四分法从纯净种子中随机提取50粒（大粒）或100粒（小粒）。由于各种种子的内含物不同，它们对试剂的反应也不相同，因此可以分别选用不同的方法测定种子生活力。目前，主要以靛蓝染色法和四唑染色法为主，此外还有红墨水染色法等。

（1）靛蓝染色法

靛蓝染色法常以靛蓝胭脂红的苯胺染料（简称靛蓝）为检验试剂，这是一种蓝色粉末状的苯胺染料。其检验原理如下：靛蓝试剂能透过死细胞组织而使其染上颜色，但不能透过活细胞的原生质。根据种胚着色的情况，可以区分有生命力的种子和无生命力的种子。此法适用于大多数园艺植物的种子，如苹果、梨、桃、李、海棠、山桃、棕榈、红枫等。

靛蓝试剂是用蒸馏水将靛蓝配成质量浓度为0.5 ~ 1g/L的溶液，最好随配随用。供测定的种子经浸种膨胀后取出种胚。剥取种胚时，应挑出空粒、腐坏及有病虫害的种粒，并记入种子生活力测定表。剥出的种胚先放入盛有清水或垫湿纱布的器皿中，全部剥完后再放入靛蓝溶液中，并使溶液淹没种胚。操作时应注意：种子染色结束后，应立即用清水冲洗，然后分组放在潮湿的滤纸上，用肉眼或借助手持放大镜、实体解剖镜逐粒观察。若放置时间过长，种胚易褪色，会影响检验效果。

（2）四唑染色法

四唑染色法常以氯化三苯四氮唑（简称四唑或TTC）为检验试剂。其原理是用中性蒸馏水溶解四唑，形成无色四唑水溶液。进入种子的无色四唑水溶液，在种胚的活组织中被脱氢酶还原，生成稳定的、不溶于水的红色物质，而死种胚则不显这种颜色。其鉴定的主要依据是染色的部位，而不是染色的深浅。这种方法适用于大多数园艺植物的种子。

四唑染色法测定的具体方法与靛蓝染色法基本相同，测定时应注意试剂的浓度，一般试剂为浓度1 ~ 10g/L的四唑水溶液。溶液浓度高，反应较快，但药剂消耗量大；浓度低，要求染色的时间较长。四唑水溶液的适宜浓度为5g/L。浸染时，将盛装容器置于25 ~ 30℃的黑暗环境中。浸染时间因花卉种类而异，通常为24 ~ 48h。

（3）红墨水染色法

将种子浸入水中10 ~ 24h，使种皮软化。然后细心剥去种皮（桃、杏、李等有坚硬木质外壳的种子，只需轻轻砸碎外壳，不需要用水浸泡），放入50g/L的红墨水中，染色1～2h。再将种子取出，用清水冲洗干净。观察染色后的种子，若胚和子叶完全染色，则为无生活力的种子；若胚或子叶部分染色，则为生活力弱的种子；若胚和子叶均没有染色，则为有生活力的种子。

5. 种子优良度的测定

种子优良度即良种率，是指优良种子数与供检种子总数的百分比。

优良度的检验主要依靠感观测定，其测定方法简单易行，可迅速得出结果。在生产上多用于种子采集、储藏、购买等工作现场。常用的种子优良度测定方法有解剖法、比重法、手摇法和爆炸法等。

（1）解剖法

从纯净种子中随机提取测定样品，先对种子的外部特征进行观察（感官鉴定），如种粒是否饱满整齐，颜色及光泽是否新鲜正常，是否过潮、过干，有无异常气味，是否感染霉菌，有无虫孔，有无机械损伤等。为了观察种子内部状况，可适当浸水、纵切。仔细观察种胚、胚乳或子叶的大小。

优良种子种粒饱满，胚和胚乳发育正常，呈该植物新鲜种子特有的颜色、弹性和气味。劣质种子则种仁萎缩或干瘪，失去该植物新鲜种子特有的颜色、弹性和气味，或被虫蛀，或有霉坏症状，或有异味，或已霉烂。

（2）比重法

将种子放在水中，通过漂浮或下沉来鉴别种子生活力的好坏。如板栗，下沉的是优良种子，漂浮的是劣质种子。

（3）手摇法

大粒种子如核桃、板栗，可用手摇法测定，有响声的是劣质种子。

（4）爆炸法

爆炸法适用于小粒种子，如苹果、梨、海棠等。选100粒种子作为样品，将其逐粒放在烧红的热锅或铁勺中，根据有无响声和冒烟情况鉴别种子的质量。能够爆炸并有响声且有黑灰色油烟冒出的是优良种子，反之则为劣质种子。

种子优良度可按式（2–2）计算。

$$\text{优良度}=\frac{\text{优良种子数}}{\text{供检验种子总数}}\times 100\% \qquad (2\text{–}2)$$

优良度测定结束后，分别统计各次重复试验中优良种子的百分率，并计算出平均数，逐项填入种子优良度测定记录表。

6. 种子发芽能力测定

种子发芽率是指种子在适宜条件下的发芽数占全部试验种子的百分率。不同园艺植物种子的发芽床应使用不同的材料，常用的有滤纸、脱脂棉、纱布、细沙、疏松的土壤等，目前多使用中性滤纸或脱脂棉。发芽床上供给的水分最好是不含杂质的中性蒸馏水（pH为6.5～7.0），一般为发芽床材料饱和含水量的60%，使发芽床保持湿润，同时确保种子四周不出现水膜。一般地，园艺植物种子发芽的适宜温度为20～30℃，在此过程中应注意适当通气并避免水分过多而隔绝氧气。

（1）提取测定样品

从净度测定所得的、经过充分混拌的纯净种子中按照随机原则提取100～500粒作为测定样品。

（2）种子置床

用培养皿或发芽盒，将提取的种子均匀地排在湿润的发芽床上，种子相互之间应保持一定的距离，防止种子间的交叉感染。通常小粒种子选用纸床，大粒种子选用棉床，中粒种子选用纸床或棉床均可。

提示：

纸床：取中性滤纸两层，将种子放在纸上发芽。

棉床：取脱脂棉均匀铺一层，将种子放在脱脂棉表面上发芽。

（3）置箱培养

将种子置入电热恒温发芽箱中，设定好温度、湿度、光照度等。

（4）检查管理

发芽期间应经常检查温度、水分和通气状况。如有发霉的种子应取出冲洗，严重发霉的应更换发芽床。

（5）观察记载

在种子发芽试验过程中，至少应观察、记载两次，即发芽初期和发芽终期。记载时应区分正常幼苗和不正常幼苗，硬实、新鲜未发芽的种子和死种子等。

（6）结果计算

种子发芽能力用发芽率和发芽势两个指标衡量。

发芽率是指在最适宜发芽的环境条件下和规定的时间内（延续时间依不同植物种类而异），萌发种子数占供检验种子总数的百分率，可按式（2–3）计算。

$$\text{发芽率}=\frac{\text{萌发种子数}}{\text{供检验种子总数}}\times 100\% \qquad (2\text{–}3)$$

发芽势是指种子自开始发芽至发芽最高峰时的发芽粒数占供检验种子总数的百分率，可按式（2–4）计算。发芽势高说明种子萌发快，萌芽整齐。

$$发芽势=\frac{种子发芽达到最高峰时的发芽粒数}{供检验种子总数}\times 100\% \quad (2-4)$$

种子品质检验可以控制种子质量，也可为质量评价提供依据，但它不能直接提高种子的质量。按照国际上的标准，质量控制应由种子法规、种子认证、种子检验三要素来控制。

思政内容

<table>
<tr><th colspan="3">课程思政分析</th></tr>
<tr><td>思政元素</td><td colspan="2">团队协作能力、规范操作及安全意识</td></tr>
<tr><td>融入知识点</td><td colspan="2">花卉种子品质检验</td></tr>
<tr><td>融入方式</td><td colspan="2">① 通过实践环节，树立规范操作及安全意识
② 通过小组合作，培养团队协作能力</td></tr>
<tr><td rowspan="2">融入资源</td><td>资源名称</td><td>描述</td></tr>
<tr><td>室内种子检验步骤</td><td>样品准备与检查</td></tr>
</table>

课外实践四 苗床播种育苗技术

1. 能力目标

熟悉苗床播种育苗的整个过程，掌握花卉播种的关键技术和苗期管理方法。播种育苗时间可分春季、秋季进行。

2. 材料与用具

① 春播花卉种子。一串红、鸡冠花、凤仙花、万寿菊、百日菊等一年生草本花卉。

② 秋播花卉种子。瓜叶菊、蒲苞花、雏菊、三色堇、羽衣甘蓝等二年生草本花卉。

③ 其他。育苗容器、苗床、喷雾器、洒水壶、锄头、耙子、铁锹、小铲子、网眼筛、基质（泥炭、腐叶土、河沙等）、消毒剂（高锰酸钾、多菌灵等）、肥料、塑料标签牌等。

3. 内容与方法

学习苗床育苗要点，根据实际情况进行苗床播种育苗。

4. 思考与作业

记录播种育苗的整个操作过程，将种子发芽情况和苗期生长情况数据填入表2-7和

表2–8。整理数据，分析影响种子发芽率、出苗率和幼苗质量的因素，并提出提高发芽率、出苗率和幼苗质量的可能途径与措施。

表2–7　种子发芽情况记录表

产地或来源：________　　　　播种日期：____年____月____日

记录组别	第_天 发芽粒数/粒	第_天 发芽粒	初芽日期	盛芽日期	发芽率/%	发芽势	备注
1							
2							

表2–8　苗期生长情况记录表

花种：________　产地或来源：________　播种日期：____年____月____日

<table>
<tr><th>记录组别</th><th>检查日期</th><th>长势</th><th>整齐与否</th><th>病虫害出现情况</th><th>成活株数/株</th><th>成活率/%</th><th>备注</th></tr>
<tr><td rowspan="3">1</td><td></td><td></td><td></td><td></td><td></td><td rowspan="3"></td><td rowspan="5"></td></tr>
<tr><td></td><td></td><td></td><td></td><td></td></tr>
<tr><td></td><td></td><td></td><td></td><td></td></tr>
<tr><td rowspan="2">2</td><td></td><td></td><td></td><td></td><td></td><td rowspan="2"></td></tr>
<tr><td></td><td></td><td></td><td></td><td></td></tr>
</table>

相关知识

播种用的种子必须是经检验合格的种子，否则不得用于播种。为了使种子发芽迅速、整齐，促进幼苗的生长，提高幼苗的产量和质量，在播种之前要进行选种、消毒和催芽等一系列的处理。

一、种子消毒

为消灭种子表面所带病菌，减少幼苗病害，在催芽、播种之前要对种子进行消毒。

1. 福尔马林消毒

在播种前1 ~ 2天，将种子放入40%福尔马林260倍液中，浸泡15 ~ 30min，取出后密封2h，然后将种子摊开阴干，阴干后即可催芽或播种。

2. 硫酸铜溶液消毒

以3 ~ 10g/L的硫酸铜溶液浸种4 ~ 6h，然后取出阴干备用。生产实践证明，用硫酸铜对部分树种（如落叶松）的种子消毒，不仅能起到消毒作用，而且还具有催芽作用，可提高种子的发芽率。

3. 高锰酸钾溶液消毒

以5g/L的高锰酸钾溶液浸种2h，或用30g/L的高锰酸钾溶液浸种30min，取出后密封0.5h，然后用清水冲洗数次，阴干后备用。值得注意的是，胚根已突破种皮的种子，不能采用这种方法。该法除灭菌作用外，对种皮也有一定的刺激作用，能够促进种子发芽。

4. 敌克松粉剂拌种

这种方法的用药量为种子质量的0.2%～0.5%，先用10～15倍的细土配成药土，再拌种消毒。该法防治幼苗猝倒病效果较好。

5. 石灰水浸种

用10～20g/L的石灰水浸种24h，有较好的灭菌效果。

二、种子催芽

1. 浸种催芽

浸种的目的是促使种皮变软，促使种子吸水膨胀，有利于种子发芽；同时，在浸种、洗种时，还能够排除一些抑制性物质，有利于打破种子的休眠状态。浸种时，浸种用水量约为种子体积的3倍。

浸种法主要包括热水浸种、温水浸种和冷水浸种。

（1）热水浸种

对于种皮特别坚硬、致密的种子（如紫藤、合欢等），为了使种子加快吸水，可以采用热水浸种，但水温不要太高，以免损害种子，一般为70～80℃。

（2）温水浸种

对于发芽迟缓的天门冬、金鱼草、观赏辣椒、文竹、君子兰等，可用35～40℃温水浸种24h；对于月光花、牵牛花、香豌豆等，可用30℃温水浸种，浸种时间不能超过12h。

（3）冷水浸种

对于种皮薄的种子，一般用冷水浸种，浸种时间根据花卉种类而定。

2. 层积催芽

种子室外层积催芽如图2-3所示，是将种子和湿润物混合或分层放置于一定的低温、通气环境中，促进其发芽的方法。这种方法适用于长期休眠的种子。通过层积催

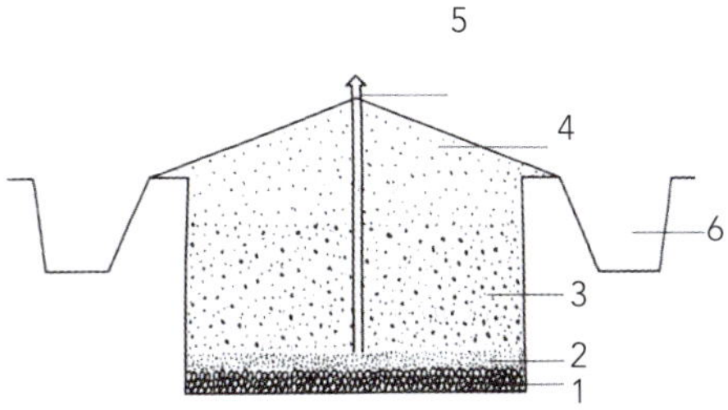

1—卵石；2—沙子；3—沙混合物；4—覆土；5—通气管道；6—排水沟。

图2-3　种子室外层积催芽

芽，种皮得到软化，透性增加，种内的生长抑制性物质逐渐减少，生长激素逐渐增多，种胚得到进一步的生长发育，因此可以促进种子的发芽。

层积催芽分为低温层积催芽、变温层积催芽和高温层积催芽等，生产实践中常用低温层积催芽。低温层积催芽要求一定的环境条件，其中温度、湿度、通气条件最为重要。因植物特性不同，对层积催芽温度的要求也不同，多数为0 ~ 5℃。同时，还要求将湿润物和种子混合（或分层放置）。常用的湿润物为湿沙、泥炭等，它们的含水量一般为饱和含水量的60%，即以手握湿沙成团但不滴水、触之能散为宜。层积催芽还必须具有通气设备，种子数量较少时可用秸秆束通气，较多时可设置专用的通气孔。

种子数量较少时，可放于冰箱内，种子与沙子的比例为1∶3；种子数量较多时，可在室外挖坑，一般选择地势高、排水良好的地方，宽度1m左右，长度依种子数量而定，深度一般应在地下水位以上。坑底铺一些鹅卵石或碎石，在坑中央放一小捆秸秆或下部带通气孔的竹制或木制通气管，以流通空气。然后放混合好的种子与沙子或一层种子一层沙地放置，上面盖上湿沙，最后用土培成屋脊形，坑的两侧各挖一条排水沟。一般短期休眠的种子须催芽1 ~ 2个月，长期休眠的种子须催芽2 ~ 7个月。

3. 药剂催芽

用化学药剂、微量元素、植物激素等溶液浸种，可以加强种子内部的生理过程，解除种子休眠状态，促进种子提早萌发，使种子发芽整齐，幼苗生长健壮。常用的化学药剂主要是酸类、盐类和碱类，其中以浓硫酸和小苏打最为常用。植物激素和微量元素，如赤霉素、2,4–D、吲哚乙酸（IAA）、吲哚丁酸（IBA）、萘乙酸（NAA）、激动素及硼、铁、铜、锰、钼等，对种子都有一定的催芽效果，但所需浓度和浸种时间要经过试验确定，催芽时要慎重。

4. 其他催芽方法

用各种物理方法擦伤种皮，以利于种子吸水，可大大促进皮厚且坚硬种子的发芽。生产上常将种子与粗沙、碎石等混合搅拌（大粒种子可用搅拌机进行），以磨伤种皮。在国外目前已有专门的种子擦伤机。

三、苗床育苗

1. 整地作畦

露地播种前，先选择地势高、平坦、背风、向阳的地方设置苗床，土壤要疏松肥沃，既利于排水，又有一定的蓄水能力。经翻整后耙细，去除杂物，然后再整地作畦。一般分为低畦和高畦两种，低畦较适合少雨的北方，高畦则适合多雨的南方。低畦畦面宽100 ~ 120cm，畦埂宽一般为40cm，畦面低于畦埂15 ~ 20cm；而高畦畦面高于畦埂15 ~ 20cm。作畦后将苗床耙平、耙细。由于花卉种子普遍细小，所以上层土壤最好过筛。与此同时，应浇足底水（同时采用杀菌剂做好苗土消毒），调节好苗床墒情。

2. 种子的准备与处理

根据种粒萌发和生长习性，选择适当的播种时间，采取相应的消毒和催芽处理方法。

3. 播种方式

根据花卉的种类及种子的大小，可采取撒播、条播和点播的方式。

大粒种子（紫茉莉、牡丹、芍药、紫荆、丁香、金莲花、君子兰等）一般采用点播的方式。按一定的株行距，单粒点播或多粒点播，以便于移栽。

中粒种子（文竹、天门冬等）一般采用条播的方式，以便于通风透光。

小粒种子（一串红、鸡冠花、翠菊、三色堇、石竹等）一般采用撒播的方式。这种方式占地面积小，出苗量大，撒播均匀，但应及时间苗和蹲苗。

对于微粒种子（矮牵牛、虞美人、半枝莲、藿香蓟等）而言，一般将其混入少许细干土或细面沙后，再撒播到育苗床上。

4. 覆土

播种的深度也是覆土的厚度。一般覆土厚度为种子直径的2 ~ 3倍，大粒种子可稍厚些；小粒种子宜薄，以不见种子为度；微粒种子可不覆土，播后轻轻镇压即可。播种覆土后，稍压实，使种子与土壤紧密接触，便于吸收水分，有利于种子萌发。

5. 播种后的管理

水分、氧气、温度是影响种子发芽的主要因素。在适合的季节，采用良好的基质播种，只要管理得当均能出苗。播种后应保持苗床的湿润，初期水分应充足，以保证种子充分吸水发芽的需要；发芽后适当减少水分，以土壤湿润为宜，不能使苗床有过干、过湿现象。播种后，如果温度过高或光照过强，需要适当遮阳。

种子发芽出土后，应及时揭去覆盖物。务必使其逐步见光，经过一段时间的锻炼后，才能完全曝露在阳光下，并逐渐减少水分，使幼苗根系向下并茁壮成长。当真叶出现后，根据苗的疏密程度及时间苗，去弱留强。间苗后须立即浇水，以免留苗因根部松动失水而死亡。

由于播种基质肥力较低，苗期每周应施一次极低浓度的完全肥料。移栽前应进行炼苗，一般在幼苗具2 ~ 4片展开的真叶时进行移栽。通常在阴天或雨后空气湿度较高时移栽，其成活率较高，以清晨或傍晚移苗最好。起苗前半天，应对苗床浇一次透水，使幼苗吸足水分，移栽效果更好。

思政内容

课程思政分析		
思政元素	团队协作能力、规范操作及安全意识	
融入知识点	苗床育苗	
融入方式	① 通过实践环节，树立规范操作及安全意识 ② 通过小组合作，培养团队协作能力	
融入资源	资源名称	描述
	播种育苗	苗床育苗、盆播育苗

课外实践五　花卉穴盘育苗技术

1. 能力目标

了解穴盘种类，掌握容器育苗、基质的配制及播种方法。

2. 材料与用具

穴盘（128穴、288穴）、镊子、点播机、蛭石、泥炭土、细沙、花卉种子。

3. 内容与方法

学习穴盘育苗要点，根据实际情况进行一、二年生草本花卉穴盘育苗，分组进行实际操作。进行课外观察记录，做好种子出苗后的管理，完成花卉穴盘育苗记录表，如表2–9所示。

4. 思考与作业

① 做好几种花卉播种后的观察记录。

② 简述花卉穴盘育苗的技术要点。

③ 分析讨论穴盘育苗的苗期管理技术及穴盘育苗的优缺点。

表2–9　花卉穴盘育苗记录表

序号	花卉名称	繁殖日期	繁殖时间/天	发芽粒数/粒	管理措施	备注

相关知识

一、穴盘育苗基础知识

穴盘育苗又称育苗盘技术，是一种以蛭石、泥炭土、珍珠岩等轻型基质材料为育苗基质，以不同规格的塑料穴盘为育苗容器，采用机械化自动精量播种生产线完成基质装填、压穴、播种、覆土、镇压和浇水等系列作业，然后在催芽室和温室等设施内进行有效的管理，一次培育成苗的现代化育苗技术体系。

（一）穴盘育苗的优缺点

1. 穴盘育苗的优点

（1）节省人力、能源

穴盘育苗从基质搅拌、装盘至播种、覆盖等一系列作业中实现了自动控制，大大提高了劳动效率。由于机械化作业管理程度较高，降低了劳动强度，减少了工作量。同时单位面积育苗量多，占地面积只是常规育苗的1/5，大大提高了经济效益。

（2）提高种子利用率

穴盘育苗采用机械精量播种技术，大大提高了播种率。由于实行规范化管理，其生产效率较高，能够培育出生长健壮、规格整齐的优质快繁种苗，节省了种子用量，提高了成苗率。

（3）提高幼苗质量

穴盘育苗能够实现种苗的标准化生产，其育苗基质、营养液等均采用科学配方。穴盘育苗可一次成苗，幼苗根系发达，定植时不伤根系，容易成活，缓苗快，能够严格保证种苗质量和供苗时间。此外，穴盘育苗是以轻型基质无土材料作为育苗基质的，其相对密度较小，保水能力强，并且不受季节限制，适于长距离运输。

2. 穴盘育苗的缺点

穴盘育苗的播种机械费用很高。同时，穴盘须配备专门的催芽室，幼苗通常需要在催芽室培育1周或10天左右，之后才能移入冷室，这样也会增加费用。

（二）育苗设施与设备

育苗设施与设备主要有基质处理车间、装盘及播种车间、催芽室和现代温室等设施，以及基质消毒机、基质搅拌机、育苗穴盘、自动精量播种生产线装置、育苗设施内的喷水系统、二氧化碳增施机、运苗车和育苗层架等设备。

1. 基质处理车间

穴盘育苗多为批量生产，常使用复合基质，需要基质混合、搅拌、消毒等机械。

2. 装盘及播种车间

工厂化穴盘育苗过程中，基质的混合、搅拌、装盘机械一般与播种流程机械连接在一起，要求有充足的水源。

3. 恒温催芽室

利用恒温催芽室催芽，其温度易于调节，出芽整齐一致。

4. 自动精量播种生产线装置

自动精量播种生产线装置是工厂化育苗的核心设备，它由穴盘摆放机、送料及基质装盘机、压孔器、精量播种机、覆土机和喷淋机六部分组成。其中，精量播种机按作业原理的不同可分为真空吸入式和齿轮转动式两种，后者要求丸粒化种子，生产中多采用真空吸入式；按设计样式的不同可分为针管式播种机、板式播种机和滚筒式播种机。

5. 二氧化碳增施机

使用二氧化碳增施机增施二氧化碳，可以促进壮苗。

6. 运苗车和育苗层架

运苗车采用多层结构，根据成苗高度确定放置架的高度；育苗层架的高度和宽度要与建造的催芽室相匹配。

二、穴盘育苗技术要点

1. 种子选择

由于工厂化育苗每穴只播一粒种子，因此种子发芽率应大于90%，且应选择抗病、高产、优良的品种。应选取籽粒饱满，具有高活力、高发芽率的种子，并进行种子消毒、种子丸粒化等处理。

2. 育苗穴盘的选择

为了适应精量播种的需要并提高苗床利用率，应选用规格化的穴盘，其规格为宽27.9cm，长54.4cm，高3.5 ~ 5.5cm，孔穴数有72孔、128孔、200孔、288孔等。重复使用穴盘之前，必须进行清洗和消毒处理，以防止病虫害发生或蔓延。培育叶面积小、苗龄短的幼苗时，应选择孔径较小、孔穴数较多的穴盘；培育叶面积大、苗龄长的幼苗时，应选择孔径较大的穴盘。

3. 育苗基质的选择

国际上常用草炭土和蛭石各半的混合基质育苗。育苗基质的消毒处理十分重要，可以用蒸汽消毒或加多菌灵处理等。

4. 基质装盘与播种

将充分混合并经过严格消毒的基质填装穴盘，该过程可机械操作，也可人工填装。大批量生产可采用穴盘打孔和机械播种的方式，这种方式较为快速且省人工，但不能确保种子落在穴孔正中。小量生产可人工点播，这种方式能够使种子放在穴孔中间的位置，利于日后的发芽生长，但其速度较慢且较费人工。播种完毕，贴好标签，注明品种、花色、播种日期等，以便及时掌握发芽、生长状况，从而加强管理。

5. 环境控制与幼苗管理

（1）环境控制

幼苗期环境控制包括适宜的温度、充足的水分和氧气。催芽和培养温度应根据作物种类控制，催芽相对湿度要保持在90%以上。幼苗生长期应增强光照和通风，保持土壤表面见干见湿。

（2）穴盘位置调整

应定期调整穴盘排放顺序，防止喷水不均匀。

（3）灌溉管理

由于苗床边际水分蒸发强烈，因此应对苗床周边10～15cm范围进行补充灌溉。

（4）肥水管理

种子出苗后即可浇水，以保持基质湿润为宜。从子叶展平到二叶一心期，保持基质水分含量为最大持水量的70%～75%；三叶一心期后，保持基质水分含量为最大持水量的65%～70%。苗期每周施一次肥（氮：磷：钾=20：10：20），肥料的浓度可视情况而定，经常与灌水结合，可防止盐分积累。

（5）病虫害防治

病虫害防治应以预防为主，综合防治。通过提高秧苗素质、控制环境、设置防虫网、严格消毒等措施减少病虫害发生。应每两周施一次防止猝倒病的药剂，如喷施百菌清800～1000倍液等。

（6）补苗

由于工厂化育苗每穴只播一粒种子，因此易出现缺苗。在一片真叶展开时应及时补齐，并浇缓苗水。

（7）定植前炼苗

应在出室前5～7天降温通风，减少肥水供应，加强光照，进行炼苗。

6. 种苗的包装运输

（1）包装

种苗一般采用纸箱包装。一个纸箱内，依据不同的设计可放置4～6个穴盘。采用纸板分层叠加，并在箱外标注“种苗专用箱”及向上箭头。内层隔纸板应经过防潮处理。

（2）装箱

装箱前，介质应保持合理的水分，不应过湿或过干。成品苗要朝上放置，装箱后即可运输。

7. 播种

人工播种（中粒种子）时，将种子逐粒植入穴中，植入深度为3～5mm，每穴植入一粒。点播结束后，用细喷头喷水，以穴盘底孔刚刚有水渗出为宜；或将穴盘放入水槽中浸水，以穴孔上部见到水渍为宜。然后将盘取出，移入温度18～25℃、相对湿度80%～90%的催芽室中催芽。

机械自动播种（小粒种子）时，将种子送入填粒口，穴盘放在操作台上，启动机械后可自行播种。点播结束后可用细喷头喷水。小粒种子喷水后的处理方法与中粒种子相同，其催芽条件也相同。值得注意的是，小粒种子穴盘表面应加盖一层无纺布。

思政内容

课程思政分析		
思政元素	团队协作能力、规范操作及安全意识	
融入知识点	花卉穴盘育苗技术	
融入方式	① 通过实践环节，树立规范操作及安全意识 ② 通过小组合作，培养团队协作能力	
融入资源	资源名称	描述
	穴盘育苗	穴盘育苗步骤

任务二 折而生枝——绿萝、山杏、长寿花扦插繁殖

学习目标

能力目标	知识目标	素质目标	思政目标
1. 能够正确使用育苗需要的土壤、工具、药剂等 2. 能够用扦插法繁殖花卉	1. 了解枝插、叶插、芽插、根插繁殖的区别 2. 掌握扦插繁殖的技术要点	1. 培养自主学习能力 2. 培养语言表达能力 3. 培养团队协作能力 4. 培养健康意识	1. 了解古代扦插技术，热爱传统文化 2. 树立规范操作意识

学习目的

通过绿萝、山杏、长寿花扦插育苗，掌握扦插繁殖的基本方法，提高参与生产管理的能力。

材料与用具

插穗、育苗容器、育苗土、喷壶、修枝剪等。

学习步骤

领取任务书→任务分析→确定扦插繁殖方案→扦插育苗。

任务书

文件编号：　　　　　　　　　　　　　　　　日期：

任务名称	折而生枝——绿萝、山杏、长寿花扦插繁殖
时间	××年
任务详情	利用扦插法繁殖绿萝、山杏、长寿花
具体要求	以小组为单位，在4学时内完成扦插繁殖方案制订并根据方案完成扦插繁殖
学习成果	绿萝、山杏、长寿花扦插繁殖方案及扦插苗
生产负责人	

任务分析单

任务要求	达成目标	显性条件	隐性条件

实践内容

1. 能力目标

掌握枝插、叶插和叶芽插的操作技术和管理方法。

2. 材料与用具

绿萝、山杏、长寿花等花卉，12孔穴盘，剪刀，喷壶，遮阳网，修枝剪，插床，标签，基质（草炭土∶蛭石∶珍珠岩=4∶3∶3）、杀菌剂、萘乙酸等。

3. 内容与方法

根据所用材料的特征，尽可能考虑实际生产需要，选择合适的扦插季节，有条件的可在不同季节多次进行。

① 确定绿萝、山杏、长寿花采用的扦插方法，完成常见扦插方法对比分析表，如表2-10所示。

② 进行绿萝嫩枝扦插。

③ 进行山杏绿枝扦插。

④ 进行长寿花叶片扦插。

4. 思考与作业

① 记录扦插繁殖的整个操作过程，记录扦插日期、插条生根情况，统计生根率，将数据填入表2-11。整理数据并分析影响生根率和生根效果的因素。

② 思考提高扦插育苗成活率的方法。

表2-10　常见扦插方法对比分析表

生产单位：（班级：　　　成员：　　　）

填表日期：

<table>
<tr><th>繁殖方法</th><th colspan="2">适用范围</th><th colspan="3">操作要点</th></tr>
<tr><td>硬枝扦插</td><td colspan="2"></td><td colspan="3"></td></tr>
<tr><td>绿枝扦插</td><td colspan="2"></td><td colspan="3"></td></tr>
<tr><td>嫩枝扦插</td><td colspan="2"></td><td colspan="3"></td></tr>
<tr><td>叶插</td><td colspan="2"></td><td colspan="3"></td></tr>
<tr><td>芽插</td><td colspan="2"></td><td colspan="3"></td></tr>
<tr><td>根插</td><td colspan="2"></td><td colspan="3"></td></tr>
<tr><td>植物名称</td><td>科属</td><td>拉丁名</td><td>典型形态特征</td><td>生态习性</td><td>繁殖方法及判断理由</td></tr>
<tr><td>绿萝</td><td></td><td></td><td></td><td></td><td></td></tr>
<tr><td>山杏</td><td></td><td></td><td></td><td></td><td></td></tr>
<tr><td>长寿花</td><td></td><td></td><td></td><td></td><td></td></tr>
</table>

表2-11 扦插记录表

植物名称	扦插日期	扦插株数/株	应用激素浓度及处理时间	插条生根情况	生根率/%	未成活原因

相关知识

扦插繁殖是指剪取花卉植物根、茎、叶的一部分，插入相应基质中，使之生根发芽成为独立植株的繁殖方法。其特点是生长快，开花早；繁殖系数较高，在短时间内能育成大量的幼苗；能够保持品种的优良性状，保存品种资源。

一、扦插成活的原理

扦插成活的原理主要基于植物营养器官具有再生能力，可发生不定芽和不定根，从而形成新植株。

当根、茎、叶脱离母体时，植物的再生能力就会充分表现出来。如枝条脱离母体后，枝条内的形成层、次生韧皮部和髓等幼嫩组织，在适宜的条件下，能够恢复分裂能力，形成不定根，从而长成独立的新植株。

二、扦插生根的环境条件

1. 温度

不同种类的花卉对扦插温度有着不同的要求。大多数花卉适宜扦插生根的温度为15～20℃，嫩枝扦插的温度宜为20～25℃，热带花卉扦插的温度为25～30℃。当插床基质的温度（或地温）高于气温3～5℃时，可促进插条先生根后发芽，提高成活率。

2. 湿度

插穗在生根以前，应保持插穗体内的水分平衡，插床环境要保持较高的空气湿度。一般插床基质含水量应控制在50%～60%，插床周围空气相对湿度应在80%～90%。

3. 光照

绿枝扦插须带叶片，以便于光合作用，提高生根率。由于叶片表面积较大，阳光充足时温度升高，蒸腾作用增强，从而导致插条失水萎蔫。因此，在扦插初期应适当遮阳，当根系大量生出后，应陆续给予光照。对于嫩枝扦插，可采用全光照喷雾扦插的方法，以加速生根，提高成活率。

4. 空气

插条在生根过程中需要进行呼吸作用，尤其是当插穗伤口愈合后，新根发生时呼吸作用增强。可适当降低插床中的含水量，保持其湿润状态，并适当通风以提高氧气的供应量。

5. 生根激素

花卉扦插繁殖时，合理使用生根激素促进剂，能够有效地促进插穗早生根、多生根。常见的生根激素促进剂有萘乙酸、吲哚乙酸、吲哚丁酸等。其中，吲哚丁酸效果最好，萘乙酸成本最低。生根激素促进剂的应用浓度应准确，浓度过高会抑制生根，浓度过低则不起作用。处理易生根插条时，生根激素促进剂配量为500 ~ 2000 μL/L，对生根较难的插条生根激素促进剂配量为10000 ~ 20000 μL/L。

三、扦插床的类型与扦插基质

1. 扦插床的类型

（1）温室插床

在温室内作地面插床或台面插床，有加温、通风、遮阳降温及喷水条件，可常年扦插使用。我国北方地区气候干燥，可采用温室地面插床。根据温室面积以南北向作床面，床面长根据温室大小确定，一般10m左右，宽1.0 ~ 1.2m，下挖深度0.5m，其上铺硬质网状支撑物及扦插基质，下面可通风。这种插床保温保湿效果较好，生根较快。南方气候湿润，可采用温室台面插床，以南北走向布置，离地面0.5m处用砖砌成宽1.2 ~ 1.5m的培养槽状结构，床面留有排水孔，以利于下部通风透气。这种插床能够使生根快而多。

（2）全光喷雾扦插

全光喷雾扦插是一种自动控制扦插床。插床底装有电热线及自动控制仪器，使扦插床保持一定温度。插床上还装有自动喷雾的装置，由电磁阀控制，按要求进行间歇喷雾，以增加叶面湿度，降低温度，降低蒸发和呼吸作用。插床上不加任何覆盖，充分利用太阳光照进行光合作用。利用这种设备可加速扦插生根，成活率大大提高。

2. 扦插基质

扦插基质种类很多，作为扦插的材料，应具有保温、保湿、疏松、透气、洁净、酸碱度适中、成本低、便于运输等特点。

（1）蛭石

蛭石是一种云母矿物质，经高温制成，呈黄褐色片状，其结构疏松透气，保水性好，酸碱度呈微酸性，适宜木本、草本花卉扦插。

（2）珍珠岩

珍珠岩是由火山岩的铝硅化合物加热到870～2000℃形成的膨胀白色颗粒，其结构疏松透气且质地较轻，保温保水性好。建议一次使用，因为长时间使用易滋生病菌，且颗粒变小，导致透气性变差。其酸碱度呈中性，适宜木本花卉扦插。

（3）砻糠灰

砻糠灰由稻壳碳化而成，其结构疏松透气，保湿性好。黑灰色的外观使其具有良好的吸热性，由于经过高温碳化，因此不含病菌。新碳化的材料酸碱度呈碱性，适宜草本花卉扦插。

（4）沙

以取河床中的冲积沙为宜。其质地较重，结构疏松透气，不含病虫杂菌，酸碱度呈中性，成本较低，适宜木本、草本花卉扦插。

四、影响扦插成活的因素

1. 内部因素

（1）植物本身的遗传性

植物种类不同，插穗的生根能力也不同。有的插穗生根容易，生根快，如月季、栀子、常春藤、橡皮树、巴西铁、榕树、富贵竹、香石竹、秋海棠类等；有的植物插穗能生根，但生根较慢，对技术和管理要求较高，如山茶、桂花、含笑、米兰等；有的植物插穗不能生根或较难生根，如蜡梅、海棠、美人蕉等。

（2）母株和插穗

对于多年生植物，其插穗的生根能力常随母株年龄的增长而降低。不同部位的枝条，其木质化程度即成熟度不同，生根难易也不同，如侧枝比主枝易生根，向阳枝条比背阴枝条生根好。硬枝扦插时，取自枝梢基部的枝条生根较好；嫩枝扦插时，以枝梢作插条比用下方部位的生根好；营养枝比结果枝更易生根；去掉花蕾比带花蕾者生根好。通常选择营养良好、发育正常、无病虫害的枝条作插穗。

2. 环境因素

（1）温度

花卉种类不同，要求的扦插温度也不同，其适宜温度大致与发芽温度相同。

（2）相对湿度

插穗在湿润的基质中才能生根，应严格控制基质含水量。水分过多往往会导致插穗腐烂。扦插初期，水分较多则愈合组织易于形成，愈合组织形成后，应适当减少水分。为避免插穗枝叶中水分的过分蒸腾，要求插床环境保持较高的空气湿度。

（3）光照

扦插需要一定的光照，但在扦插初期应适当遮阳，光照太强不利于插穗成活。

（4）空气

扦插基质应有良好的通气条件，并适当进行通风。

（5）扦插基质

理想的扦插基质应排水、通气良好，同时又能保温，且不带病、虫、杂草及任何有害物质。人工混合基质往往优于土壤，因此可按不同花卉的特性进行基质的配备。

（6）生根激素促进剂

合理使用生根激素促进剂，能够有效地促进插穗早生根、多生根。生根激素促进剂的应用方法较多，包括粉剂处理、液剂处理、脂剂处理、对采条母枝的喷射或注射及扦插基质的处理等，其中粉剂处理及液剂处理较为常用。

五、扦插技术

1. 枝插

采用花卉植物枝条作插穗的扦插方法称为枝插。按生长季节的不同，可分为硬枝插、绿枝插和嫩枝插。

（1）硬枝插

硬枝插是指在休眠期用完全木质化的一、二年生枝条作插穗的扦插方法。在秋季落叶后或者次年萌芽前，采集生长充实健壮（节间短而粗壮）、无病虫害的枝条，选择中段有饱满芽的部分，剪成约15cm长的小段，每段3～5个芽。上剪口在芽上方1cm左右，下剪口在基部芽下约0.3cm，下剪口削成斜面。其插床基质为壤土或沙壤土。如图2–4所示，硬枝插时开沟将插穗斜埋于基质中呈垄形，覆盖顶部芽，喷水压实。

对于某些难以扦插成活的花卉，可采用加石插、泥球插、带踵插和锤形插等，如图2–5所示，多应用于木本花卉紫薇、海棠类。

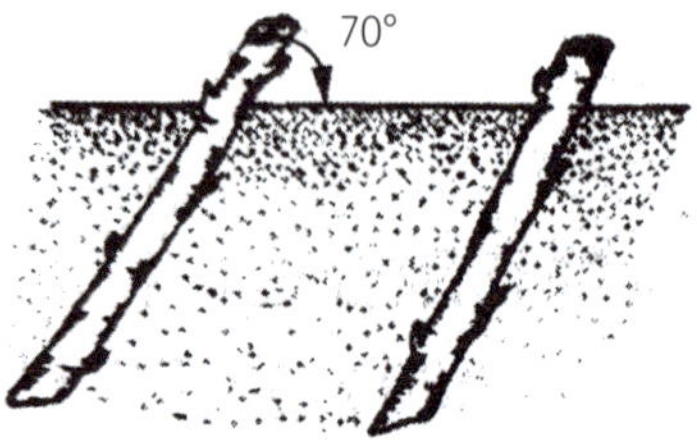

图2–4　硬枝插

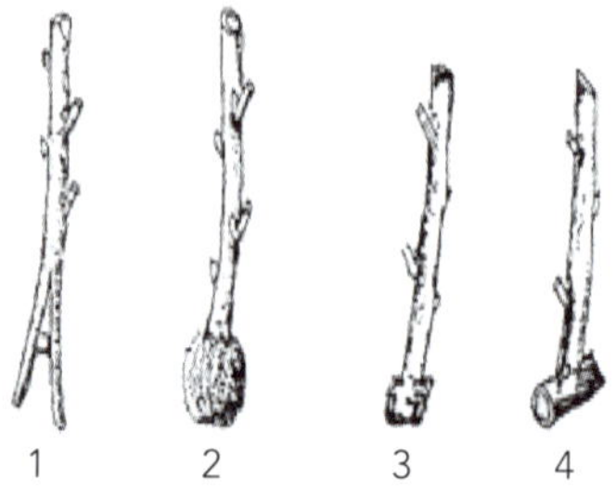

1—加石插；2—泥球插；

3—带踵插；4—锤形插。

图2–5　加石插、泥球插、带踵插和锤形插

（2）绿枝插

绿枝插是指在生长期用半木质化带叶片的绿枝作插穗的扦插方法。在花谢1周左右，选取腋芽饱满、叶片发育正常、无病虫害的枝条，剪成长度10～15cm的枝段，每段3～5个芽，上剪口在芽上方1cm左右，下剪口在基部芽下约0.3cm，切面要平滑。枝条上部保留2～3片叶片，以利光合作用，叶片较大的可适当剪去一半。基质可用蛭石、砻糠灰或沙。插穗插入前可先用与插条相当粗细的木棒插一孔洞，避免插穗基部插入时磨破皮层。如图2–6所示，绿枝插时插穗插入基质约1/2或2/3，喷水压实。

图2–6　绿枝插

（3）嫩枝插

嫩枝插是指在生长期采用枝条端部的嫩枝作插穗的扦插方法。在生长旺盛期，大多数的草本花卉生长较快，剪取长度5～10cm的幼嫩茎，基部削面平滑，插入用木棒插过有孔洞的蛭石或河沙基质中，喷水压实，如图2–7所示。嫩枝插也可采用全光照喷雾扦插。

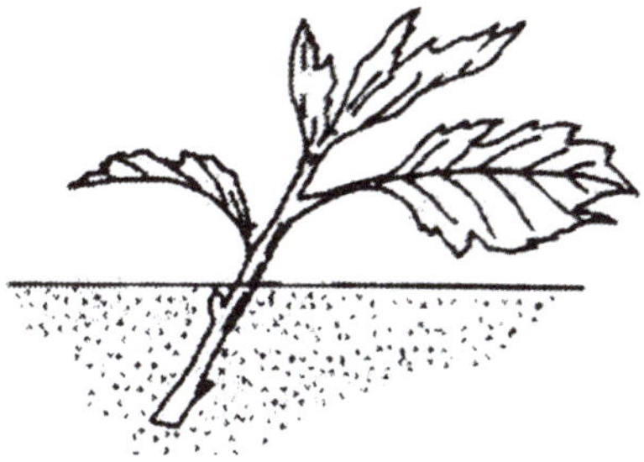

图2–7　嫩枝插

2. 叶插

叶插是指采用花卉的叶片或者叶柄作插穗的扦插方法。

（1）叶片插

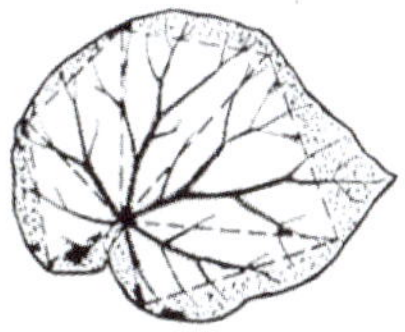

图2–8　叶片插

叶片插如图2–8所示，用于叶脉发达、切伤后易生根的花卉，叶作全叶插或片叶插。例如，蟆叶秋海棠扦插时，应先剪除叶柄，叶片边缘过薄处也可适当剪去一部分，以减少水分蒸发。接着，将叶片上的主脉和较大的支脉每间隔约2cm切断一处，切口深度为叶脉的2/3或深达上皮处。然后，将其平铺在插床面上，使叶片与基质密切接触，可用竹枝或透光玻璃固定。一段时间后，可在主脉、支脉切伤处生根。有的花卉（如落地生根）可在叶缘处生根发芽，此时应将叶缘与基质紧密接触，以促使生根发芽。此外，将虎尾兰的一个叶片切成数块（每块上应具有一段主脉和侧脉）分别进行扦插，使每块叶片基部形成愈伤组织，进而长成一个新植株。

（2）叶柄插

叶柄插如图2–9所示，用易发根的叶柄作插穗。可将带叶的叶柄插入基质中，由叶柄基部发根；也可将半张叶片剪除，将叶柄斜插于基质中。橡皮树叶柄插时，可将肥厚叶片卷成筒状，以减少水分蒸发。

图2–9　叶柄插

3. 芽插

芽插是指利用芽作插穗的扦插方法，如图2–10所示。取2cm长、枝上有较成熟芽（带叶片）的枝条作插穗，芽的对面略削去皮层，将插穗的枝条露出基质面，可在茎部表皮破损处愈合生根，腋芽萌发成为新植株。橡皮树、天竺葵等可采用芽插。

4. 根插

根插是指用根作插穗的扦插方法，如图2–11所示。根插适用于带根芽的肉质根花卉。对于牡丹、芍药、月季、补血草等，可结合分株将粗壮的根剪成长度10cm左右的小段，全部埋入插床基质或顶梢露出土面，注意上下方向不可颠倒。对于某些小草本植物的根，如蓍草、宿根福禄考等，可剪成长度3～5cm的小段，然后用撒播的方法撒于床面后覆土即可。

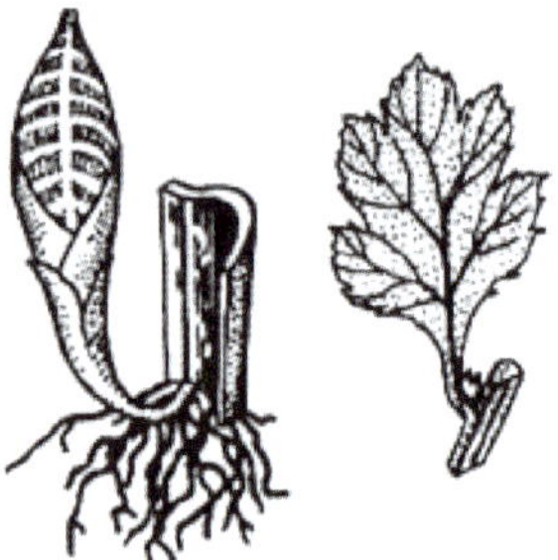

图2–10　芽插

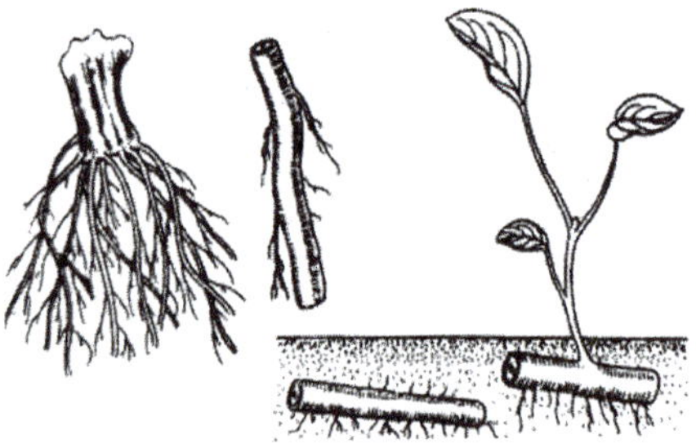

图2–11　根插

六、扦插后的管理

扦插后的管理至关重要，它是决定扦插是否成活的关键因素之一。扦插管理需要注意多个方面的问题。

（1）土温要高于气温

我国北方的硬枝插在室外要搭盖小拱棚，以防止冻害；调节土壤墒情，提高土温，促进插穗基部愈伤组织的形成，土温高于气温3～5℃最适宜。

（2）保持较高的空气湿度

扦插初期，硬枝插、嫩枝插和叶插的插穗无根，靠自身平衡水分，需要90%左右的相对空气湿度。气温上升后，应及时遮阳以防止插穗蒸发失水，影响成活。

（3）由弱到强的光照

扦插后，应逐渐增加光照，加强叶片的光合作用，使其尽快产生愈伤组织而生根。

（4）及时通风透气

随着根的发生，应及时通风透气，以增加根部的氧气，从而使得生根快、生根多。

思政内容

<table>
<tr><th colspan="3">课程思政分析</th></tr>
<tr><td>思政元素</td><td colspan="2">热爱传统文化、创新意识</td></tr>
<tr><td>融入知识点</td><td colspan="2">扦插方法、扦插新技术</td></tr>
<tr><td>融入方式</td><td colspan="2">课前发放“诗经中扦插案例”图片，开展班级活动，对比古今扦插做法，引发共鸣；课上进行“头脑风暴”，讨论古人技艺水平与当时的生产条件，引出“古人智慧”关键词，实现情感认同，热爱传统文化</td></tr>
<tr><td rowspan="3">融入资源</td><td>资源名称</td><td>描述</td></tr>
<tr><td>古人的扦插</td><td>我国扦插育苗的历史</td></tr>
<tr><td>试管微扦插繁殖玉扇锦</td><td>试管微扦插方法与流程</td></tr>
</table>

自测自评

任务三 花卉“裂变”——萱草、吊兰、百合、大丽花分生繁殖

学习目标

能力目标	知识目标	素质目标	思政目标
1. 能够正确使用育苗需要的土壤、工具、药剂等 2. 能够用分生法繁殖花卉	1. 了解分株繁殖、分球繁殖的区别 2. 掌握分生繁殖的技术要点	1. 培养自主学习能力 2. 培养语言表达能力 3. 培养团队协作能力 4. 培养健康意识	1. 了解宋代分株记载，热爱传统文化 2. 树立规范操作意识

学习目的

通过分生法繁殖花卉，掌握分株繁殖、分球繁殖的基本方法，提高参与生产管理的能力。

材料与用具

花卉植株和种球、育苗容器、育苗土、喷壶、手铲等。

学习步骤

领取任务书→任务分析→确定分生繁殖方案→分生繁殖育苗。

任务书

文件编号：　　　　　　　　　　　　　　　　日期：

任务名称	花卉“裂变”——萱草、吊兰、百合、大丽花分生繁殖
时间	××年
任务详情	在花盆内，利用花卉（萱草、吊兰、百合、大丽花）分生育苗
具体要求	以小组为单位，在4学时内完成分生繁殖方案制订并根据方案完成分生繁殖
学习成果	萱草、吊兰、百合、大丽花繁殖方案及分生繁殖苗
生产负责人	

任务分析单

任务要求	达成目标	显性条件	隐性条件

实践内容

1. 能力目标

了解花卉分生育苗的方法，熟练掌握花卉分株、分球操作技术及管理要点。

2. 材料与用具

球根花卉、宿根花卉各2～3种（萱草、吊兰、百合、大丽花等）、硫黄粉或草木灰等、铁锹、小铲、培养土、喷壶、花盆、利刀、修枝剪。

3. 内容与方法

不同种类花卉的分生繁殖时期不同，一般春花类花卉秋季分生，秋花类花卉春季分生，可以在两个学期分别进行。

① 学习花卉分生繁殖的操作要点，确定萱草、吊兰、百合、大丽花的繁殖方法，完成常见分生方法对比分析表，如表2-12所示，分组进行实际操作。

表2-12　常见分生方法对比分析表

生产单位：　　　　　　　　　　　　（班级：　　　　　成员：　　　　　）

填表日期：

繁殖方法	适用范围		操作要点		
分株					
分球					
植物名称	科属	拉丁名	典型形态特征	生态习性	繁殖方法及判断理由
萱草					
吊兰					
百合					
大丽花					

a. 脱盆或从地里挖掘苗株，方法正确，不伤害根系。例如，将萱草整株挖起，除去根部外围附着的土，然后分劈成几丛进行栽植。

b. 分株时正确剪切，去掉老叶、黄叶，剪去老根、腐烂根系，切口处涂上硫黄粉或草木灰；分球时按照球根大小分级。

c. 上盆时基质填装合理，深度合理；定植时株行距合理，种球大小分栽，深度适宜。例如，将大丽花整株挖起，除去球根外围附着的土，用利刀分切块根，分切的每组块根上至少带有一个芽。

d. 正确淋水，遮阴处放置缓苗。

②分组进行课外实践，做好花卉分生后的管理。

4. 思考与作业

①列出5~10种常见宿根花卉、球根花卉的分生繁殖类型。

②各小组之间相互讨论当地常见宿根花卉、球根花卉、花灌木的分生繁殖方法及栽培要点。

相关知识

分生繁殖是花卉营养繁殖的方式之一，是利用植株基部或根上产生萌枝的特性，人为地将植株营养器官的一部分与母株分离或切割，另行栽植并培养而形成独立生活的新植株的繁殖方法。分生繁殖是最简单、最可靠的营养繁殖方法。其优点是新植株能够保持母本的遗传性状，操作简便，易于成活，成苗较快；其缺点是繁殖量较小，生产数量有限，不能满足大规模栽培的需要。分生繁殖常应用于多年生草本花卉及某些木本花卉。按植株营养体的变异类型和来源不同，分生繁殖可分为分株繁殖和分球繁殖两种。

一、分株繁殖

分株繁殖多用于丛生类容易萌发根蘖的花灌木或宿根花卉，将这些花卉由根部分开，使之成为独立植株。分株繁殖一般在春天植树期或分盆换土期或秋天进行。

1. 适合分株繁殖的花卉

易产生萌蘖的花卉，如木槿、紫荆、玫瑰、牡丹、大叶黄杨、月季、贴梗海棠等木本花卉，以及菊花、芍药、玉簪、萱草、中国兰花、美女樱、蜀葵、非洲菊、石竹等草本花卉，都可采用分株的方法进行繁殖。

2. 分株时间

分株多在秋季落叶后至次年早春萌芽前的休眠期进行。一些丛生型的灌木花卉大多宜在早春萌动前分株，如蜡梅等；而一些肉质根的花卉，如牡丹、芍药等，宜在秋季分株。对于一些春季萌芽早、苗期生长快、现蕾开花早的花卉种类，必须在秋季进行分株繁殖，如芍药（“春分到老不开花”）。对于早春开花的宿根花卉，如萱草、鸢尾等，适于秋季分株。而菊花、宿根福禄考、桔梗、金光菊等多在春季分株。

3. 分株方法

将整个植株连根挖出，脱去土团，然后用手或利刀将株丛顺势分割成数丛，使每丛都带有根系，根据需要和要求进行分栽，踏实浇水即可。图2-12所示为分株繁殖示意图。

（1）丛生及萌蘖类花卉分株

木本花卉如棣棠、迎春花、牡丹、蜡梅等，可在秋季或早春花刚萌动时分割成许多小丛，每丛2～3个枝干，再分别栽植。对丛性不强但易于萌发根蘖的种类，如紫藤、凌霄、金银花等，应选择每株旁抽生的健壮根蘖，连根割下挖起，另行种植。

（2）宿根花卉分株

一些宿根花卉如鸢尾、萱草、中国兰花、芍药、玉簪等，地栽3～5年或盆栽2～3年后株丛过大，需要重新种植或翻盆，可以在春、秋两季结合分株进行。

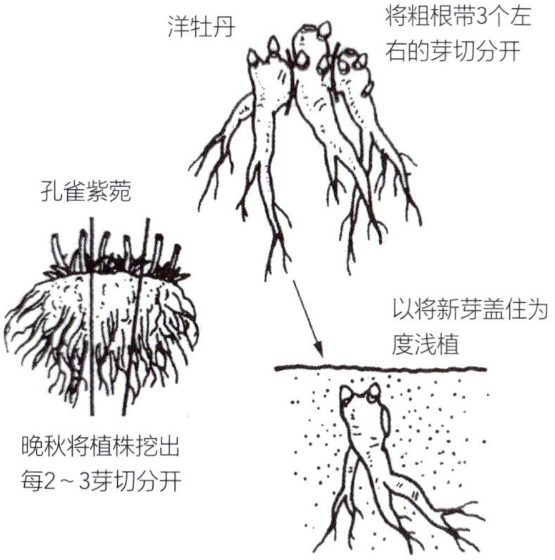

图2-12 分株繁殖

（3）其他花卉分株

对于吊兰、虎耳草等，可在走茎上产生自然生根的小植株，将其分离栽植即可；对于多浆类花卉，如芦荟、景天、拟石莲花等，常自根际或叶腋处生出吸芽，将其分离栽植即可；对于百合类花卉，如卷丹，常在叶腋处生出珠芽，也可分栽生根。

4. 花卉分株时应注意的问题

① 君子兰出现吸芽后，必须等吸芽有了自己的根系以后才能进行分株，否则将影响成活率。

② 中国兰分株时，切勿伤及假鳞茎。假鳞茎一旦受伤将影响成活率。

③ 分株时，要检查病虫害，一旦发现，应立即销毁或彻底消毒后栽植。

④ 分株时，根部的分切伤口在栽植前用草木灰消毒，栽后不易腐烂。

⑤ 春季分株注意土壤保墒，避免栽植后被风抽干；秋、冬季分株注意防冻害，可适当加以保护。

⑥ 匍匐茎的花卉，如虎耳草、吊兰、草莓、竹类等，分株时要确保植株根、茎、叶的完整性。

二、分球繁殖

分球繁殖如图2-13所示，它是将球根花卉的地下变态茎（如球茎、块茎、鳞茎、根茎和块根等）产生的子球进行

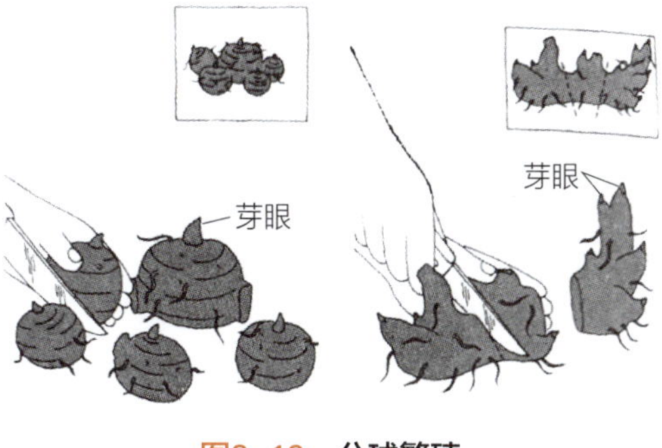

图2-13 分球繁殖

分级种植的繁殖方法。分球繁殖时期主要是春季和秋季。一般球根掘取后，将大、小球按级分开，置于通风处，使其经过休眠期后再进行种植。

分球繁殖需要注意以下问题：

① 凡球茎、鳞茎、块茎直径超过3cm的大球才能开花，小子球按大小分开种植，须经2～3年栽培后才能开花。

② 鳞茎类花卉，如百合、水仙、郁金香等，在栽培过程中对母球采用割伤处理，使花芽受到损伤后产生不定芽，形成小鳞茎，加大繁殖量。百合的叶腋间可发生珠芽，这种珠芽取下后播种产生小鳞茎，经栽培2～3年可长成开花球。

③ 球茎类花卉，如唐菖蒲、香雪兰、番红花等，在栽培过程中老球产生新球，新球旁侧产生子球，子球即可另行栽培。也可将大球切割几块，每块都具有芽，另行栽培成大球。

④ 美人蕉、鸢尾具有肥大根茎，可按其上的芽眼数适当分割成数段。切割时应保护芽体，伤口要用草木灰消毒以防止腐烂。

⑤ 块茎花卉，如马蹄莲、花叶芋等，分割时要注意不定芽的位置，切割时不能伤及芽，每块都要带芽，以增加繁殖数量和繁殖效果。

⑥ 块根类花卉，如大丽花、小丽花、花毛茛等，由根茎处萌发芽，分割时应注意保护芽眼。芽眼一旦破坏就不能发芽，也就达不到繁殖的目的。

思政内容

<table>
<tr><th colspan="3">课程思政分析</th></tr>
<tr><td>思政元素</td><td colspan="2">热爱传统文化、文化自豪感、工匠精神</td></tr>
<tr><td>融入知识点</td><td colspan="2">分株技术要点、从业人员优秀品质</td></tr>
<tr><td>融入方式</td><td colspan="2">① 课前发放《花镜》中分株案例，开展班级活动，交流古人的智慧，引发共鸣；课上进行“头脑风暴”，讨论古代匠人的魅力，实现情感认同，热爱传统文化
② 课前发放“龙江花匠”孟凡绪事迹材料，开展班级活动，交流新林业人的光荣事迹，引发共鸣；课上进行“头脑风暴”，讨论巨匠的优秀品质，讲述龙江花匠故事，引出“工匠精神”，实现情感认同</td></tr>
<tr><td rowspan="2">融入资源</td><td>资源名称</td><td>描述</td></tr>
<tr><td>芍药分株</td><td>芍药分株技术</td></tr>
</table>

续表

课程思政分析		
融入资源	资源名称	描述
	最美林草故事	“龙江花匠”孟凡绪的故事

自测自评

任务四 合二为一的花卉——丁香、月季嫁接繁殖

学习目标

能力目标	知识目标	素质目标	思政目标
1. 能够根据育苗需要准备土壤、工具、药剂等 2. 能够利用花卉营养器官嫁接繁殖	1. 了解枝接、芽接的区别 2. 了解嫁接繁殖的技术要点	1. 培养自主学习能力 2. 培养语言表达能力 3. 培养团队协作能力 4. 培养健康意识	1. 了解唐代嫁接记载，热爱传统文化 2. 了解行业优秀人物事迹，树立工匠精神 3. 树立规范操作意识

学习目的

通过嫁接丁香、月季，掌握嫁接繁殖的基本方法，提高参与生产管理的能力。

材料与用具

砧木、接穗、育苗容器、嫁接带、嫁接刀、育苗土、喷壶、手铲等。

学习步骤

领取任务书→任务分析→确定嫁接繁殖方案→嫁接育苗。

任务书

文件编号：　　　　　　　　　　　　　　　　　　日期：

任务名称	合二为一的花卉——丁香、月季嫁接繁殖
时间	××年
任务详情	在花盆内，利用花卉（丁香、月季）嫁接育苗
具体要求	以小组为单位，在4学时内完成嫁接繁殖方案制订并根据方案完成嫁接繁殖
学习成果	丁香、月季嫁接繁殖方案及嫁接苗
生产负责人	

任务分析单

任务要求	达成目标	显性条件	隐性条件

实践内容

1. 能力目标

通过丁香、月季的嫁接繁殖，掌握嫁接繁殖的基本操作技术。

2. 材料与用具

月季（接穗）、无刺蔷薇（砧木）、白丁香（接穗）、紫丁香（砧木）、嫁接刀、嫁接带。

3. 内容与方法

由教师指导学生进行丁香、月季的嫁接，确定丁香、月季的嫁接方法，完成常见嫁接方法对比分析表，如表2-13所示。嫁接实习可结合季节进行多次。

（1）选砧木

丁香嫁接可于初春到校园中寻找生长健壮、无病虫害的紫丁香作为砧木；月季嫁接可购买无刺蔷薇作为砧木。

（2）砧木整枝

除去部分枝叶，保留嫁接用枝。

（3）嫁接

进行丁香嫁接时，采用劈接法。首先在一、二年生枝条便于操作的位置剪砧，用嫁接刀从切断面由上而下纵切一刀。然后将白丁香接穗修成楔形，插入紫丁香枝纵切口，使其形成层吻合。最后用嫁接带等绑扎接口处，并进行遮阴、保湿处理。

月季嫁接采用T字形芽接。首先应准备好所需工具，然后采接穗、切接穗和砧木并将其按合，最后进行包扎。

（4）注意事项

① 劈接砧木与接穗茎应粗细相近。

② 接触面应尽可能宽，切口应光滑平整。

③ 切口要密封，以起到防雨水、防蒸腾作用。

4. 思考与作业

① 简述嫁接繁殖的优缺点及适用对象。

② 简述如何提高嫁接成活率。

③ 选择其他材料进行练习，并记录实践内容，填入嫁接记录表，如表2–14所示。

表2–13 常见嫁接方法对比分析表

生产单位： （班级： 成员： ）

填表日期：

繁殖方法	适用范围		操作要点		
枝接					
芽接					
根接					
髓心接					
植物名称	科属	拉丁名	典型形态特征	生态习性	繁殖方法及判断理由
丁香					
月季					

表2–14 嫁接记录表

花卉种类		嫁接方法	嫁接株/枝	成活率/%	未成活原因
砧木	接穗				

相关知识

嫁接是指将需要繁殖的植物的枝或芽移接到另一植株上，使之形成新植株的繁殖方法。用于嫁接的枝条或芽称为接穗或接芽，被嫁接的植株称为砧木，接活后的苗称为嫁接苗。嫁接繁殖是获得优良花卉品种的有效方法。其优点是能保持品种的优良性状，提高接穗品种的抗逆性和适应能力，使其提早开花结果，提高观赏价值。嫁接可以实现花木一株多色、矮化株高、改变花卉株形等。但其产苗量少，操作与管理烦琐且技术要求较高。

一、嫁接的应用意义

① 对于某些不易用其他无性方法繁殖的花卉，如云南山茶、白兰花、梅花、桃花、樱花等，常用嫁接大量生产。

② 可提高特殊品种的成活率。例如，仙人掌类不含叶绿素的黄、红、粉色品种，只有嫁接在绿色砧木上才能生存。

③ 提高观赏性。例如，垂枝桃、垂枝槐等嫁接在直立生长的砧木上更能体现出下垂枝的优美体态；菊花利用黄蒿作砧木可培育出高达5m的塔菊。

④ 能够有效提高观赏植物抗性。例如，切花月季常用强壮品种作砧木促使其生长旺盛。

⑤ 嫁接繁殖可提前开花。例如，桂花播种苗需要10～15年才能开花，而嫁接苗可当年开花。

二、嫁接成活的原理

嫁接的过程实际上是砧木与接穗切口相愈合的过程。嫁接口的愈合通常分为三个阶段：愈伤组织的产生、形成层的产生、新维管束组织的产生。

三、嫁接成活的原理与主要因素

1. 细胞的再生能力

嫁接成活的生理基础是植物细胞具有再生能力。嫁接成活的技术关键是砧木与接穗的形成层相互密接。形成层是植物再生能力最旺盛的地方。嫁接后接穗和砧木伤口处的形成层、髓射线以及次生韧皮部的薄壁细胞恢复分裂能力，形成愈伤组织，愈伤组织进一步分化出新的输导组织，使砧木与接穗之间的输导系统互相沟通成为一体。因此，形成层细胞和薄壁细胞的再生能力是嫁接成活的关键因素。

2. 砧木与接穗的亲和力

砧木与接穗能否愈合，还要看二者的亲和力。嫁接亲和力是指砧木与接穗在内部组织结构、生理、遗传上彼此相同或相近，能够通过嫁接相互结合在一起并正常生长的能力。亲缘关系越近，亲和力越强，嫁接成活率越高。同科、属植物嫁接愈合快，成活率高。不同科的植物亲和力越弱，嫁接难以成活或不能成活。因此，选择接穗和砧木时，多数在同属、同种或同品种的不同植株间进行。

3. 嫁接物候期

（1）休眠期嫁接

休眠期采集接穗，并在低温下储藏，在春季3月上、中旬砧木树液流动后进行嫁接。此时砧木的形成层已开始活动，接穗的芽也即将萌动，嫁接成活率最高。秋季嫁接在10～12月初进行，嫁接后当年愈合，次年春接穗再抽枝。因此休眠季嫁接可分为春接和秋接两种。

（2）生长期嫁接

生长期嫁接主要为芽接，多在树液流动旺盛的夏季进行。此时枝条腋芽发育充实饱满，树皮易剥离。7～8月是芽接的最适期，因此又叫夏接。夏接也在生长季进行。

嫁接成活与否还与操作技术及嫁接后的管理有很大关系。接穗要用快刀稳削，使削面平滑，不能有凹陷和毛糙现象；形成层应对准密接；绑缚应正确牢固等。

四、砧木和接穗的选择

1. 砧木的选择

砧木与接穗具有良好的亲和力。砧木应适应本地区的气候及土壤条件，根系发达，生长健壮；应对接穗的生长、开花、寿命有良好的基础；应对病虫害、旱涝、地温、大气污染等有较好的抗性；应能够满足生产的需要，如矮化、乔化、无刺等；以一、二年生实生苗为好。

2. 接穗的采集

接穗应从优良品种植株上采取；枝条生长充实、色泽鲜亮光洁、芽体饱满，应取枝条的中间部分，不宜过嫩或过老，过嫩会不成熟，过老则基部芽体不饱满；春季嫁接采用去年生枝，生长期芽接和嫩枝接采用当年生枝。

五、嫁接技术

嫁接的方法有很多，可根据花卉种类、嫁接时期、气候条件进行选择。花卉栽培中常用的嫁接技术包括枝接、芽接和根接等。

1. 枝接

枝接是以枝条为接穗的嫁接方法。

（1）切接

切接一般在春季3～4月进行，如图2-14所示。先选定砧木，在离地约10cm处，水平截去上部，在横切面一侧用嫁接刀向下纵切约2cm，稍带木质部，露出形成层。将选定的接穗截取5～8cm的枝段，其上具有2～3个芽，将枝段下端一侧削成约2cm长的面。然后在其背侧末端0.5～1cm处斜削一刀，让长削面朝内插入砧木，使它们的形成层相互对齐。最后，用塑料膜带扎紧，不能松动。碧桃、红叶桃等可用此方法嫁接。

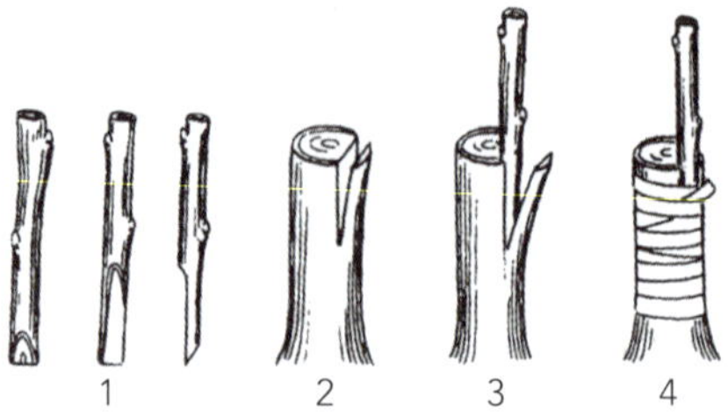

1—接穗；2—砧木；3—嵌合；4—绑缚。

图2-14 切接

（2）劈接

劈接一般在春季3～4月进行，如图2-15所示。在砧木离地10cm左右处截去上部，然后在砧木横切面中央用嫁接刀垂直下切3cm。剪取接穗枝条5～8cm，保留2～3个芽，接穗下端削成约2cm长的楔形，两面削口的长度一致，插入切口，对准形成层，用塑料膜带扎紧即可。菊花中大立菊嫁接，杜鹃、榕树、金橘的高头换接等可用此嫁接方法。

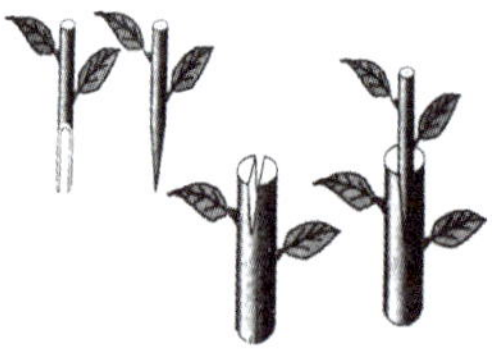
图2-15 劈接

嫁接 劈接

（3）靠接

靠接用于其他嫁接不易成活的花卉，如图2-16所示。靠接应在温度适宜的生长季节进行，在高温期最好。先将靠接的两植株移置一处，各选定一个粗细相当的枝条，在靠近部位相对削去等长的削面，削面应平整，深至近中部，使两枝条的削面形成层紧密结合，至少对准一侧形成层。然后用塑料膜带扎紧，待愈合成活后，将接穗自接口下方剪离母体，并截去砧木接口以上的部分，即可成一株新苗。这种方法常用于小叶女贞作砧木靠接桂花、大叶榕树靠接小叶榕树、代代花靠接佛手等。

图2-16 靠接

2. 芽接

芽接是以芽为接穗的嫁接方法，在夏、秋季皮层易剥离时进行。

（1）T字形芽接

T字形芽接如图2-17所示。选枝条中部饱满的侧芽作接芽，剪去叶片，保留叶柄，在接芽上方0.5～0.7cm处横切一刀深达木质部。再从接芽下方约1cm处向上削去芽片，芽片呈盾形，长2cm左右，连同叶柄一

嫁接 芽接

起取下（一般不带木质部）。接着，在砧木嫁接部位光滑处横切一刀，深达木质部；再从切口中间向下纵切一刀，长约3cm，使其呈T字形，用芽接刀轻轻将皮剥开，将盾形芽片插入T字口内，紧贴形成层，用剥开的皮层合拢包住芽片，用塑料膜带扎紧，露出芽及叶柄。

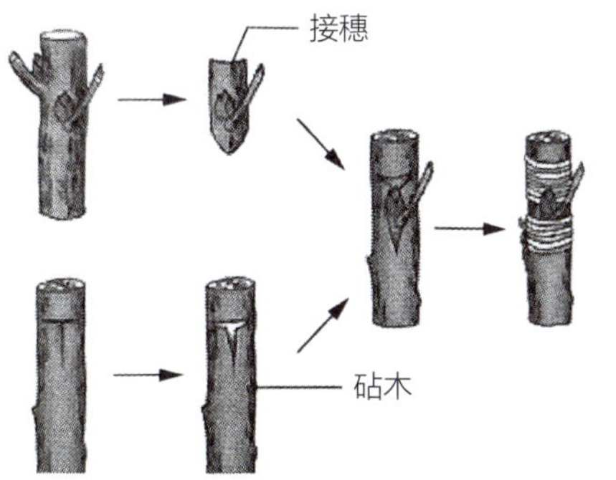

图2-17 T字形芽接

（2）嵌芽接

嵌芽接如图2-18所示，在砧、穗不易离皮时可用此方法。先从芽的上方0.5～0.7cm处下刀，斜切入木质部少许，向下切过芽眼至芽下方0.5～0.7cm处，再在此处（芽下方0.5～0.7cm处）向内横切一刀取下芽片。接着，在砧木嫁接部位切一与芽片大小相当的切口，并将切开部分切取上端1/3～1/2，用留下部分夹合芽片，将芽片插入切口，对齐形成层，并使芽片上端露一点砧木皮层。最后用塑料膜带扎紧即可。

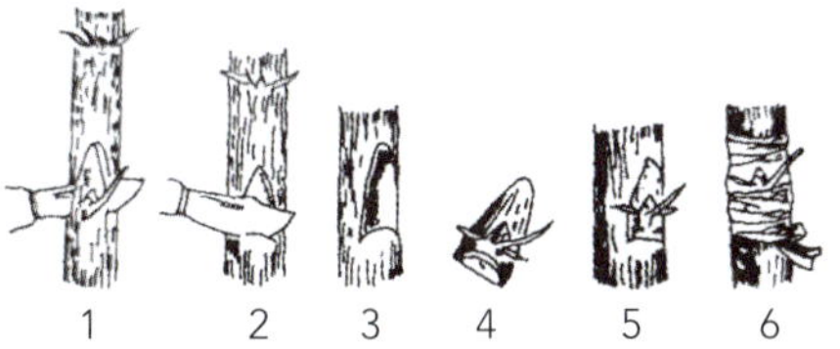

1，2—削接穗；3，4—取芽片；5—贴芽片；6—绑缚。

图2-18 嵌芽接

3. 根接

根接是以根为砧木的嫁接方法，如图2-19所示。例如，牡丹的根接，可用芍药充实的肉质根作砧木，以牡丹枝为接穗，采用劈接法将两者嫁接在一起。根接一般于秋季在温室内进行。

1—接穗；2—砧木；3—愈合体。

图2-19 根接

六、嫁接的操作技术要点

嫁接的操作技术往往是嫁接成败的关键，其技术要点如下：

① 操作快速准确。

② 削口平直光滑，砧穗切口的接触面大。

③ 形成层相互吻合，砧穗紧贴无缝。

④ 捆扎牢且密闭。

七、嫁接后的管理

① 各种嫁接方法嫁接后都应有温度、空气湿度、光照、水分的正常管理，不能忽视任何一方面，保证花卉嫁接的成活率。

② 嫁接后应及时检查成活程度，如果没有嫁接成活，应及时补接。

③ 嫁接成活后应及时松绑塑料膜带，长时间缢扎会影响植株的生长发育。芽接一般在嫁接成活后20～30天可除绑；枝接一般在接穗上新芽长至2～3cm时，才可全部解绑。

④ 对已接活的苗木应及时抹除砧木上的萌芽并剪除根蘖，可多次进行。

思政内容

课程思政分析		
思政元素	热爱传统文化、增强文化自豪感、工匠精神	
融入知识点	嫁接品种、从业人员优秀品质	
融入方式	① 课前发放“楼台牡丹”材料，开展班级活动，交流古人的智慧，引发共鸣；课上进行“头脑风暴”，讨论牡丹文化，引出“传统文化”关键词，实现情感认同 ② 课前发放“宋单父育牡丹”材料，开展班级活动，交流观后感，引发共鸣；课上进行“头脑风暴”，交流古代匠人的优秀品质，实现情感认同，并学习工匠精神	
融入资源	资源名称	描述
	楼台牡丹	楼台牡丹的故事
	宋单父育牡丹	宋单父的牡丹传奇

自测自评

课外实践一 仙人掌类髓心嫁接

1. 能力目标

通过实践掌握仙人掌类髓心嫁接技术。

2. 材料与用具

仙人掌类砧木、仙人球、蟹爪兰等接穗、修枝剪、芽接刀、绑绳、塑料袋、螺母、细线、细竹针等。

3. 内容与方法

学习花卉嫁接繁殖的操作要点，分组进行实际操作。

选取三棱箭、仙人掌、仙人球等为砧木，选取绯牡丹、蟹爪兰等为接穗。

（1）仙人球嫁接

① 砧木处理。先将仙人球砧木上面切平，然后将其外缘削去一圈表皮和叶肉，平展露出仙人球的髓心。

② 接穗处理。将另一个仙人球基部也削成一个平面。

③ 接合。将砧木和接穗平面切口对接在一起，中间髓心对齐。

④ 绑扎固定。用细绳连盆一块绑扎固定，放在半阴干燥处，且一周内不浇水。

（2）蟹爪兰嫁接

① 砧木处理。将培养好的仙人掌上部平削去1cm，露出髓心部分。

② 接穗处理。接穗要采集生长成熟、色泽鲜绿、肥厚的2～3节蟹爪兰分枝，在基部1cm处，削去两侧的外皮，露出髓心。

③ 接合。在仙人掌切面的髓心切一刀，再将插穗插入砧木，将髓心挤紧。

④ 固定。用仙人掌针刺将髓心穿透固定。

4. 思考与作业

调查嫁接成活率并分析其原因，填写嫁接检查记录表，如表2-15所示。

表2-15 嫁接检查记录表

株号	嫁接日期	萌动日期	成活时间/天	成活率/%	备注

相关知识

一、髓心接基础知识

仙人掌植物茎维管束能产生形成层并呈环状排列，能够使仙人掌植物的茎由于形成层的分生能力而继续增大，因此可以用嫁接方法繁殖。

仙人掌植物茎维管束与外围皮层组织柔细胞比较，其组织较密实而且颜色较深，呈鲜绿色，皮层及中柱维管束环内的髓皆色浅以至发白。叶仙人掌亚科植物是仙人掌植物最原始的类型，它的形态及其茎体内维管束的形式与普通灌木或小乔木相同；掌状茎类型最典型的例子是常见的仙人掌，是缩短变扁的一种变态茎；柱状茎类型的茎内中柱维管束分布形式相似，通向刺座的维管束分枝往往受柱状茎体所具棱肋或翼的形态、数目的影响而变化；球状茎（包括圆筒状茎）类型的茎中柱维管束也随茎的外形而变化；扁平叶状茎类型的变态茎多有节，中柱维管束位于扁平茎中央部分，由于茎扁薄，其维管束分枝通向刺座。

嫁接削切应尽可能利用主要维管束，一般都以茎体内中柱维管束为主要削切对象。绝大多数情况下，接穗总是利用中柱维管束进行嫁接，而砧木则有时利用通往刺座的维管束分枝。削切时，一定要找准主要的维管束，以球状茎作砧木为例，其靠近上部的组织较嫩，维管束环的直径较小，削切起来也比较方便。削切时，一定要切去球状茎顶，否则不能进行嫁接。此外，球状茎顶端的部位是茎生长点部位，生长点虽分生能力最强，但维管束环状组织尚未形成，接穗难以与砧木愈合。削切部位最好在最大直径以上和生长点以下的范围，中柱维管束为一鲜绿色圆环。接穗一般都是组织较嫩的茎体，削切部位多为中下部位。削切实生苗接穗时，应将其连根提起，在茎基部稍上一点削切，切口要小，以防失水干枯影响成活。

削切方法应配合茎体形态和嫁接方法、接穗及砧木的茎体形态，如球状茎、扁平状茎及叶仙人掌茎等形态差异较大，嫁接时的削切方法显得尤为重要。另外，接穗和砧木二者间的大小是否匹配以及如何在削切部位上加以调整配合同样值得注意。选定合适的嫁接方法后，确定削切部位时也应考虑嫁接成活后整个植株的管理便捷性和姿态美观性。图2–20所示为髓心接示意图。

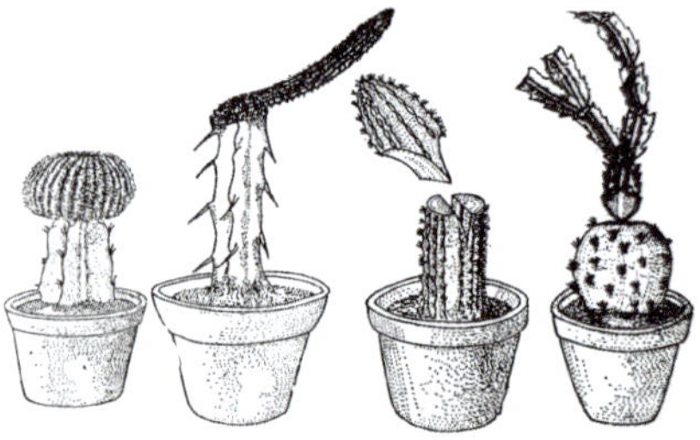

图2–20 髓心接

削切后，接穗与砧木的维管束应对正，使两维管束环完全重合，这种情况愈合最快，成活后长势也较好。若接穗与砧木的维管束环直径不一（一般接穗维管束环直径较小），二者维管束环有两个点相接触，则将位置稍偏，成活率更高。

二、嫁接方法

1. 平接法

平接法主要用于球形、柱形的接穗和砧木。首先用快刀将砧木顶部削平，确保削面直径超过接穗的削面直径。然后把切面的四周向斜下方呈30°削掉一小部分。再将接穗下部切掉1/3左右，切口要平整，边缘切法与砧木切法相同。切好后，立即将接穗放在砧木上，接穗与砧木的中央维管束部分接合，其上、下切面应大致相等。接着用细线或塑料条纵向捆绑，使接穗与砧木切面密接。捆绑后，除小苗外，一般还要采取加压措施，使接穗与砧木切面充分密接，以便于愈合。可采用长橡皮条、丝线等，将嫁接植株连盆一起适当扎紧，或在接穗顶部压铁螺母等。加压时压力应适度，以接穗受到一定压力但又不被压坏为度。最后即可套上塑料袋或玻璃钟罩保湿。

2. 插接法

插接法主要用于扁平茎节的接穗和砧木，如蟹爪兰、仙人指等。首先用快刀将砧木上端横切，并在其顶端或侧面不同部位切一个或几个楔形裂口，露出髓部。然后将接穗下端两面削平，略呈楔形，此过程应一刀完成。接着将接穗插进砧木的裂缝内，使髓部密接。最后用塑料薄膜或塑料绳绑扎，并罩上小塑料袋，放于阴凉处，成活后逐渐见阳光。

3. 劈接法

劈接法又称楔接法，常用于嫁接蟹爪兰。砧木可采用量天尺等，以高出盆面15～30cm为宜。先将量天尺水平横切，切口直径1cm，掏空切口内肉质物呈倒圆锥形空洞，深1cm。然后将接穗下端削成尖楔形，即圆锥形，高0.8cm。削好后，快速将接穗下端插入砧木切口内，再用仙人掌的长刺或细竹针插入固定接穗。采用仙人掌作为砧木时，用刀沿仙人掌掌状茎边缘斜削一刀，切口面1cm，其余操作同上。

采用仙人掌作为砧木嫁接仙人球时（枝插接），接穗小球直径在1cm左右时较易操作。可先将接穗小球下部中心切一个十字切口，然后把砧木在适当高度剪断，并将前端削成尖楔形，随即把接穗小球的基部切口安放在砧木上，用刺或细竹针插入固定即可。

4. 斜接法

斜接法的原理和方法与劈接法相同，适用于细柱状的接穗和砧木。砧木上端斜切，接穗下端斜切，快速对准接上，用仙人掌的长刺或细竹针插入固定接穗。斜接法可增加切口愈合面积。

三、养护

嫁接后应进行养护，具体养护措施如下：

① 一周后及时解开绑扎（捆绑）线，以免影响植株生长。

② 一个月内不要往嫁接切口上浇水，避免切口腐烂。

思政内容

<table>
<tr><th colspan="3">课程思政分析</th></tr>
<tr><td>思政元素</td><td colspan="2">团队协作能力、规范操作及安全意识</td></tr>
<tr><td>融入知识点</td><td colspan="2">仙人掌类髓心嫁接</td></tr>
<tr><td>融入方式</td><td colspan="2">① 通过实践环节，树立规范操作及安全意识
② 通过小组合作，培养团队协作能力</td></tr>
<tr><td rowspan="2">融入资源</td><td>资源名称</td><td>描述</td></tr>
<tr><td>仙人掌的嫁接方法</td><td>仙人掌嫁接操作流程</td></tr>
</table>

课外实践二 连翘压条繁殖

1. 能力目标

通过实践使学生掌握连翘压条技术。

2. 材料与用具

连翘等灌木类花卉、修枝剪、刻刀、绑绳、塑料袋、铁锹等。

3. 内容与方法

学习花卉压条繁殖的操作要点，分组进行实际操作。

① 选取连翘枝条刻伤或环剥。

② 挖浅沟固定。

③ 覆土。

4. 思考与作业

调查压条成活率并分析其原因，填写压条检查记录表，如表2–16所示。

表2–16 压条检查记录表

株号	压条日期	萌动日期	成活时间/天	成活率/%	备注

相关知识

压条繁殖是将母株的部分枝条或茎蔓压埋在土中，待其生根后切离，使之成为独立植株的繁殖方法。它是一种枝条不切离母体的繁殖方法，一般用于扦插难以生根的木本花卉或一些根蘖丛生的花灌木。其优点是成活率高，开花早；操作简便，不需要特殊的养护条件；能保存母株的优良性状。其缺点是繁殖量不大。

一、单枝压条

如图2–21所示，选取接近地面而向外伸展的枝条，在压条的节下将其刻伤、扭伤或进行环剥处理，然后将其弯入土中，覆土10～20cm，使枝条端部露出地面。为防止枝条弹出，可在枝条下弯部分插入小木叉固定，再盖土压实，生根后切割分离。石榴、玫瑰、金银花等可用此法。

二、波状压条

波状压条适合于枝条长而容易弯曲的花卉。如图2–22所示，将枝条弯曲牵引到地面，在枝条上刻伤数处，将每一刻伤处弯曲后埋入土中，用小木叉固定。待其生根后，分别切断移植，即可成为数个独立的植株。美女樱、葡萄、地锦、迎春等可用此法。

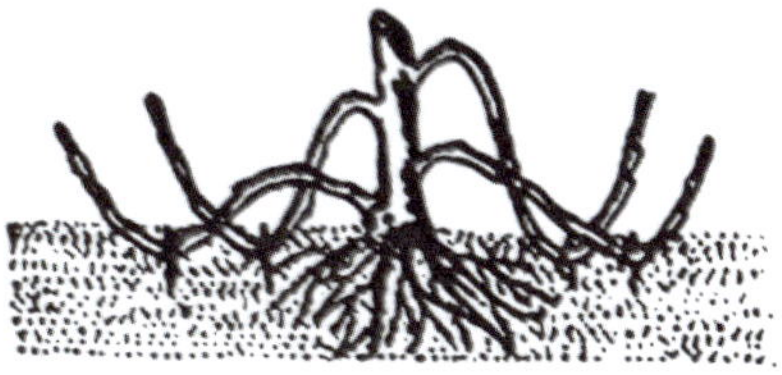

图2–21 单枝压条

图2–22 波状压条

三、壅土压条

壅土压条适合于根蘖多、丛生、枝条硬直的花灌木。如图2–23所示，将母株先重剪，促使根部萌发分蘖。当萌蘖枝条长至一定粗度时，在枝条基部近地面处刻伤，然后在其周围堆土呈馒头状。待枝条基部根系完全生长后分割切离，分别栽植即可。牡丹、木槿、紫荆、大叶黄杨、锦带花、贴梗海棠等可用此法。

四、高空压条

高空压条适合于小乔木状枝条硬直花卉。如图2–24所示，在生长季，选取成熟健壮、芽饱满的当年生枝条，在适当部位进行环剥处理后，外套塑料袋或容器（竹筒、瓦盆等），在环剥口的下部将套塑料袋的一头用绳子扎紧，内装湿润的苔藓土。然后将上口也扎紧，并保持内部湿润，30～40天后即可生出新根。生根后剪离母株，解除包扎物另行栽植即可。米兰、杜鹃、月季、栀子、佛手、金橘、叶子花、变叶木、扶桑、龙血树、白兰花、山茶等可用此法。

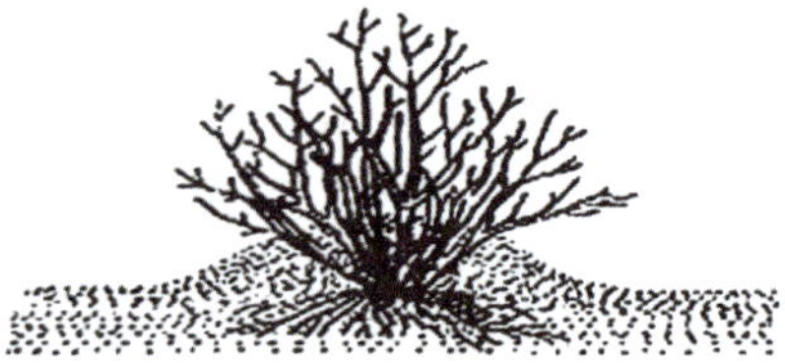

图2-23　壅土压条

图2-24　高空压条

思政内容

课程思政分析		
思政元素	团队协作能力、规范操作及安全意识	
融入知识点	压条繁殖	
融入方式	① 利用实践环节，树立规范操作及安全意识 ② 通过小组合作，培养团队协作能力	
融入资源	资源名称	描述
	连翘压条繁殖	连翘压条繁殖的方法

课外实践三　组织培养

1. 能力目标

通过实践掌握组织培养技术。

2. 材料与用具

外植体、镊子、手术刀片、无菌操作台、电磁炉、高压灭菌锅、酒精灯、锥形瓶、无机盐、琼脂、玻璃棒、量筒、封口膜、橡皮筋等。

3. 内容与方法

学习花卉组织培养的操作要点，分组进行实际操作。

① 外植体的切取。选取花卉叶片等为繁殖材料，制备外植体。

② 外植体的消毒。

③ 配制培养基，工具、培养基灭菌，进行无菌操作准备。

④ 接种和培养。

⑤ 外植体增殖。

⑥ 从芽诱导。

⑦ 根系诱导。

⑧ 组培苗的炼苗移栽。

4. 思考与作业

调查组培成活率并分析其原因，填写组织培养检查记录表，如表2–17所示。

表2–17 组织培养检查记录表

株号	接种日期	愈伤组织生成日期	丛芽生成日期	根系生成日期	成活数量/瓶	备注

相关知识

植物的组织培养是根据植物细胞具有全能性的理论基础发展起来的一项无性繁殖的新技术。从广义上讲，植物的组织培养又称离体培养，是指从植物体分离出符合需要的组织、器官或细胞以及原生质体等，通过无菌操作，在无菌条件下接种，在含有各种营养物质及植物激素的培养基上进行培养以获得再生的完整植株或生产具有经济价值的其他产品的技术。从狭义上讲，植物的组织培养是指用植物各部分组织（形成层、薄壁组织、叶肉组织、胚乳等）进行培养获得再生植株，也指在培养过程中从各器官上产生愈伤组织的培养，愈伤组织经过再分化形成再生植物。

一、组织培养技术的优点

组织培养技术的优点如下：

① 占用空间小，不受地区和季节限制。

② 可培养脱毒苗。

③ 培养周期短。

④ 可用组织培养中的愈伤组织制取特殊的生化制品。

⑤ 可短时间大量繁殖，用于拯救濒危植物。

⑥ 可诱导分化成需要的器官，如根和芽。

⑦ 解决某些植物产种子较少或不产种子的难题。

⑧ 不存在变异，可保持原母本的一切遗传特征。

⑨ 投资少，经济效益高。

⑩ 繁殖方式多，试用品种多。

二、培养方法

1. 非试管微组织快繁

非试管微组织快繁技术将外植体（一般要求带一叶一芽）放置在室内外普通沙子培养基上进行培养，利用植物腋芽自然倍增达到快速繁殖的目的。采用该技术，一般植物7～15天就可以生长出根系。其优点是投资低，操作环节少。

2. 试管组织培养

试管组织培养将外植体（离体组织、器官或细胞）放置在组培瓶等器皿中，在无菌的条件下进行组织培养获得组培瓶苗。

三、培养步骤

1. 培养材料采集

在选取组织培养材料时，应根据培养目的，遵循“易于诱导、带菌少”的原则，选取植物组织内部无菌的材料。应从健壮的植株上选取材料，不要选取有伤口或有病虫害的材料。此外，应在晴天，最好是中午或下午选取材料，不应在雨天、阴天或露水未干时选取材料。健壮的植株及晴天光合作用、呼吸作用旺盛的组织自身有消毒作用，这种组织一般是无菌的。

2. 外植体制备

外植体的制备步骤如下：

① 将采集的植物材料除去不必要的部分，仔细洗净需要的部分，可用适当的刷子等刷洗。将材料切割成适当大小（以灭菌容器能放入为宜），然后将其置于自来水龙头下用流水冲洗几分钟至数小时，冲洗时间可视材料清洁程度而定。对于易漂浮或细小的材料，可装入纱布袋内冲洗。为提高效率，可先加入洗衣粉清洗，再用自来水冲净。洗衣粉可除去轻度附着在植物表面的污物及脂质性的物质，便于灭菌液的直接接触。更为理想的清洗物质是表面活性物质——吐温，在条件允许的情况下可以进行选用。

② 对材料的表面进行浸润灭菌，该步骤应在超净台或接种箱内完成。准备好已消毒的烧杯、玻璃棒、70%酒精、消毒液、无菌水、手表等工具后，先将材料用70%酒精浸10～30s。由于酒精能够有效浸湿植物材料表面，加之70%酒精的穿透力较强，很容易杀伤植物细胞，因此浸润时间不能过长。对于一些特殊的材料，如果实、花蕾、包有苞片或苞叶等的孕穗、多层鳞片的休眠芽等，以及主要取用其内部的材料，则可只用70%酒精处理稍长的时间。处理完毕后，应在无菌条件下使酒精蒸发，然后剥除外层，取用内部材料。

③ 用灭菌剂进行处理。表面灭菌剂的种类较多，可根据实际情况选取1～2种。

④ 用无菌水涮洗。每次应涮洗3min左右，视采用的消毒液种类，涮洗3～10次。无菌水涮洗能够免除消毒剂杀伤植物细胞的副作用。若采用酒精，由于其渗透性较强，幼嫩材料易在酒精中失绿，所以浸泡时间要短，防止酒精杀死植物细胞。对于老熟材料，特别是种子等，可适当延长在酒精中的浸泡时间，例如种子可以浸泡5min。若采用升汞，其渗透力较弱，一般应浸泡10min左右，它对植物材料的杀伤力不大。此外，由于漂白粉容易导致植物材料失绿，所以对于幼嫩材料要慎用。在消毒液中加入用量为0.08%～0.12%的吐温20或吐温80（一种湿润剂），可以降低植物材料的表面张力，能够达到更好的消毒效果。

在无菌的环境下，使用无菌刀、剪、镊子等工具，剥去芽的鳞片、嫩枝的外皮和种皮胚乳等（叶片则不需要剥皮），切成小段备用。

3. 配制培养基

（1）愈伤组织诱导培养基

配制MS培养基（蔗糖含量为10g/L，2,4–D含量为0.002g/L，琼脂含量为10g/L）。

（2）试验培养基

先用少量0.1mol/L的NaOH溶解吲哚乙酸，用少量0.1mol/L的HCl溶解6–苄氨基腺嘌呤（6–BA），然后用蒸馏水稀释，再加入MS培养基中。

4. 准备仪器设备

准备培养室、高压灭菌锅、水浴锅、解剖刀、三角烧瓶（100mL）、烧杯、量筒、组培瓶、组培盖或封口膜、棉线、接种箱或超净工作台、分析天平、长镊子、枪状镊子、剪刀、容量瓶、移液管、牛皮纸等仪器设备。

5. 培养基灭菌

将配好的培养基加入琼脂加热溶解，调至pH 5.6～5.8。将其趁热分装于100mL的组培瓶中，每瓶约装30mL。待培养基冷却凝固后盖上组培盖或封口膜，并用棉线扎牢。然后用高压灭菌锅在121℃（0.1MPa）下灭菌20min。灭菌完成后，取出组培瓶并将其放在台子上，冷却后备用。后续接种操作所需的一切用具（长镊子、解剖刀、剪刀等）及灭菌水，须同时灭菌。

6. 接种和培养

将切好的外植体立即接在培养基上，每瓶接种1～2个，以防止交叉污染。接种完成后，用无菌药棉或无菌盖封口，培养皿用无菌胶带封口，然后将其置于温度恒定的育苗箱中培养。培养基应保持在25℃左右。

7. 外植体增殖

外植体增殖是组织培养的关键阶段。待愈伤组织生长后，为了扩大繁殖系数，需要继代培养。

8. 丛芽诱导

将愈伤组织更换培养基培养，再分化出不定芽和侧芽，形成丛生芽苗。

9. 根的诱导

继代培养形成的不定芽和侧芽等一般没有根，必须转到生根培养基上进行生根培养。1个月后即可获得健壮根系。

10. 组培苗的炼苗移栽

首先将培养容器打开，于室内自然光照下放置3天。然后取出小苗，用自来水将根系上的营养基冲洗干净。接着将其栽入已准备好的基质中，基质使用前最好消毒。移栽前要适当遮阴，加强水分管理，保持较高的空气湿度，但基质不宜过湿，以防烂苗。

思政内容

<table>
<tr><th colspan="3">课程思政分析</th></tr>
<tr><td>思政元素</td><td colspan="2">团队协作能力、规范操作及安全意识</td></tr>
<tr><td>融入知识点</td><td colspan="2">组织培养</td></tr>
<tr><td>融入方式</td><td colspan="2">① 通过实践环节，树立规范操作及安全意识
② 通过小组合作，培养团队协作能力</td></tr>
<tr><td rowspan="2">融入资源</td><td>资源名称</td><td>描述</td></tr>
<tr><td>组织培养</td><td>组织培养操作流程</td></tr>
</table>

项目二 6种栽培方式下花苗的养护管理

常见栽培方式有6种，包括土壤栽培和无土栽培两大类。土壤栽培使用更为广泛，但无土栽培因其可以打破对立地条件的限制，使用范围也越来越广。其中，土壤栽培又分为露地栽培、盆花栽培、切花栽培、促成栽培和抑制栽培，分别适应不同花卉品种的栽培需求，以满足花卉市场所需。

子项目一　5种土壤栽培方式下花苗的养护管理

任务一　露地花卉——矮牵牛、芍药、荷花养护管理

学习目标

能力目标	知识目标	素质目标	思政目标
1. 能够识别20种常见露地花卉 2. 能够根据花卉特征选择适宜的栽培方式 3. 能够在露地栽培条件下养护花卉	1. 掌握露地栽培的概念及特点 2. 了解20种常见花卉形态特征及生态习性 3. 掌握露地栽培的主要养护措施	1. 培养自主学习能力 2. 培养语言表达能力 3. 培养团队协作能力 4. 培养健康意识	1. 了解养花谚语，热爱民间民俗文化 2. 树立规范操作意识

学习目的

通过矮牵牛、芍药、荷花的养护管理，掌握露地栽培条件下花卉养护的基本方法，提高参与生产管理的能力。

材料与用具

露地栽培花卉、灌溉设施、铁锹、遮阳网、修枝剪、手铲等。

学习步骤

领取任务书→任务分析→案例分析→确定露地栽培养护方案→花卉养护。

任务书一

文件编号：　　　　　　　　　　　　　　　　　　　　　　　　日期：

任务名称	露地花卉——矮牵牛、芍药、荷花养护管理
时间	××年
任务详情	为已选择出的花卉品种（矮牵牛）制订详细的养护管理方案
具体要求	以小组为单位，在4学时内完成花卉的养护管理方案制订并根据实际情况实施
学习成果	一种花卉的养护管理方案
生产负责人	

任务分析单

任务要求	达成目标	显性条件	隐性条件

参考案例 万寿菊栽培养护方案

案例分析单

未涉猎的新名词/新内容	案例文本纲要组成部分	案例内容是否适合作为本次学习任务的纲要（是/否）

实践内容一

1. 能力目标

以矮牵牛为例，通过栽培管理实践，学习制订一、二年生草本花卉养护方案，同时掌握各项养护管理措施。

2. 材料与用具

矮牵牛、营养钵、基质、有机肥料、化学肥料、生长抑制剂比久（B9）等。

3. 内容与方法

分组讨论，以矮牵牛为例，制订一、二年生草本花卉养护方案，包括花卉水肥管理、上盆时间、供花时间等。

（1）幼苗管理

间苗、移植、摘心、浇水、控温、通风、病虫害防治。

（2）盆栽上盆

调制培养土装盆植苗，盆径28～30cm。可用普通培养土，也可用加肥培养土（普通培养土加10%的发酵饼肥粉末）。幼苗4～5叶时上盆，应注意花盆出水孔处理、上盆、上盆后浇水等环节的要求。

（3）栽培管理

矮牵牛盆栽主要是单瓣品种，观赏价值较高。应在生长过程中摘心，增加侧枝，从而使花量增加。

（4）水肥管理

应确保阳光充足，宜用肥沃的沙壤土，忌土壤太湿；生长期浇水不能过多，开花后应控制浇水，天气干旱时适当浇水，阴雨天及时排水；从苗期开始每隔10天施1次稀薄的复合液肥（共施2～3次），浇肥不必过多，过多反而使植株徒长，不开花或延迟开花。后期可适当施加磷肥。

（5）观察记录

填写花卉物候观察记录表。

相关知识

一、一、二年生草本花卉栽培与定植

（一）含义及类型

1. 一年生草本花卉（典型）

一年生草本花卉是指在一个生长季节内完成全部生活史的花卉。

2. 多年生作一年生栽培草本花卉

多年生作一年生栽培草本花卉是指在当地露地环境中栽培时，对气候不适应、畏寒、生长不良或两年后生长差，容易结实，当年播种就可以开花的花卉。

3. 二年生草本花卉（典型）

二年生草本花卉是指在两个生长季节完成生活史的花卉，如紫罗兰、须苞石竹（美国石竹）、毛地黄等。

4. 多年生作二年生栽培草本花卉

多年生作二年生栽培草本花卉是指在当地露地环境中作多年生栽培时，怕热、生长不良或两年后生长差，容易结实，当年播种就可以开花的花卉，如雏菊、金鱼草等。

5. 既可作一年生栽培又可作二年生栽培的草本花卉

既可作一年生栽培又可作二年生栽培的草本花卉如翠菊、美女樱、霞草、蛇目菊、月见草、香雪球等。

（二）一、二年生草本花卉园林应用特点

一、二年生草本花卉园林应用特点如下：

① 繁殖系数大，生长迅速，见效快。

② 一年生草本花卉是春、夏景观中的重要花卉，二年生草本花卉是春季景观中的重要花卉。

③ 色彩艳丽，开花繁茂整齐，装饰效果好。

④ 可用于花坛、种植带、花丛、花群、地被、花境、切花、干花、垂直绿化等。

⑤ 容易获得种苗，方便大面积使用，见效快。

⑥ 花期集中，方便及时更换。

⑦ 有些种类可自播繁衍，形成野趣。

⑧ 可用于垂直绿化。

⑨ 一年须更换几次，管理费用较高。

⑩ 对环境条件要求较高。

（三）生态习性

1. 共同点

（1）对光的要求

一、二年生草本花卉大多数喜光，仅少部分喜欢半阴环境，如夏堇、醉蝶花、三色堇等。

（2）对土壤的要求

除了重黏土和过度疏松的土壤，一、二年生草本花卉在其他土壤中都可以生长，以深厚的壤土为好。

（3）对水分的要求

一、二年生草本花卉不耐干旱，根系浅，易受表土影响，因此要求土壤湿润。

2. 不同点

一年生草本花卉喜温暖，不耐冬季严寒，大多不能忍受0℃以下的低温。其生长发育主要在无霜期进行，因此主要是春季播种，故而又称春播花卉、不耐寒性花卉。

二年生草本花卉喜欢冷凉，耐寒性强，可耐0℃以下的低温。它要求春化作用，一般在0～10℃的环境下30～70天完成，在自然界中越过冬天即通过了春化作用。这类花卉不耐夏季炎热，因此主要是秋天播种，故而又称秋播花卉、耐寒性花卉。

（四）繁殖栽培要点

一、二年生草本花卉的繁殖栽培要点如下：

① 一年生草本花卉以播种繁殖为主，大多春播为主；二年生草本花卉以秋播为主。

② 一年生草本花卉一般是先育苗再栽植；二年生草本花卉可以直播，也可以先育苗再栽植。

二、养护与管理

花卉的生产环节主要包括整地作床（畦）、繁殖、间苗、移苗、灌溉、施肥、中耕除草、整形修剪、防寒与降温、连作及轮作等。

（一）整地作床（畦）

1. 选地

在播种和种植前，应选择管理方便、地势平坦、光照充足、土质疏松肥沃、水源便利、排水良好、无有毒物质、酸碱度适宜、病虫害及杂草少的地块；另外还要考虑交通方便，有利于苗木运输和销售；同时还要注意生产用地周围无污染源，保证水质清洁，空气清新。

2. 整地

春季使用的土地应在头年秋季进行整地；秋季使用的土地应在上茬花苗出圃后进行整地。当土壤持水量为40%～50%时整地最好，过干时不易翻耕，过湿时易破坏土壤的团粒结构。

整地深度依花卉种类和土壤状况而定。一、二年生草本花卉的整地深度宜浅，一般翻20～30cm；球根花卉应深翻30～40cm；宿根花卉及木本花卉根系强大，须深翻40～50cm。另外，播种苗宜浅，一般为20～25cm，扦插苗宜深，一般为25～35cm；沙土宜浅，黏土宜深。整地时，先将苗圃地原有植被和杂物清除干净，再翻耕土壤，细碎土块，清除石块、瓦片、残根断株及杂草等。基肥宜于翻耕前施入圃地，通过翻耕可将基肥翻入耕作层下，然后耙平，并用五氯硝基苯、呋喃丹等药物消毒。土壤经深耕后，若过于疏松，毛细管作用被破坏，根系吸水困难，因此耕后必须适度镇压。整地最后要达到地平，土碎，疏松，无草根、石块、土坷垃，上暄下实的要求。

3. 作床（畦）

雨水较多、地势较低的地区，栽植怕水渍的花卉以高床为主。我国长江两岸气温高，雨水多，床面应高出土面20～30cm，筑成高床。雨水较少、地势高燥的地区，宜采用低床，以利于灌水和保水。床的走向为南北方向，并以操作方便为原则。至于床的长短、宽窄，可按地块的情况及当地习惯确定。

（二）繁殖

花坛类花卉的繁殖方式主要是播种、扦插和分生繁殖。繁殖时，可根据不同的花卉种类采用不同的方法。

（三）间苗

间苗即对苗床幼苗去弱留壮、去密留稀，扩大株距，使幼苗之间有一定距离且分布均匀，以保证花苗的良好生长，俗称疏苗。间苗通常在1～2片真叶长出时进行，不可过迟，否则苗株拥挤会引起徒长。

间苗时，按已定的株行距把多余的幼苗拔除，并在间苗过程中拔出混杂在其中的其他种或品种的幼苗以及杂草。每次间苗量不宜过大。最后一次间苗称为定苗，在幼苗出土至长成定植苗之间，应分2～3次间苗。间下来的健康小苗也可另行栽植。

间苗要在雨后或灌溉后进行，操作应小心，避免损伤留下的幼苗。间苗后应及时灌溉一次，以使幼苗根系与土壤贴紧，保证其迅速恢复生长。

（四）移苗

经间苗后的花卉幼苗生长迅速，为了扩大营养面积继续培育，还须分栽一两次，这就是所谓的移苗。移苗旨在扩大各类规格苗的株行距，使幼苗获得足够的营养、光照与空气。此外，移苗还能够促使切断主根的植株产生更多的侧根，形成发达的根系，使幼苗生长健壮。

移苗包括起苗和栽植两个步骤。起苗就是把花苗从苗床起出，一般在花苗长出5～6片真叶时进行。起苗方法包括裸根起苗和带土起苗。栽植包括定植与移植。定植即幼苗栽植后不再移动；移植是指幼苗栽植后经过一定时间生长还要再进行定植。大部分花苗都要进行两次移植：第一次移植是从苗床上移出来，先栽在花圃地内生长；第二次移植多定植在花坛或绿地。此外，有的花卉需要进行多次移植。

移植时的土壤应干湿得当。移植前，要分清花苗品种，避免混杂。挖苗时，应切断主根，勿伤须根，尽可能带护根土移植。挖苗与种植要配合好，做到随挖随种。当风大或水分蒸发强烈时，幼苗挖起后应覆盖遮阴。

移植穴宜稍大，使根得以舒展。种植深度应与原种植深度一致，或再深些，种植过浅易倒伏，过深则发育不好。移植时，不要压土过紧，以免根部受伤。种植后，应立即充分浇水，并复浇一次以保证水分足量。移植以无风阴天为好，如果天气晴朗、炎热、光照较强，则宜在傍晚移植；天旱时，须边种边浇水。夏季移植初期要进行遮阴，以降低蒸发，避免萎蔫。

定植前，应根据植物的需要，改良土壤结构，调整酸碱度，改良排水条件。一般植物都需要肥沃、疏松而排水良好的土壤。肥料可在整地时拌入或在挖穴后施入穴底。定植时所采用的株行距，应根据园林花卉成年期的大小或配植要求而定。

起苗时，一般应带护根土，土壤太湿或太干都不宜，带土多少视根系大小而定。定植时要开穴，穴应比待种苗的根系或土球稍大稍深。将苗茎基部提近土面，扶正入穴，然后将穴周土壤铲入穴内约2/3时，抖动苗株使土粒和根系密接，再在根系外围压紧土壤。最后用松土填平土穴使其与地面相平而略凹，种后立即浇水。草花苗种植后，次日应复浇水；球根花卉种植初期一般不需要浇水，如果过于干旱，则应浇一次透水。

（五）灌溉

灌溉时间因季节而异。夏季灌溉应在清晨和傍晚进行，因此时水温与地温相近，对根系生长活动影响较小；冬季因晨夕气温较低，灌溉应在中午前后进行。

灌溉用水以软水为宜，避免使用硬水，最好是河水，其次是池塘水和湖水，不含碱质的井水也可利用，但最好先抽出储于池内，待水温升高后使用。水温较低会对植物根系生长不利。河沟的水富含养分且水温较高，适合用于灌溉；小面积灌溉也可采用自来水，但其费用较高；有泉水的地方，可用泉水灌溉。

露地播种苗，小植株宜用喷壶喷水，避免将小苗冲倒。幼苗移植后需要及时灌水，灌水量、灌溉次数及灌水时间，常因季节、土质及花卉的种类不同而异。就每一次灌水量而言，应以浇透为原则，避免“拦腰水”对根系产生伤害。春季及夏季干旱时期应多次灌水，立秋后雨水多时应减少灌水以防止徒长。疏松土质应比黏重土质灌溉次数多；一、二年生草本花卉及球根花卉容易受旱，灌溉次数应较宿根花卉多；晴天风大时应比阴天无风时多浇水。

（六）施肥

施肥可分为施基肥和追肥两种方式，应遵循适时、适量、适当、少量多次的原则。

基肥以有机肥为主，常用的有厩肥、堆肥、饼肥、骨粉、粪干等。一般每公顷施用35～45t腐熟厩肥或堆肥。所施基肥应充分腐熟，否则易烧坏根系。基肥的施用量应视土质、土壤肥力状况和花卉种类而定。

追肥是为补充基肥的不足，以满足园林花卉不同生长发育阶段的需求而进行的施肥。生长期间可分次施用，以补基肥的不足。一般露地花卉发芽后，施第一次追肥，促使枝叶繁茂；在开花前，施第二次追肥，助长开花；开花后，可施第三次追肥，以补偿养分的消耗。

追肥除常用的粪干、粪水外，也可用化肥。各种肥分的施用量，因花卉种类和施肥方法不同而异。一、二年生草本花卉和球根花卉比宿根花卉追肥量多，球根花卉所需磷、钾肥较多。浇施的化肥浓度一般不宜超过10 ~ 30g/L；叶面喷肥浓度更小，多用1 ~ 3g/L。

（七）中耕除草

1. 中耕

中耕是指在花卉生长期间疏松植株根际土壤的工作，一般在阵雨或大量灌溉水后以及土壤板结时进行。通过中耕，可以切断土壤表面的毛细管，减少水分蒸发，使表土中孔隙增加，富含空气。此外，中耕还能够促进土壤中养分分解，有利于根系对水分、养分的吸收和利用。

中耕的次数和深度因花卉种类及生长期不同而异。一般草本花卉中耕次数较多，木本花卉中耕次数较少；根系分布较浅的应浅耕，分布较深的宜深耕；苗株基部宜浅耕，株行距中可略深；幼苗期宜浅耕，以后随着植株生长逐渐加深，植株长大覆盖土面后无须中耕。

2. 除草

除草是指除去田间杂草，使它不与花卉争夺水分、养分、阳光及空间。杂草还是许多病虫害的寄主，因此一定要彻底清除，为花卉生长创造良好的环境，以保证花卉健壮生长。

除草应“除早、除小、除了”，不要等蔓延成灾时再进行。特别要在结籽前清除杂草，以免造成更大的危害。

除草方式有多种，小面积以人工除草为主；大面积可采用机械锄草或化学除草剂除草。用化学除草剂进行除草，如使用得当，可省工、省时，但要注意安全，必须根据作物的种类正确选用适合的除草剂，除草剂的使用浓度、方法和用量应根据说明书或试验确定。

（八）整形修剪

整形是指对植株实行修剪措施，使其形成一定形状。修剪是指对花卉植株局部或某一器官实施具体的修理，通过修剪可以起到除劣促新、协调生长、控制开花、更新复壮等作用，使花卉植株保持一定的形态。

花卉修剪的时期可分为休眠期修剪和生长期修剪。休眠期修剪多用于落叶花灌木和宿根花卉；生长期为促进新枝生长、多开花，则宜在生长季节或开花后轻度修剪。修剪时，有的仅将花枝剪去，使下部萌发新枝开花。

修剪的方法主要包括摘心、抹芽去蕾等。

1. 摘心

摘心是指摘除枝梢顶芽，以促进分枝生长，增加花朵数目。

2. 抹芽去蕾

有的花卉，为了促使其高生长，减少花朵的数目，使营养供给顶花，而摘除过多的腋芽和侧蕾，称为抹芽去蕾。抹芽去蕾能够使留下的花朵充实而美丽。芍药、菊花和大丽花的修剪多采用此法。

3. 支柱与绑扎

一、二年生草本花卉中有些株形高大，上部枝叶花朵过于沉重，遇风易倒伏；还有一些藤本花卉，均须进行支柱与绑扎才有利于观赏。支柱与绑扎一般包括三种方式：

① 用单根竹竿支撑株高花大的花卉，如蜀葵、重瓣向日葵、孔雀草等。

② 藤本植物于播种或种子萌发后，在栽植床上放置木本植物的枝丫，让花卉长大攀缘其上，并将其覆盖。

③ 在生长高大花卉的周围四角插立支柱，并用绳索联系起来以扶持群体。

4. 剪除残花与花葶

对于连续开花且花期较长的花卉，如一串红、金鱼草、石竹类等，花后应及时摘除残花、剪除花葶，不使结实。同时，应加强水肥管理，以保持植株生长健壮，使花开繁密，花大而色艳，并有效延长花期。

（九）防寒与降温

1. 防寒越冬

（1）覆盖法

覆盖法是指在霜冻到来前，在地面上覆盖干草、落叶、马粪、草席、蒲帘、塑料薄膜等，直到次年春晚霜过后去除覆盖。覆盖法常用于一些二年生草本花卉、宿根花卉和一些可露地越冬的球根花卉。

（2）培土法

对于冬季地上部分枯萎的宿根花卉和进入休眠的花灌木，采用壅土压埋或开沟覆土压埋植物的茎部或地上部分进行防寒，待春季到来后，在萌芽前再将培土扒开，使其继续生长。芍药等常用此法防寒。

（3）灌水法

每年冬季封冻前浇足防冻水是防寒的首要工作。由于水的热容量较大，灌水后能够提高土的导热量，使深层土壤的热量容易传导到土表面，从而提高近地表空气温度。同时，这一过程还提高了空气中的含水量。此外，空气中的蒸汽凝结成水滴时放出潜热，也能提高气温，减轻或防止冻害。灌水法能够使地面温度提高2～2.5℃。冬灌能够减少或防止冻害，春灌具有保温、增湿的效果。

（4）盖粪压土

对于多年生宿根花卉，应于根际上盖厚10cm的马粪或堆肥，上面用土压实。

（5）高风障

对于面积大、数量多的草本花卉，可在北面设高1.8m的风障进行防寒。

除了以上方法外，熏烟，浅耕，密植，利用冷床及减少氮肥，增施钾、磷肥等，也是较为有效的防寒措施。

2. 降温越夏

夏季温度过高会对花卉产生危害，可通过人工降温保护花卉安全越夏。人工降温措施包括叶面及畦间喷水、遮阳网覆盖或草帘覆盖等。

（十）连作及轮作

在同一块地上，连续两年或更长的时间培育同一种苗木称为连作，又称重茬。在同一块地上，每年有计划、有目的地培育不同的花卉，或与绿肥作物、农作物等轮换种植，称为轮作，又称调茬、倒茬。

三、一、二年生草本花卉生产管理流程

一、二年生草本花卉生产管理流程包括选择品种、基质选择与处理、育苗、上盆、日常管理等步骤，如图2-25所示。

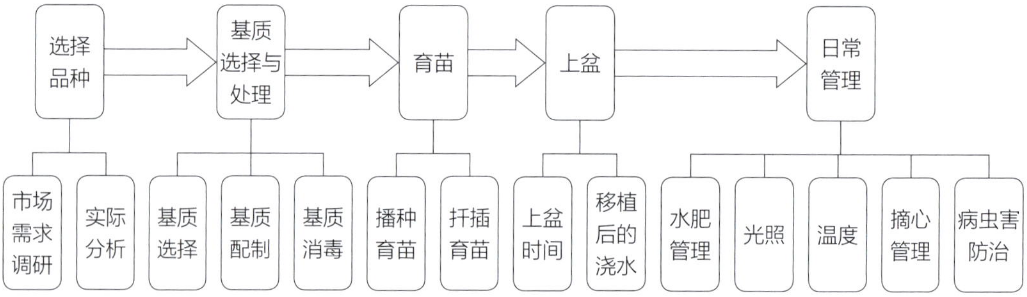

图2-25　一、二年生草本花卉生产管理流程

1. 选种及播种

① 选取优良种子。

② 采用播种育苗。

播种时间可按式（2-5）计算。

$$播种时间=需要开花时间-播种到开花所需时间+缓冲时间 \tag{2-5}$$

育苗方式包括穴盘和营养钵育苗、播种箱育苗、苗床育苗。

2. 栽培管理

（1）移植

移植起苗应在苗床土壤不特别干燥时进行，以防伤根。裸根移植的苗，起苗时应将土壤成块掘起，然后将根群从土块中松动拉出，注意不要硬拉，以免伤根；带土移植的苗，应先用手铲在苗四周将土铲开，再在底部一铲将苗铲起，注意不要使土团碎开。无论带土或裸根起出的苗，都应迅速移植，防止根部枯萎，影响成活。移植应选无风阴天，在降雨前后移植成活率更高。

（2）摘心

花卉摘心可控制植株徒长，促进分枝，能使植株矮化，延长花期。草本花卉一般摘心1～3次。适于摘心的花卉有百日草、一串红、翠菊、万寿菊等。

（3）水肥管理

追肥常用腐熟的人粪尿、饼肥，也可采用尿素、过磷酸钙等化学肥料，但其浓度要求较低，一般为10～30g/L。施肥时应注意薄肥勤施，肥量应随植株大小及土壤湿度等不同而有所区别，小苗更应注意。一般人粪尿要稀释10倍左右，饼肥则要稀释100倍以上（先将饼肥和10倍水沤制，使其充分发酵，使用时再稀释10倍）。施肥后第二天清晨须再浇一次水（回水），以防止烂根。有机肥必须充分腐熟才能施用；地栽花卉可追肥5～6次，以芽前、芽后、花前、花后及结果后最为理想。现蕾时忌施肥，否则会引起落花；有病虫害的植株在治理后再施薄肥，使之恢复生长。

任务书二

文件编号： 日期：

任务名称	露地花卉——矮牵牛、芍药、荷花养护管理
时间	××年
任务详情	为已选择出的花卉品种（芍药）制订详细的养护管理方案
具体要求	以小组为单位，在4学时内完成花卉的养护管理方案制订并根据实际情况实施
学习成果	一种花卉的养护管理方案
生产负责人	

任务分析单

任务要求	达成目标	显性条件	隐性条件

实践内容二

1. 能力目标

以芍药为例，通过栽培管理实践，学习制订宿根花卉养护方案，同时掌握各项养护管理措施。

2. 材料与用具

芍药、营养钵、基质、有机肥料、化学肥料等。

3. 内容与方法

① 分株繁殖芍药。

② 露地栽培养护芍药。

③ 填写花卉物候观测记录表。

相关知识

一、宿根花卉生产

宿根花卉是指植株地下部分宿存越冬而不膨大，次年仍能继续萌芽开花，并可持续多年的草本花卉。宿根花卉种类繁多，适应环境能力强，耐寒、耐旱、耐瘠薄土壤，病虫害少，繁殖容易，栽培简单，管理较粗放，成本低，见效快，群体功能强，近年来在园林中得到了广泛应用。

宿根花卉繁殖以营养繁殖为主，包括分株、扦插等。其中，分株是最普遍、最简单的方法。为了不影响开花，春季开花的种类应在秋季或初冬分株，如芍药、荷包牡丹等；夏、秋开花的种类宜在早春萌芽前分株，如桔梗、萱草、宿根福禄考等。还可以用根蘖、吸芽、走茎、匍匐茎繁殖。有些花卉也可以采用扦插繁殖，如荷兰菊、紫菀等。此外，还可以采用播种繁殖，播种期因种而异，可秋播或春播。

宿根花卉的栽培管理虽与一、二年生草本花卉的栽培管理有相似之处，但由于其自身的特点，应注重以下几个方面：

① 宿根花卉根系强大，入土较深，种植前应深翻土壤，整地深度一般为40～50cm。当土壤下层混有沙砾且表土为富含腐殖质的黏质土壤时花朵开得更大。种植宿根花卉应选择排水良好的地方，株行距40～50cm。若采用播种繁殖，其幼苗喜腐殖质丰富的沙质土壤，而在第二年以后以黏质土壤为佳。因其一次种植后不用移植，可多年生长，因此在整地时应大量施入有机质肥料，以维持较长期良好的土壤结构，以利于宿根花卉的正常生长。

② 播种繁殖的宿根花卉，其育苗期应注意浇水、施肥、中耕除草等工作，定植后一般管理比较简单、粗放，施肥也可减少。要使其生长茂盛，花多、花大，最好在春

季新芽抽出时施以追肥，花前、花后可再追肥一次；秋季叶枯时可在植株四周施以腐熟厩肥或堆肥。

③ 宿根花卉与一、二年生草本花卉相比，能耐干旱，适应环境的能力较强，因此其浇水次数可少于一、二年生草本花卉。但在其旺盛的生长期，仍应按照各种花卉的习性，给予适当的水分，在休眠前则应逐渐减少浇水。

④ 宿根花卉整形修剪常用的措施包括除芽、剥蕾等。除芽多用于花卉生长旺盛季节，将枝条上不需要的侧芽于基部摘除，如在培育标本菊时可进行除芽；剥蕾是指剥除侧蕾或过早发生的花蕾，如芍药、菊花的栽培过程中可进行剥蕾。绑扎、设立支柱或支架是防止倒伏或使株形美观所采取的措施，栽培标本菊、悬崖菊、大立菊等时常用。大株的宿根花卉定植时，要进行根部修剪，将伤根、烂根和枯根剪去。

⑤ 宿根花卉的耐寒性较一、二年生草本花卉强，无论冬季地上部分落叶的，还是常绿的，均处于休眠、半休眠状态。常绿宿根花卉在我国南方可露地越冬，在北方应温室越冬。落叶宿根花卉大多可露地越冬，其通常采用的措施包括培土法和灌水法。培土法是指将花卉的地上部分用土掩埋，次年春再清除泥土。灌水法是指利用水具有较大热容量的性能，将需要保温的园地漫灌，而达到保温增湿的效果。大多数宿根花卉入冬前都可以采用这两种方法。除此之外，宿根花卉也可以采用覆盖法保护越冬。

二、芍药类型及品种

目前世界上芍药栽培品种已达上千个。按花色不同可分为黄色类、红色类、紫色类、绿色类和混色类；按开花早迟可分为早花类和迟花类；按花类型不同常分为单瓣类、千层类和台阁类等。

① 单瓣类花瓣1～3轮，宽大，多呈圆形或长椭圆形，正常雄雌蕊，如紫玉奴、紫蝶等。

② 千层类花瓣多轮，层层排列逐渐变小，无内外瓣，雄蕊仅生于雌蕊周围，不散生于花瓣之间，雌蕊正常或瓣化，全花扁平。

③ 台阁类全花可区分为上方、下方两花，在两花之间可见到明显着色的雌蕊瓣化瓣或退化雌蕊，有时也出现完全雄蕊或退化雄蕊。

三、芍药产地与生态习性

芍药原产于我国北部、日本和西伯利亚地区。它耐寒、健壮、适应性强，我国北方大部分为露地越冬；喜阳光充足，光线不足也可开花，但生长状况相对较差。芍药忌夏季酷热，好肥，忌积水，要求土层深厚、湿润而排水良好的壤土，尤喜富含磷质有机肥的土壤，黏土、盐碱土都不宜栽种。其开花期在4月下旬至6月上旬，因地区不同略有差异。

四、生产栽培技术

1. 繁殖技术

芍药的繁殖以分株为主，也可以播种或根插繁殖。分株即分根繁殖，此法可以保持品种的特性，分根应在秋季9月至10月上旬进行，若分株过迟，地温较低，会影响须根的生长。切忌春季分根，我国花农有“春分分芍药，到老不开花”的谚语。

分株时，应将全株掘起，震落附土，根据新芽分布状况，切分成数份，每份须带新芽3～4个及粗根数条，切口涂以硫黄粉。芍药的粗根脆嫩易折断，新芽也易碰伤，应特别小心。一般花坛栽植，可3～5年分株一次。

（1）播种繁殖

种子成熟后可以随采随播，播种越迟，发芽率越低。也可与湿沙混匀，储藏于阴凉处，保持湿润，9月中下旬再播种，秋季萌发幼根，次年发芽，4～5年后即可开花。芍药有上胚轴休眠的习性，经低温处理可以打破休眠状态。播前可进行催芽。最适生根的温度为20℃，待胚根长出1～3cm时，放在4℃条件下处理40天，再将发芽的种子转到11℃条件下培养，子叶迅速伸长，长成正常的幼苗。

（2）根插繁殖

秋季分株时，应收集断根，切成5～10cm长的小段作为插条，插在已深翻平整好的苗床内。开沟深10～15cm ，插后覆土5～10cm ，浇透水。次年春季可生根，生长发育成新株。

2. 栽培管理技术

芍药根系较深，栽培前土地应深耕，并充分施以基肥，如腐熟堆肥、厩肥、油粕及骨粉等。筑畦后栽植，株行距为花坛70cm × 90cm，花圃45cm × 60cm。应注意根系舒展，栽植深度要合适，过深芽不易出土，过浅植株根颈露出地面，不易成活。根颈覆土2～4 cm为宜，覆土时应适当压实。

芍药喜湿润土壤，又稍耐干旱，但在花前保持湿润可使花大而色艳。此外，在早春出芽前后结合施肥浇一次透水；在11月中、下旬浇一次“冻水”，有利于越冬及保墒。芍药喜肥，除栽前充分施基肥外，还要根据芍药不同时期的需要分次施肥，施肥期可分为三次。花显蕾后，绿叶全面展开，花蕾发育旺盛，此时需肥量大；花刚开过，花后孕芽，消耗养料很多，是整个生育过程中需要肥料最迫切的时期；为促进萌芽，需要在霜降后，结合封土施一次冬肥。施用肥料时，特别是含有丰富磷质的有机肥料，应注意氮、磷、钾三要素的结合。

开花前应除去所有侧蕾，对于开花时易倒伏的品种应设立支柱，开花后应及时剪去残枝。

此外，在施肥、浇水后，应及时中耕除草，尤其在幼苗生长期更需要适时除草，加强管理，适度遮阴，幼苗才能健壮生长。

芍药生长过程中，易遭受红斑病、白绢病、白粉病及蚜虫、红蜘蛛等危害，必须注意病虫害的防治。

① 芍药红斑病的防治。及时清理并烧毁枯枝落叶。及时摘除病叶，注意通风透光，增施磷、钾肥。发病初期喷洒5 ~ 10g/L等量式波尔多液或70%代森锰锌可湿性粉剂400倍液。

② 芍药白粉病的防治。秋季及时清除地面枯病枝叶，彻底销毁。防止栽植过密，以利通风。从芍药盛花期开始，每隔10 ~ 15天叶面喷洒15%粉锈宁可湿性粉剂1000倍液或75%百菌清可湿性粉剂800倍液，连续用药2 ~ 3次。

③ 红蜘蛛防治。螨体侵叶盛期喷洒1.8%爱福丁乳油3000倍液，每周喷洒一次，连续喷洒3 ~ 4次。

3. 芍药园林应用

芍药为我国传统名花，因其与牡丹外形相似而被称为“花相”。其适应性强，花期长，品种丰富，观赏效果胜于牡丹，是重要的露地宿根花卉。在园林中，芍药的应用较为广泛，可布置芍药专类园，可筑台展现芍药色、香、韵特色，可制作花境、花带等。我国古典园林中常将其置于假山湖畔来点缀景色。除地栽外，芍药还可以盆栽或用作切花材料。芍药根经加工后即为“白芍”，是一种成品药材。

任务书三

文件编号：　　　　　　　　　　　　　　　　　日期：

任务名称	露地花卉——矮牵牛、芍药、荷花养护管理
时间	××年
任务详情	为已选择出的花卉品种（荷花）制订详细的养护管理方案
具体要求	以小组为单位，在4学时内完成花卉的养护管理方案制订并根据实际情况实施
学习成果	一种花卉的养护管理方案
生产负责人	

任务分析单

任务要求	达成目标	显性条件	隐性条件

实践内容三

1. 能力目标

认识水生花卉的生态习性，掌握它们的繁殖方法、栽培要点、观赏特性与应用。

2. 材料与用具

莲子、种藕、锉刀、塘泥、盆缸、基肥等。

3. 内容与方法

① 现场学习莲子播种前的刻伤处理、藕头繁殖的栽植技巧，并进行记录。

② 分组进行水生植物观赏特性、生态习性及观赏应用的调查，填写水生花卉调查记录表，如表2-18所示。

③ 栽培管理。

④ 填写花卉物候观察记录表。

4. 思考与作业

简述荷花（碗莲）的栽培管理措施。

表2-18　水生花卉调查记录表

记录人：__________　　　　时间：__________

序号	花卉名称	科属	应用环境	典型形态特征	生态习性	观赏特性	备注

注：除文字记录外，可适当使用图片记录。

相关知识

水生花卉并不局限于植物体全部或大部分在水中生活的植物，它泛指生长于水中、沼泽地或湿地上的一切可供观赏的植物，包括一年生草本花卉、宿根花卉、球根花卉。其明显的特点是对水分的要求和依赖性远高于其他植物。水生花卉是水生景观的主要材料，常栽植于公园、湖岸等各种水体，作为主景或配景供人们观赏，是公园景观、小区绿化、河道美化、大型盆栽及污水处理的理想植物。近年来，水生花卉以其特有的形态、观赏效果和耐水湿的特性而受到人们的青睐。

一、水生花卉类型

根据花卉在水体中生长状况的不同，水生花卉可分为挺水花卉、浮水花卉、漂浮花卉和沉水花卉。

1. 挺水花卉

挺水花卉根生于泥土中，茎叶挺出水面之上，花开时离开水面。挺水花卉包括沼生到1.5m水深的植物，栽培中一般在80cm水深以上，如荷花、香蒲、芦苇、水葱、千屈菜、菖蒲、水生鸢尾和雨久花等。

2. 浮水花卉

浮水花卉根生于泥土中，叶片漂浮在水面上，花开时近水面。浮水花卉包括沼生到1.5 ~ 3m水深的植物，栽培中一般在80cm水深以下，如睡莲、王莲、萍蓬草、芡实、菱、荇菜等。

3. 漂浮花卉

漂浮花卉根生于水中，植物体漂浮在水面上，可随水漂移，如满江红、凤眼莲、浮萍等。

4. 沉水花卉

沉水花卉根生于泥中，茎叶沉于水中，是净化水质或布置水下景色的素材，如玻璃藻、莼菜、金鱼藻和苦菜等。

二、主要习性

由于水生花卉的生态环境没有陆地变化剧烈，因此同一种花卉分布的地域常常较广。

1. 对水分的要求

水生花卉的生长环境离不开水，它对水的要求很高。挺水花卉和浮水花卉一般要求60 ~ 100cm的水深，近沼生的花卉只需20 ~ 30cm水深即可；湿生花卉只适宜种植于岸边潮湿地。另外，水体质量的好坏也直接影响到水生花卉的生存。水体有一点流动，对花卉的生长有益，可以提供更多的氧气。

2. 对温度的要求

水生花卉对温度的要求因原产地的不同而有很大的差异。例如，睡莲的耐寒种类可以在西伯利亚露地生长；而王莲的适温为40℃，在中国大部分地区不能露地越冬。

3. 对光照的要求

不同种类的水生花卉对光照的要求不同。挺水花卉、浮水花卉、漂浮花卉都属于阳性植物，要求充足的光照，一般需光度为全日照70%以上的光强度，如荷花、睡莲、王莲、凤眼莲、芦苇等。而沉水植物对光照要求较低，但也不能没有光照。

4. 对土壤的要求

水生花卉喜黏质、有丰富腐殖质的土壤。

三、繁殖技术

大多数水生花卉是多年生花卉，因此其主要繁殖方式为分生繁殖，即分株或分球，也可以扦插和播种。分株一般在春季萌芽前进行；播种可随采随播，或将种子储藏在水中待播。

四、栽培养护

1. 荷花播种育苗

荷花的播种繁殖须选用充分成熟的莲子，播种前必须先“破头”，即用锉刀将莲子凹进去的一端锉伤一小口，露出种皮。将破头处理的莲子投入清水中浸泡24h，保持温度20℃左右，每天换一次水，一周后发芽，直至长出2～3片幼叶时即可播种于泥水盆中。实生苗一般次年可开花。

2. 品种选择

应根据场地和植株的大小选择大、中、小型观赏荷花品种。大型观赏荷花的花茎在16cm以上，立叶平均高度在40cm以上，多作为大型水景布置；中型观赏荷花花茎为13～15cm，立叶高度为35～40cm，可用于中、小型水景布置或种养于口径30cm以上的中型盆中观赏；小型观赏荷花又称碗莲，一般花茎在12cm以下，立叶平均高度不超过33cm，平均立叶不大于24cm，可养在口径26cm的小盆中，能正常开花。小型观赏荷花比较适合个人家庭种植，其花小、叶小，株形低矮，可临时摆放在室内茶几或花架上观赏。

3. 容器和基质

花盆容器应选择外形观赏性好、大小适中的釉盆、瓷盆、紫砂盆、塑料花盆等。小型观赏荷花宜用口径26cm、高20cm的花盆；中型观赏荷花采用口径30cm、高21～26cm的花盆；大型观赏荷花采用口径36cm以上、高达30cm的花盆。不能选用尖底盆；观赏荷花景区或基地可以盆、缸、池塘并用；产业化生产商品盆栽荷花时，应选择美观、轻便、价廉的塑料花盆，并用水泥密封底孔。

初次栽培时，盆口径应大些，以利于其早开花、多开花。荷花在壤土、沙壤土和黏壤土中均能生长，但以富含淤泥的腐殖质土、河塘泥土最为适宜，切忌使用化工污染泥、下水道污泥。土壤pH为6.0～8.0，最佳pH为6.5～7.0。盆底最好有20cm以上的淤泥层，以方便种植。荷花不耐肥，因此基肥宜少，较肥的河塘泥及田园土可不再施基肥，以免烧苗。若无腐殖质土、河塘泥土时，可选用田园土：腐熟人粪肥：腐烂锯末=5：3：2（体积比）配制。配备好的营养土用3g/L的高锰酸钾溶液消毒，再用塑料薄膜密封48h后摊开、暴晒备用。

4. 栽植

荷花要求当地气温稳定在15℃、池塘水温达12℃以上时栽种，种植不宜过早，以免烂藕死苗。4月中旬是栽植观赏荷花的最佳时期。当气温达18～21℃时，荷花开始抽生立叶，6月中旬，气温达22℃以上逐渐开花。荷花非常耐高温，40℃以上也能正常生长发育，但在高温酷暑期间用莲子育苗时，需要适当遮阴。

荷花的栽植方法根据大、中、小三种荷花类型，分别采用大、中、小型泥缸或瓷缸作为栽培容器，并用水泥与沙子拌匀后把花盆容器的底孔堵住，稍晾干。首先在缸底铺一薄层沙，厚约0.5cm；然后放入含淤泥的腐殖质土及河塘泥土，或将配制好的营养土装入盆中，再放入草木灰或骨粉（每盆20～30g），提供钾肥；最后把盆泥和成糊状放入盆内。

栽插时，种藕顶端沿盆边呈20°斜插入泥内，每盆栽植两支。小型观赏荷花入泥深5cm左右，大型观赏荷花入泥深10cm左右，头低尾高，尾部半截翘起，不使藕尾进水；另一支则在盆内相对一侧顺向斜插入泥中，使两支藕首尾相接。栽后将盆放置于阳光下，使表面泥土出现微裂，以利于种藕与泥土完全融合，然后加少量水。待芽长出后，逐渐加深水位，最后保持3～5cm水层，以不淹没荷叶为度。

5. 栽后管理

盆栽观赏荷花，放置时宜放在光照充足、通风向阳的地方。其绿叶、新芽、花蕾、盛花、果实共存，观赏期长达6个多月。

（1）水分管理

生长前期，水深最好在3cm左右，水太深不利于提高土温，导致荷花生长较慢。夏天是观赏荷花的生长高峰期，应每天灌水一次，即便是雨天，常因藕叶覆盖盆面，使雨水滚落缸外，仍须进行浇水。入冬以后，盆土也要保持湿润，以防种藕缺水干枯。灌水时，如果使用自来水，最好把自来水晾晒1～2天。

（2）施肥

施肥时应以磷、钾肥为主，以氮肥为辅。如果盆栽土壤较肥沃，则全年可不必施肥；相反，则应适当施肥。初栽时，一般不能施肥，立叶出水后，如果叶色泛黄，可每2～3周追施少量的已充分腐熟的饼肥、粪肥，或每盆施5～10粒氮：磷：钾=1：1：1的氮、磷、钾三元素复合肥。在夏季快速生长期，若发现叶片色黄、瘦弱，可用0.5g尿素拌于泥中，搓成10g左右的小球，每盆施一粒，施在盆中央的泥土中，两周之后叶片便能够变绿。施用氮肥时应注意不能多施，否则容易出现徒长贪青、易倒伏、不开花等现象。

（3）病虫害防治

荷花一般无病虫害，但通风不良时易感染蚜虫、白粉病等，可用少量洗衣粉＋敌杀死1000倍液＋多菌灵600倍液喷雾触杀；花盆中出现青苔时，可人工捞除，也可用硫酸铜与生石灰按1：1加水200倍沿盆边浇洒，勿触荷叶。

（4）花后管理

花后，首先应保证盆内水位高出泥土5cm左右，保护好叶片，确保充足的阳光照射，以积累大量的养分并储存在藕节中，供第二年的生长。气候转冷，叶片枯黄后，应将花盆移入室内越冬，也可以把藕节取出放于潮湿泥土或湿沙中安全过冬。

（5）越冬管理

对于耐寒种类，可直接栽植在水边或池中，冬季不需要特殊防护；对于半耐寒种类，可直接种在水中的，初冬结冰前提高水位，使花卉根系在冰冻层之下过冬；半耐寒盆栽的，入冬前须放置在冷室过冬，保持土壤湿润即可；不耐寒的种类要盆栽，冬天移入温室过冬；特别不耐寒的种类，大部分时间要在温室栽培。

（6）其他管理

池内放养鱼时，在植物基部覆盖小石子可以防止小鱼啃食；在花卉周围设置细网，稍高于水面，以不影响观赏为度，可以防止大鱼啃食。每年夏季应清理两次水中杂草，同时及时剪除残花败叶，以免影响观赏。

思政内容

课程思政分析		
思政元素	养花谚语	
融入知识点	芍药养护常识	
融入方式	课前发放案例材料，引入荷花、芍药诗词及花卉雅称，开展班级活动，交流古人歌颂花卉的名句，引发传统文化共鸣	
融入资源	资源名称	描述
	咏荷	荷花文化
	咏芍药	芍药文化
	花卉雅称	花文化

自测自评

课外实践一 花卉物候观察记录

1. 能力目标

观察记载露地栽培花卉的生长发育特性，熟悉露地花卉生长发育的规律；掌握花卉各生育阶段的栽培原理及相应措施。

2. 内容与方法

花卉按其生长周期可分为繁殖期、营养生长期和生殖生长期。

（1）繁殖期

播种至种子发芽或营养繁殖出芽的时期称为繁殖期。

（2）营养生长期

① 幼苗期。幼苗期是指发芽至移植的时期，一般4～5叶期移植。

② 成苗期。在形态上，成苗期是指移植至现蕾的时期；在内部分化上，成苗期是指移植至花芽分化的时期。

（3）生殖生长期

① 花芽分化期。花芽分化期是指花芽内部分化的时期，这一阶段的时间很短。

② 现蕾期。肉眼能看见花蕾即称为现蕾。现蕾至初花的时期称为现蕾期（蕾期），它是花芽发育时期或花蕾膨大时期。花蕾膨大能看见花瓣颜色时称为花蕾膨大透色。

③ 开花期。一朵花有一外轮花瓣或1～3片花瓣展开时称为初花；一个群体有10%的植株开花时称为初花期。一朵花的花瓣全部展开时称为盛花；一个群体有80%的植株开花时称为盛花期。之后花瓣开始凋谢脱落称为落花期。从初花至落花整个时期称为开花期。

④ 结果期。花瓣凋谢脱落至果实（种子）成熟的时期称为结果期，也称种子成熟期。

花卉生育过程：种子发芽期→幼苗期→成苗期→（花芽分化期）→现蕾期→开花期→结果期。

观察、调查并记录花卉的生长发育过程及栽培过程。分别调查其发芽期、营养生长期、生殖生长期、叶龄、株高、分枝数和开花枝数等。

将观察、调查的内容按表2-19进行整理并分析，绘制生长曲线图。

表2-19 ____________花卉物候观察记录表

花卉品种名称：________________ 科属：______科______属

繁殖方式：________________ 繁殖时间：________________

序号	生育期	环境条件	栽培措施	日期	植株形态	图片记录	备注

注：1. 生育期：种子发芽期、营养生长期、生殖生长期。
2. 环境条件主要记录温度（气温和土温）、湿度、光照、土壤、空气等情况。
3. 植株形态主要记录株高（cm）、分枝数、叶龄、开花枝数等。
4. 栽培措施主要记录采用的管理措施，如整地、播种、间苗、移植、施肥、中耕除草、摘心、摘残花等。
5. 日期是记录采用栽培措施的时间。
6. 图片记录是通过照片（2寸、清晰度高）记录花卉典型阶段的特征。

相关知识

一、花卉的生长发育过程

花卉个体的生长发育过程包括种子发芽期、营养生长期和生殖生长期。

种子发芽期包括胚胎发育期、种子休眠期和发芽期；营养生长期包括幼苗期、营养生长旺盛期和营养休眠期；生殖生长期包括花芽分化期、开花期和结果期。

二、不同种类花卉的生长发育特点

1. 一年生草本花卉

一年生草本花卉生长不久后进行花芽分化。

2. 二年生草本花卉

二年生草本花卉低温春化后完成花芽分化。

3. 球根花卉

① 春植球根。春植秋花，夏季生长期完成花芽分化，如唐菖蒲、石蒜、美人蕉等。

② 秋植球根。秋植春花，夏季休眠期完成花芽分化，如百合、郁金香、水仙等。

4. 宿根花卉

对于冬季地上部分枯死的宿根花卉，春、夏生长，冬季休眠，如菊花、芍药等；对于常绿宿根花卉，耐寒性较弱，无明显休眠期，如君子兰、非洲菊、鹤望兰等。

5. 其他花卉

多浆类花卉不耐寒，夏季生长，冬季休眠。木本花卉因种而异。

三、花卉生长发育的规律

花卉的生长发育有生命周期与年生长周期。

每种花卉都有它的生长、结果、衰老、死亡的过程，这些过程称为生命周期。

花卉每年都有与外界环境条件相适应的形态和生理机能的变化，并呈现一定的生长发育规律性，称为花卉的年生长周期。花卉在年生长周期中表现最明显的是生长期和休眠期的规律性变化。

对于一年生草本花卉，仅有生长期。春天萌芽后，当年开花结实而后死亡，其年生长周期就是生命周期。对于二年生草本花卉，秋播后，以幼苗越冬休眠或半休眠。多数宿根花卉和球根花卉则在开花结实后，地上部分枯死，地下储藏器官形成后进入休眠状态越冬（如芍药）或越夏（如秋植球根类水仙、郁金香等）。许多多年生常绿花卉，在适当的环境条件下，几乎全年色泽保持常绿而无休眠期，如万年青、麦冬等。

不同种类花卉生命周期的长短不同，差距较大。花木类的生命周期从数年至数百年，如牡丹的生命周期可达300～400年之久。草本花卉的生命周期有的只有几日，如短命菊；有的可达1年、2年甚至数年，如菊花、芍药等。

思政内容

课程思政分析	
思政元素	团队协作能力、规范操作及安全意识
融入知识点	花卉生育特性观察
融入方式	① 通过实践环节，树立规范操作及安全意识 ② 通过小组合作，培养团队协作能力

课外实践二　花卉市场调查

为了了解花卉市场经营情况及市场需求，可制订调查问卷进行相关调查。

花卉市场调查问卷一

您好！我们是________的学生，为了了解________花卉市场经营情况，恳请您抽出宝贵的时间配合调查，谢谢！

1. 您的经营面积是（　　　　　　　　）。
2. 您的供货来源包括（　　　　　　　　）。
3. 经营的鲜花种类包括（　　　　　　　　）。
4. 经营收入一般时每天大概（　　　　　　　　）。
5. 经营收入极差时每天大概（　　　　　　　　）。
6. 经营收入较好时每天大概（　　　　　　　　）。
7. 您觉得今年的经营收入比上年的（　　　）。

   A. 高　B. 低　C. 一样
8. 您觉得随季节的变化鲜花价格变动情况为（　　　）。

   A. 特大　B. 一般　C. 没有
9. 您认为鲜花销售量最多的季节为（　　　）。

   A. 春季　B. 夏季　C. 秋季　D. 冬季
10. 价格最高的季节与价格最低的季节之间价格差距大概在（　　　　　）。
11. 您认为购买鲜花最多的顾客类型为（　　　）。

    A. 家庭　B. 单位
12. 您认为顾客可接受鲜花价格一般在（　　　）。

    A. 10元以下　B. 10 ~ 30元　C. 30 ~ 50元
13. 您销售每盆鲜花大约获利（　　　）%。
14. 您的年龄（　　　）。
15. 在一般情况下零售价格和批发价格之间的差额（　　　）。

    A. 大　B. 不大
16. 您每年鲜花价格的变动情况怎样？

    年份：______________________

    品种：______________________

感谢您的配合，祝您一切顺利！

调查人签名：

调查时间：

花卉市场调查问卷二

您好！我们是________的学生，正在进行________市花卉市场需求调查，供课程学习用。恳请您抽出宝贵的时间配合调查，谢谢！

您的性别：□男　□女

您的年龄：□16 ~ 30岁　□31 ~ 50岁　□50岁以上

您是：□本市市民　□外地乔迁而来　□临时来此地暂住　□恰好路过

1. 您的职业是（　　）。

A. 学生　B. 商人　C. 农、林、畜牧业　D. 销售及相关职业　E. 行政及支持人员　F. 计算机和数学分析人员　G. 医疗专业技术人员　H. 医疗卫生辅助服务人员　I. 科研工作者　J. 建筑工程技术人员　K. 安全、保卫消防人员　L. 社区及社会服务人员　M. 食品加工和餐饮服务类　N. 教育、培训及图书管理　O. 建筑物、地面清洁及维护　P. 其他

2. 您在过去一年内是否购买过园艺植物（　　）。

A. 有　B. 没有

3. 您在过去一年内购买花卉作物的费用大概是（　　）。

A. 0 ~ 250元　B. 250 ~ 500元　C. 500 ~ 1000元　D. 1000元以上

4. 您购买花卉作物的目的是（　　）。

A. 爱好　B. 装饰　C. 送人　D. 其他

5. 您通常购买花卉作物的地点为（　　）。

A. 花市　B. 居民区附近的花店　C. 超市　D. 网购

6. 您购买花卉作物时主要考虑的因素包括（　　）。

A. 质量　B. 香味　C. 产地　D. 花语

7. 您购买花卉作物的频率是（　　）。

A. 每年1次　B. 每年2 ~ 3次　C. 每年4 ~ 5次　D. 每年6 ~ 7次　E. 每月一次　F. 从不买花

8. 您偏好的花卉品种是（　　）。

A. 鲜花　B. 干花　C. 盆花　D. 绿植　E. 其他花卉

9. 您喜好的绿植品种是（　　）。（可多选）

A. 富贵竹　B. 吊兰　C. 发财树　D. 凤梨　E. 巴西木　F. 绿萝　G. 铁树　H. 榕树　I. 绿巨人　J. 虎皮兰　K. 橡皮树　L. 福禄桐　M. 金橘　N. 其他

10. 依据栽培目的，您更倾向于（　　）。

A. 花坛花卉　B. 盆栽花卉　C. 切花花卉　D. 庭院花卉　E. 香料用花卉

F. 医药用花卉

11. 依据观赏部位，您更倾向于（　　）。

A. 观花类（杜鹃、牡丹等）　B. 观叶类（苏铁、蕨类等）

C. 观茎类（仙人掌、竹子等）　D. 观果类（柑橘、火棘等）

E. 观姿类（盆景类等）　F. 其他

12. 对于花盆的质地，您一般选择（　　）。

A. 瓦盆　B. 陶盆　C. 木盆　D. 塑料盆　E. 瓷盆　F. 其他

13. 您每月购买花卉产品的金额占工资的（　　）。

A. 0%　B. 1% ~ 5%　C. 5% ~ 10%　D. 10%以上　E. 50%以上

14. 您是否会为园艺花卉植物不方便的包装感到烦恼（　　）。

A. 会　B. 不会

15. 您对园艺花卉产业的预测及建议是什么？

预测：________________

建议：________________

感谢您的配合，祝您一切顺利！

调查人签名：

调查时间：

花卉市场调查问卷三

您好！我们是________的学生，正在进行________市花卉市场需求调查，供课程学习用。恳请您抽出宝贵的时间配合调查，谢谢！

1. 您是否尝试过网上购物（　　）。

A. 有　B. 没有

2. 您通常多久网购一次（　　）。

A. 一个月　B. 一周　C. 三个月　D. 不确定

3. 您一个月逛几次实体店（除校园内）（　　）。

A. 少于4次　B. 4 ~ 6次　C. 6 ~ 10次　D. 多于10次

4. 您通常使用哪个购物网站（　　）。（可多选）

A. 淘宝　B. 当当　C. 京东　D. 拍拍　E. 小程序

5. 您觉得网购的优点有（　　）。（可多选）

A. 可以在家“逛商店”，订货不受时间的限制

B. 能够获得大量的商品信息，可以买到当地没有的商品

C. 网上支付较传统现金支付更加安全

D. 从订货、买货到货物上门无须亲临现场，既省时又省力

E. 由于网上商品省去租店面、招雇员及储存保管等一系列费用，因此其价格较一般商场的同类商品更便宜

6. 您在网上购买商品时一般根据（　　）。

A. 店铺信誉　B. 评价　C. 销量　D. 价格　E. 店铺设计　F. 快递公司　G. 其他

7. 您对网上购物的顾虑是（　　）。

A. 网络安全　B. 货物质量　C. 配送速度　D. 配送费用　E. 网页设计不好，查找和订货困难　F. 登记手续烦琐　G. 售后服务保障　H. 其他

8. 您一个月的网购开销为（　　）。

A. 100元以下　B. 100 ~ 500元　C. 500 ~ 1000元　D. 1000元以上

9. 您在网上购买过的商品类型有（　　）。（可多选）

A. 图书/音像制品/办公用品/文具耗材等　B. 服装服饰　C. 电脑软硬件/数码产品/手机　D. 化妆品/饰品　E. 食品　F. 网卡/手机充值卡/游戏点卡　G. 其他

10. 您用于付款的支付工具为（　　）。

A. 支付宝、财付通、储蓄卡等第三方支付工具　B. 网上银行　C. 汇款　D. 货到付款

11. 您不会选择在网上购买（　　）。（可多选）

A. 数码产品　B. 裤子、鞋子等穿着条件要求较高的服装　C. 家居百货　D. 虚拟产品　E. 美容产品　F. 服务　G. 其他

12. 您网购时一般需要的时间为（　　）。

A. 看上立刻就买　B. 需要1 ~ 3h才能决定购买　C. 需要一天才能决定购买　D. 需要一周左右才能决定购买

13. 您可以接受的运费为（　　）。

A. 10元以下　B. 10 ~ 15元　C. 15 ~ 50元　D. 50元以上

14. 您通常为（　　）网购。

A. 自己　B. 家人　C. 朋友或同事　D. 其他

思政内容

课程思政分析	
思政元素	团队协作能力、规范操作及安全意识
融入知识点	调查实践
融入方式	① 通过实践环节，树立规范操作及安全意识 ② 通过小组合作，培养团队协作能力

任务二 盆栽花卉——杜鹃、绿巨人养护管理

学习目标

能力目标	知识目标	素质目标	思政目标
1. 能够识别10种常见盆栽花卉 2. 能够根据花卉特征选择适宜的栽培设施用具 3. 能够合理养护盆栽花卉	1. 掌握盆花栽培的概念及特点 2. 了解10种常见花卉形态特征及生态习性 3. 掌握常见盆花栽培的养护要点	1. 培养自主学习能力 2. 培养语言表达能力 3. 培养团队协作能力 4. 培养健康意识	1. 了解花语及花卉背后的传说，热爱传统文化 2. 树立规范操作意识

学习目的

通过杜鹃、绿巨人的养护管理，掌握盆花栽培的养护要点，提高参与生产管理的能力。

材料与用具

盆栽杜鹃、盆栽绿巨人、育苗容器、育苗土、喷壶、手铲等。

学习步骤

领取任务书→任务分析→案例分析→确定盆花栽培养护方案→花卉养护。

任务书

文件编号： 日期：

任务名称	盆栽花卉——杜鹃、绿巨人养护管理
时间	××年
任务详情	为已选择出的花卉品种（杜鹃、绿巨人）制订详细的养护管理方案
具体要求	以小组为单位，在4学时内完成花卉的养护管理方案制订并根据实际情况实施
学习成果	两种花卉的养护管理方案
生产负责人	

任务分析单

任务要求	达成目标	显性条件	隐性条件

参考案例 长寿花栽培技术

案例分析单

未涉猎的新名词/新内容	案例文本纲要组成部分	案例内容是否适合作为本次学习任务的纲要（是/否）

实践内容

1. 能力目标

熟悉花卉上盆、翻盆和换盆的时间和操作过程，掌握基本操作技能。

2. 材料与用具

杜鹃、绿巨人花苗，盆培养基质，修枝剪，铁锹，花铲，各种规格的花盆，竹签，喷水壶等。

3. 内容与方法

① 练习为杜鹃、绿巨人花苗上盆。

② 练习为盆栽杜鹃、绿巨人花卉换盆。

③ 针对盆栽杜鹃、绿巨人花卉的不同特征，进行适当整形修剪。

④ 填写花卉物候观察记录表。

4. 思考与作业

上盆与换盆操作中应注意哪些关键环节?

相关知识

一、盆栽花卉的选择

（一）从应用方面看

盆栽花卉植株要优美，株高相对适中，能与花盆相协调，同时能够适应多种场合的装饰应用。

（二）从植物习性看

盆栽花卉抗性和适应性要强，并且对温度、光照和水分等环境条件要求不特别严格。

（三）从养护要求看

盆栽花卉应选择对养护要求较低、管理措施较为简单的植物种类。

二、培养土配制

（一）基质的配制

栽培基质种类很多，最常见的是普通土壤（田园土），此外还有泥炭土、蛭石、珍珠岩、树皮、沙石、陶粒、园土、稻壳、炉渣、岩棉等。

常用复合基质的配方有以下几种，可根据不同的生产要求进行配制。

1. 扦插成活苗上盆

粗珍珠岩：壤土：腐叶土（喜酸性植物可用山泥）=2：1：1（体积比，下同）。

2. 移植小苗

蛭石：壤土：腐叶土=1：1：1。

3. 一般盆栽

蛭石：壤土：腐殖质土：干燥腐熟厩肥=1：2：1：0.5。

4. 较喜肥的盆花

蛭石：壤土：腐殖质土：干燥腐熟厩肥=2：2：2：0.5，另加适量骨粉。

5. 木本花卉上盆

蛭石：壤土：泥炭土：腐叶土：干燥腐熟厩肥=2：2：2：1：0.5。

6. 仙人掌和多肉植物

蛭石：壤土：细碎盆粒：腐叶土=2：2：1：0.5，另加适量骨粉和石灰。

（二）基质的消毒

为了保证盆花的健壮，必须对盆栽基质进行消毒。消毒的方法有化学消毒和物理消毒两类，具体方法参见模块二项目一任务一中土壤消毒相关内容。

三、花盆的选择

花盆的种类较多，按其材料的不同可分为瓦盆、塑料盆、陶盆、木盆、瓷盆、竹质花盆、水泥花盆、玻璃钢花盆等。通用的花盆为素烧泥盆（又称瓦钵），这类花盆通透性好、适于花卉生长、价格便宜，在花卉生产中应用广泛。此外，还有紫砂盆、水泥盆、木桶以及作为套盆的瓷盆等。

花盆的形状多样，大小不一，常依花卉的种类、植株的高矮和栽培目的不同而分别选用。在选择花盆时，要注意以下几点：

① 应考虑适用性。即被选择的花盆是否能满足花卉生长发育的需要，否则不能采用。

② 应考虑美观性。所选择的花盆要适合盆花的摆放或陈列，最好能起到画龙点睛、衬托盆花的作用。

③ 应考虑实用性。目前盆花生产一般都具有一定的规模，因此在选择花盆时，一定要对盆花的运输和花盆的损坏等因素进行充分考虑。

④ 应考虑经济性。尽量选择价廉物美的花盆，以便降低盆花的生产成本。

由于塑料盆具有色彩丰富、轻便、不易破碎和保水能力强等优点，近年来大量用于花卉生产。一般盆花工厂化生产均选择软花盆（营养钵）和塑料盆，而机关或单位摆放、家庭观赏使用的一般是瓷质、木质或泥质花盆。

四、盆栽形式及组合盆栽选材

（一）盆栽形式

1. 根据植物姿态及造型分类

根据植物姿态及造型，盆栽可分为直立式、散射式、垂吊式、图腾柱式、攀缘式等类别。

（1）直立式盆栽

直立式盆栽植物本身姿态修长、高耸，或有明显挺拔的主干，可以形成直立性线条。这类盆栽常用作装饰组合的背景或视觉中心，以增强装饰布局的气势。直立式盆栽体量较大的如盆栽南洋杉、龙柏、龙血树，较小的如旱伞草等。

（2）散射式盆栽

散射式盆栽植株枝叶开散，占用的空间大，多数观叶、观花、观果的植物属此类。这类盆栽适于室内单独摆放，或在室内组成带状或块状图形。散射式盆栽体量较大的如苏铁，较小的如月季、小丽花。

（3）垂吊式盆栽

茎叶细软、下弯或蔓生花卉可作垂吊式栽培。可放置在室内几架高处，或嵌放在街道建筑的墙面，使枝叶自然下垂，也可栽于吊篮悬挂窗前、檐下，其姿态潇洒自然，装饰性强。垂吊式盆栽如吊兰、吊金钱、常春藤、鸭跖草、蔓性天竺葵等。

（4）图腾柱式盆栽

对于一些攀缘性和具有气生根的花卉，如绿萝、黄金葛、合果芋、喜林芋等，可盆栽后在盆中央直立一柱，柱上缠以吸湿的棕皮等软质材料，然后将植株缠附在柱的周围，其气生根可继续吸水供生长所需，全株形成直立柱式，高时可达2 ~ 3m。这类盆栽可用于装饰门厅、甬道、厅堂角隅，其装饰效果十分壮观。对于体量较小的图腾柱式盆栽，可用于装饰居室角隅，能够使室内富有生气。

（5）攀缘式盆栽

蔓性和攀缘性花卉可以盆栽后经牵引，使其覆于室内窗前墙面或阳台栏杆上，从而使室内生机盎然。

2. 根据盆栽植物组成分类

根据盆栽植物组成，可分为独本盆栽、多本群栽、多类混栽。

（1）独本盆栽

独本盆栽指一个盆中栽培一株植物，通常栽种本身具有特定观赏姿态特色的花卉。独本盆栽也是传统应用最多的方式，如菊花、仙客来、瓜叶菊、彩叶凤梨、月季、杜鹃、茶花、梅花等。独本盆栽适于单独摆放装饰或组合成线状花带。

（2）多本群栽

多本群栽是指相同的植物在同一容器内的栽植。对于一些采用独本盆栽时体量过小以及无特殊姿态的花卉或极易分蘖的花卉，可采用多本群栽，能够形成群体美，如鹤望兰、白鹤芋、广东万年青、秋海棠、豆瓣绿、虎尾兰、文竹、棕竹、旱伞草、葱兰等。多本群栽可以单独摆放，也可以种植在长方形种植槽内形成小型色块，具有室内花坛的效果。

（3）多类混栽

多类混栽又称组合栽培，是目前较流行的一种盆栽形式。多类混栽是指将几种对环境要求相似的小型观叶、观花、观果花卉组合栽种于同一容器内形成色彩调和、高低参差、形式相称的小群体，或再用匍匐性植物衬托基部，模拟自然群落的景观，成为缩小的“室内花园”。

（二）组合盆栽选材

1. 根据对环境的适应性选材

不同种类的花卉对环境具有不同的适应性。由于组合盆栽占地面积小，灵活、轻便，因而可以摆放在各种不同的地方，如街道、广场、桥头、树下、阳台等。由于各个场所的光照条件不同，因此在选择组盆花卉时，首先应辨别哪些是耐阴植物，哪些是喜光植物，哪些是介于这两类之间的植物。一般而言，喜光植物每天至少需要6h的光照，这类植物不耐阴，典型的喜光植物如矮牵牛等。而部分植物虽比较喜光，但在夏季强光的照射下需要适当遮阴，这类植物仅在上午或下午后半段的光照条件下生长最好，如天竺葵。耐阴植物具有较强的耐阴能力，通常不能忍受强光直射，尤其在气候干旱的环境下，适宜在50%～80%的遮阴度下生长，非洲凤仙就是典型的耐阴植物。进行组合盆栽时，应对植物进行分类，把对光照要求相近的植物组合在一起。

组合盆栽选材时，除因光照条件不同而进行分类外，还要注意植物对温度的要求。多数植物是喜温耐热的，也有部分植物是喜凉的。喜凉植物只适宜在春、秋季种植，如三色堇、角堇、金鱼草等。

2. 根据组合盆栽的设计特点选材

由于组合盆栽讲究多层次、立体感，色彩搭配合理，形式多种多样，所以对其植物的选择有不同的要求。

（1）植株高度

一般将株高为40～60cm的植物归为高秆植物；将株高为20～40cm的植物归为中等高度植物；将低于20cm的植物归为低矮植物。在低矮植物中，垂吊型植物广泛应用于组合盆栽，如垂吊矮牵牛、马蹄金等。这类植物不仅能够增加组合盆栽的整体深度，而且能够赋予整个作品流线感，是组盆时不可或缺的一类植物。

（2）植株质地

组盆时，既要选择阔叶、粗犷的植物，如彩叶草，也要选择纤细、小叶、小花型植物，如香雪球。将阔叶大花与小花细秆的植物搭配起来，可以使组合盆栽更加丰满。

（3）观叶植物

约2/3的组合盆栽中选用了观叶植物。观叶植物与观花植物搭配，能够丰富组合盆栽的叶形、叶色，并改善组合盆栽的质地，使组合盆栽更具有观赏价值。观叶植物的选择应着重于叶片的颜色，如紫色、银灰色等，这些颜色在观花植物中并不常见。此外，有些观叶植物具有特殊的生长习性，如垂吊或匍匐生长方式等。

（4）观花植物

观花植物的花期应长，能够持续开花，残花最好能够自然清理。

五、盆栽花卉养护技术

（一）选盆

在幼苗期一般选用苗盘，待幼苗长至具有3 ~ 5片叶时选用直径为8 ~ 10cm的盆进行上盆。以后每次换盆时应选择比原来盆径大3 ~ 5cm的花盆，直至苗木长成后，需要限制其生长时，则可采用同样大小的盆进行换盆。

（二）上盆

上盆

将幼苗移植于花盆中的过程称为上盆。上盆是盆花栽培与欣赏的第一步，是将已育好的种苗植入花盆的操作过程，也是盆花养护管理中的基本环节。不同种类及规格的花卉幼苗需要相应的营养空间和适合的培养基质。花卉生长到一定阶段后，盆土物理性质变劣，养分减少，或基质被老根充满，必须换盆以维持正常的生长发育。

花卉上盆前，首先要选择与花苗大小相称的花盆。一般栽培花卉以瓦盆为好，若盆土物理性能较好，也可以选用塑料盆等其他类型的花盆。另外，若使用旧盆，应预先浸洗，除去盆上的泥土和苔藓，干后再用；若使用新盆，也应先进行浸泡，以溶淋盐类。

1. 填盆孔

上盆时，若使用瓦盆，须将盆底排水孔用碎盆片或碎瓦片盖住，以免基质从排水孔流出，并利于排水。盖住盆底排水孔后，若花盆较大，可以先在盆底垫一些基质粗粒以及一些煤渣、粗沙等；若花盆较小，可以直接填基质。若使用塑料盆，因其盆底排水孔较小，不必放碎瓦片，可以直接栽苗，或者铺一层基质粗粒。

2. 装盆

栽苗时，盆中先加少量栽培基质，然后将花苗放入盆的中央，扶正，沿盆周加入基质。当基质加到盆的一半时，将花苗轻轻上提，使根系自然舒展。然后继续填入基质，直至基质填满花盆时，轻轻震动花盆，使基质下沉。再用手轻压植株四周和盆边的基质，使根系与基质紧密相接。此过程应注意用力不可过猛，以免损伤根系。

花苗栽好后，基质离盆缘应保留2～3cm的距离，以便日后灌水施肥。

3. 上盆后的管理

栽植后，用喷壶浇水，浇水应充分，一直浇到水从排水孔流出为止。对于需要缓苗的花卉，可以将盆花放在遮阴处，待缓苗后转入正常的管理。若上盆时花苗原来的基质没有动过，上好盆后可以直接放置在阳光下养护。

（三）换盆或翻盆

随着花卉的生长，需要将已经盆栽的花卉由小盆换到另一个大盆中，这一过程称为换盆。

换盆时，将土球取出后，应对部分老根、枯根、卷曲根进行修剪。对于宿根花卉，可结合分株，并刮去部分旧土；对于木本花卉，可依种类不同将土球适当切除一部分；对于一、二年生草本花卉，可按原土球栽植。换盆后第一次浇水应浇足，置于阴凉处缓苗数日，保持土壤湿润；直至新根长出后，再逐渐增加浇水量。

为了便于花卉幼苗的精细管理和环境控制，常在小面积上培育大量的幼苗。随着苗木的生长，植株间营养空间变小，光照不足，因此应及时进行间苗与移植，以保证植株具有足够的营养空间。同时，通过移植断根，可使须根发达、植株健壮、植株高度降低、株形紧凑。

对于盆栽多年的花卉，为了改善其营养状况，或者对其进行分株、换土等，必须先将盆栽的植株从花盆中取出，经分株或换土后，再栽入盆中，这一过程称为翻盆。

1. 换盆或翻盆的次数

换盆应按植株生长发育的状况逐渐进行，每次将花盆加大一号，不可一次将植株换入过大的花盆内。一、二年生草本花卉因其生长迅速，故从生长到开花，一般要换盆2～3次；多年生宿根花卉一般每年换盆或翻盆一次；木本花卉一般2～3年换盆或翻盆一次。

2. 换盆或翻盆的时间

多年生宿根花卉和木本花卉的换盆或翻盆一般在休眠期，即停止生长之后或开始生长之前进行；常绿花卉可以在雨季进行；生长迅速、冠幅变化较大的花卉，可以根据生长状况及实际需要随时进行换盆或翻盆。

3. 换盆步骤

换盆时，一只手托住植株基部，将花盆提起倒置，另一只手以拇指通过排水孔下按，取出土球。若植株较大，则应由两人合作完成。其中一人用双手将植株的根颈部握住，另一人用双手抱住花盆，在木凳上轻磕盆沿，将植株倒出。

取出植株后，将植株根团周围以及底部的基质去除约1/4，同时剪去衰老及受伤的根系，并对植株地上部分的枝叶进行适当的修剪或摘除。最后，将植株重新栽植到要换的盆内并灌足水，置于遮阴处2～3天后再移到阳光下，这一过程应注意保持盆土湿润。

（四）转盆

盆花在一个位置放置时间过长后，由于植株的趋光性，会使植株向光线一侧偏转，造成盆花倾斜。为了防止植株偏斜而破坏匀称圆整的株形，应在相隔一段时间后，转换花盆的方向，使植株均匀地生长。

（五）倒盆

倒盆是指由于各种原因调换盆花在栽培地摆放位置的过程，其主要原因如下：

① 盆花经过一段时间的生长，冠幅增大，造成植株相互拥挤，通风透光不良。

② 由于盆花放置的位置不同，从而造成光照、温度、通风等环境条件各异，致使盆花生长发育不一致，使所生产的盆花规格大小有较大的差异。

除以上两种原因外，还应根据盆花在不同生长发育阶段对温度、光照、水分的不同要求进行倒盆。

六、养护管理

（一）灌水

盆栽花卉灌水以天然降水为宜，其次是江、河、湖中的流水。对于井水或是含氯的自来水，均应置于储水池24h之后再使用。浇水的次数和浇水量应根据花卉的种类、习性、生长阶段、季节、天气状况和栽培基质等多种因素灵活调整。浇水时，应遵循“干透浇透，干湿相间”的原则，且浇水必须浇足，要浇到盆底排水孔渗出水为止，切忌半干半湿、浇半截水。

根据花卉种类和生产方法的不同，盆花浇水可分为喷灌、滴灌、浸灌、浇灌等。可根据具体的生产条件选择适宜的方法进行浇水。

（二）施肥

一般在上盆及换盆时施基肥，生长期间施追肥。常用基肥主要有饼肥、牛粪、鸡粪、蹄片和羊角等。基肥施入量不应超过盆土总量的20%，可与培养土混合后均匀施入。追肥以“薄肥勤施”为原则，通常以沤制好的饼肥、油渣为主，也可用化肥或微量元素追施或叶面喷施。叶面喷施时，有机液肥的浓度不宜超过50g/L，化肥的浓度一般不超过3g/L，微量元素的浓度一般不超过0.5g/L。

施肥一般在晴天进行。施肥前先松土，待盆土稍干后再进行。施肥后立即用水喷洒叶面，以免残留肥液污染叶片。施肥后第二天务必浇一次水。生长旺盛期应多施肥，休眠期应少施肥。根外追肥通常应在中午前后喷洒，不宜在低温下进行。另外，由于气孔多分布于叶背面，叶背吸肥力强，因此液肥应多喷于叶背面。盆栽花卉的用肥应合理配施，否则易发生营养缺乏症。苗期以营养生长为主，需要多施氮肥；花芽分化和孕蕾期需要多施磷、钾肥；观叶植物需要多施氮肥；观茎植物需要多施钾肥；观花和观果植物需要多施磷肥。此外，缓释型颗粒肥料已在专业化盆花生产中推广运用，其优点是养分可逐步释放，使用简单便利，并可视植物不同生长阶段选用成分和释放周期不同的型号；其缺点是成本较高。

（三）整形与修剪

整形是指根据植株生长发育特性和人们观赏与生产的需要，对植物施行一定的技术措施，以培养出人们所需要的结构和形态的一种技术。修剪是指对植株的某些器官，如根、茎、枝、叶、花、果实等，进行部分疏删和剪截的操作。整形是通过修剪技术来完成的，而修剪又是在整形的基础上实施的。

整形与修剪是盆花养护管理中重要的技术措施。通过整形与修剪，可以调整植株生长势头，创造良好的株形，促进花芽分化，增加美观效果，提高盆花的观赏价值和商品价值。应根据各种盆花的生长发育规律和栽培目的，及时对盆花进行整形与修剪。

1. 整形的技术措施

整形的方法有支缚、绑扎、诱引等，分为自然式整形和人工式整形。自然式整形是利用植物的自然株形，稍加人工修剪，使分枝布局更加合理美观。人工式整形则是人为对植物进行整形，强制植物按照人为的造型要求生长。确定整形形式前，必须充分了解植物的特性。如花枝细长的小苍兰、大丽花等常设支柱；攀缘性植物如香豌豆、球兰、旱金莲等常绑扎成屏风形；绿萝、喜林芋等常绑扎成树形；叶子花等常绑扎成圆球形；蟹爪兰和菊花等常绑扎成圆盘形；梅花和一品红等常进行曲枝作弯，以降低植株的高度等。

2. 修剪的技术措施

（1）摘心与剪梢

摘心是指用手指摘去嫩枝顶部；剪梢是指用剪刀剪除已木质化的枝梢顶部。摘心与剪梢不仅能够促使侧枝萌发，增加开花枝数，使植株矮化，株形圆整，开花整齐，还能够起到抑制生长和推迟开花的作用。

对于一株一花或一花序，以及花序长大和摘心后花朵变小的植物，不宜摘心。此外，球根类花卉、攀缘性花卉、兰科花卉以及植株矮小分枝性强的花卉均不摘心。

（2）摘叶、摘花与摘果

在植株生长过程中，当叶片生长过密影响通风透光，或出现黄叶、枯叶、破损叶或感染病害的叶片时，应进行摘叶。摘叶不仅可以改善通风透光条件，促进植物生长，减少病虫害的发生，还能促进新芽的萌发和开花。如茉莉可通过摘除老叶的方法提早新芽萌发的时间；天竺葵摘叶能提高其开花的数量及质量。

摘花一是指摘除残花，如杜鹃开花之后，残花久存不落，而影响嫩芽及嫩枝的生长，需要摘除；二是指摘除生长过多以及残、缺、僵等不美的花朵。

在观果植物栽培中，有时因挂果过密，为了果实生长良好，调节营养生长与生殖生长之间的关系，也须将果实摘一部分，以减少养分的消耗。

（3）剥芽与除蕾

剥芽即剥除侧芽，其目的是减少过多的侧枝，以免阻碍通风透光，分散养分。剥芽能够使留下的枝条生长茁壮，提高开花的质量。

除蕾是指在花蕾形成后，为了保证主蕾开花的营养而剥除侧蕾，以提高开花质量。有时为了调整开花的速度，使全株花朵整齐开放，可分几次剥蕾，花蕾小的枝条早剥侧蕾，花蕾大的枝条晚剥蕾，最后使每枝枝条上的花蕾大小相似，开花大小也近似。

（4）去蘖

去蘖是指除去植株基部附近的根蘖或嫁接苗砧木上发生的萌蘖，使养分集中供给植株，促使盆花生长发育。

（5）剪枝

剪枝主要包括疏枝和短截两种方法。

疏枝是将枝条从基部剪去，疏除的主要是病虫枝，伤残枝，不宜利用的徒长枝、竞争枝、交叉枝、并生枝、下垂枝、重叠枝等。疏枝能使冠幅内部枝条分布趋向合理，均衡生长，改善通风透光条件，加强光合作用，增加养分积累，使枝叶生长健壮，减少病虫害等。但疏枝对全株生长有削弱作用。疏枝程度依据花卉种类的特性、花卉的生长阶段而异。萌发力、发枝力强的可以多疏枝，反之则要少疏枝。为了促进幼苗生长迅速，宜少疏枝。

短截是将枝条剪去一部分，它是一种减少冠幅内枝条长度的修剪方法。短截能够使留存在枝条上的芽得到更多水分和养分，刺激侧芽萌发，使其抽生新梢，增加分枝数目，加强局部生长势头，并能改变枝条的生长方向和角度，调节每一分枝的距离，使树冠紧凑和整齐；也可调节生长与发育生长的关系。短截时，应充分了解植物的开花习性并注意留芽的方向。在当年生枝条上开花的种类应在春季修剪，如扶桑、倒挂金钟、叶子花等；在二年生枝条上开花的种类宜在花后短截枝条，使其形成更多的侧枝，如山茶、杜鹃等。留芽的位置应根据希望枝条生长的方向确定。如欲使其向上生长，则留内侧芽；欲使其向外倾斜生长，则留外侧芽。修剪时应使剪口呈一斜面，芽在剪口的对方，距剪口斜面顶部1 ~ 2cm。

思政内容

<table>
<tr><th colspan="3">课程思政分析</th></tr>
<tr><td>思政元素</td><td colspan="2">花语及花卉背后的传说</td></tr>
<tr><td>融入知识点</td><td colspan="2">杜鹃养护常识</td></tr>
<tr><td>融入方式</td><td colspan="2">① 通过案例、图片引入杜鹃及绿巨人的花语，开展班级活动，交流花卉的内涵，了解花卉背后所隐藏的文化典故，引发共鸣
② 课上进行“头脑风暴”，讨论其他与杜鹃相关的故事，热爱传统文化，实现情感认同，提升个人文化底蕴</td></tr>
<tr><td rowspan="3">融入资源</td><td>资源名称</td><td>描述</td></tr>
<tr><td>咏杜鹃</td><td>杜鹃花文化</td></tr>
<tr><td>绿巨人万年青</td><td>清白之花</td></tr>
</table>

自测自评

课外实践一 盆栽观花植物栽培管理

1. 能力目标

熟练掌握盆栽观花植物的繁殖方法及栽培要点。

2. 材料与用具

10种盆栽观花植物、常用基质、肥料、几种型号的花盆、常用农药、记录本及参考资料。

3. 内容与方法

现场学习每种观花植物的生态习性、繁殖方法、栽培要点。实地进行操作，对常见观花植物进行繁殖和日常养护管理。

分组进行课外活动，观察观花植物的主要观赏特性、生态习性及园林应用。

4. 思考与作业

① 将10种盆栽观花植物按花卉名称、科属、观赏特性和园林应用记录到观花类盆栽园林应用记录表中，如表2-20所示。

② 简述常见盆栽观花植物的主要繁殖措施及栽培要点。

表2-20 观花类盆栽园林应用记录表

序号	花卉名称	科属	观赏特性	园林应用
1				
2				
3				
4				
5				
6				
7				
8				
9				
10				

相关知识

盆栽观花植物以花作为主要的观赏器官，品种繁多，如一、二年生草本花卉瓜叶菊、报春花，宿根花卉君子兰、玉簪，球根花卉朱顶红、仙客来以及木本花卉杜鹃、含笑等。相较于观叶植物，观花植物大多需要一定的光照，且为了促花保证花大而色艳，要求有一定的磷、钾肥供给。

一、盆栽花卉生产管理流程

盆栽花卉生产管理流程包括选择品种、基质选择与处理、种苗准备、上盆和日常管理等步骤，如图2-26所示。

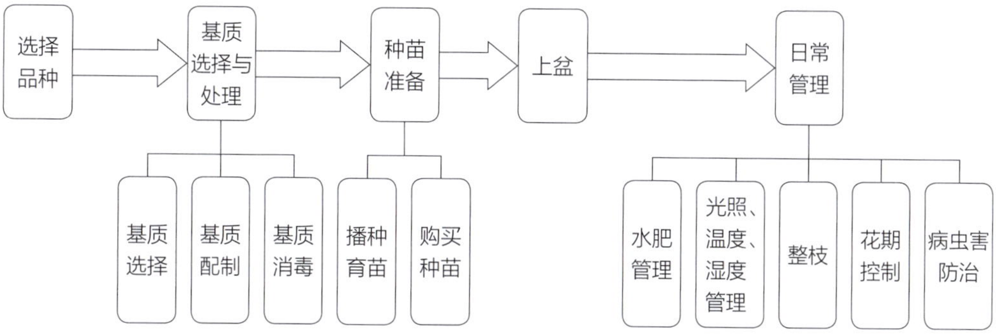

图2-26 盆栽花卉生产管理流程

二、盆栽一、二年生草本花卉栽培管理（以瓜叶菊为例）

瓜叶菊花期为12月至次年5月，是冬、春季比较理想的商品盆花。瓜叶菊属多年生草本花卉，但由于其老株在我国大部分地区均不能安全度夏，因而只能作为一、二年生草本花卉栽培。它能忍耐短暂的0℃低温，在10℃左右便能缓慢生长以至开花。瓜叶菊种子的萌芽适温为18～20℃，3～7天即可出苗；随后需要在18℃下经8～10周的营养生长，即大花种为8周，多花种为9～10周（均从第一次移栽的日期起计）；然后在9～12℃下经6周的花芽分化；再在13℃下经9周的花部发育而进入花期。在此期间，若温度过高，则花梗细弱；若温度过低，则会延迟开花。如需延迟花期，始花后，室温便应降至13℃以下。

1. 适时播种

瓜叶菊从播种至开花至少需要180天。8月之前，由于气温过高，不宜播种，进入8月才能在阴凉处播种；11月以后播种的，将在6个月后进入花期。因此，瓜叶菊播种期为8～11月，供花期为1～5月，而以1～2月为主要供花期。

播种可在盆或穴盘进行。用盆育苗时，可先将盆底铺一层厚粗沙，上面用细素沙或细沙拌细土，将种子播在表面。瓜叶菊种子具有好光性，无须盖土，用浸盆法给水，温度控制在15～20℃，置于阳光下，每天喷雾，隔2～3天浸盆一次，若气候干燥可用薄膜覆盖保湿。苗在5～7天内均可出齐，适温下发芽率达60%以上。

2. 种苗定植

待瓜叶菊长出5～6叶时，上盆定植于15cm或20cm盆内。

3. 养护管理

在定盆后的7～8周内，最适宜的生长温度为18～22℃，温度最高不能超过25℃。相对较高的温度有利于营养生长，为花芽分化奠定基础。7～8周之后，在10～15℃条件下栽培至出窖前，促进花芽分化和花部发育。瓜叶菊最低可忍耐温度为0℃，但当温度低于5℃时，其植株会停止生长发育，因此，整个栽培期间温度不得低于7℃。

瓜叶菊生长的最佳相对湿度为70%～75%。若湿度过大，植株易感染病虫害；若湿度过小，则会抑制植株生长发育。其最适光照度为20000～30000lx，中午光照强度过大时应适当遮阴，避免强光的不利影响；早晚或阴雨（雪）天气应进行辅助光源照射。在晴天时，通常情况下棚温在18℃时开始通风。开始时，宜少开、小开通风口；当棚温升至22℃时，应加大或多开通风口；14:00左右即可关闭通风口。在阴雨（雪）天，也要小开通风口。通风换气是控制温室内温度、湿度和增加CO_2浓度的重要措施。

瓜叶菊大多数植株在晴天中午时叶片微蔫，并且盆土表面泛白时，第二天上午可视天气情况安排浇灌。浇灌时，应逐个浇，不要漏浇或重浇。在花芽分化期以后，可适当减少浇水量，以防止徒长而影响花芽分化和花量。瓜叶菊喜肥，除在培养土中添加10%的有机质基肥外，每隔10天要追施1次液态肥。当叶片长到3～4层时，每周用1～2g/L的磷酸二氢钾溶液喷施叶面，以促进花芽分化，提高开花品质。

瓜叶菊的病害主要有枯萎病和白粉病，发现病株应及时拔除，并喷以45%代森铵200～500倍液进行防治，每周喷一次，连续2～3次。瓜叶菊的主要虫害有红蜘蛛、蚜虫、白蝇，均可用乐果1500～2000倍液进行喷杀。

三、盆栽宿根花卉栽培管理（以君子兰为例）

君子兰又名大花君子兰，为多年生常绿草本花卉。其基部具有叶基形成的假鳞茎，根肉质纤维状，叶二列叠生，花期为12月至次年5月，果熟期为7～10月。君子兰性喜温暖而半阴的环境，忌炎热、怕寒冷。其生长适温为15～25℃，低于5℃时生长停止，高于30℃时叶片薄而细长，开花时间短，色淡。君子兰生长过程中怕强光直射，易出现日灼害；喜湿润，忌排水不良和通透性差的土壤，有一定的耐旱能力。

1. 基质配制

生产中，可选用的栽培基质有田园土、腐叶土、泥炭土、河沙、锯屑、堆肥土等。栽培基质必须具备以下特点：

① 质地松软、保水、保肥，具有良好的通透性能。

② pH在6.5～7.0。疏松透气，渗水性能好，富含腐殖质，以80%的腐叶土＋20%左右的河沙混匀配制，有利于养根。

③ 基质使用之前必须进行消毒，常用的方法有氯化苦熏蒸、干热消毒、蒸汽消毒等。

2. 上盆

上盆时幼苗保持根系完好，幼苗可带土，也可不带土。按幼苗大小选用相适应规格的花盆，一至二年生幼苗以口径10～12cm的花盆为好，用一块碎瓦片盖于盆底的排水孔上。栽植时，先将幼苗根系理顺，经适当修剪后放在花盆的中央，一只手扶正保持苗根舒展，一只手将备好的基质土拌匀填入压实。幼苗栽后应立即浇透水，在5～7天内无须再浇水，以后保持盆土湿润，待到2周后伤口愈合时，再加盖一层培养土。

3. 温度和湿度

适宜的温度对开花效果的好坏有明显影响。若温度过高，君子兰会呈现半休眠状态；若温度低于10℃，也会使其生长受到抑制。君子兰生长期温度应控制在15～25℃，花期应在15～20℃。夏季应遮阴降温，保持10～25℃，秋季可以少见阳光，冬季必须保持5℃以上的气温。在抽箭时期，温度应保持在18℃左右，否则易夹箭。

最适宜君子兰生长的相对湿度为60%～80%，白天可为60%～70%，夜间可为70%～80%。

4. 光照

君子兰属中光性植物，无光不行，光线太强也不行，早春、晚秋和冬季的光照对促进君子兰开花至关重要。因此，春、秋季宜给予半光条件，夏季要放在通风凉爽的散射光下培养，避免强光直射，冬季应放在室内阳光充足处。为使其株形优美，叶片排列整齐，尤其对于养护君子兰，要注意光照的方向，应保持叶片伸展方向与光照平行，并每隔7～10天将花盆位置调转180°，这样叶片才能排列整齐、美观，使君子兰株形呈现“侧视一条线，正视如开扇”。

5. 水肥管理

君子兰具有发达的肉质根。若浇水过多，易造成烂根；若浇水过少，则会影响新叶生长。生根和抽箭土壤含水量以30%左右为宜。要经常保持盆土湿润才能利于其生长，不能等盆土干后再浇水，半干时就应浇水。不同生长期的需水量不同，苗期需水较少，应少浇；抽箭期需水较多，应多浇；春、夏季需要每天浇一次；秋季可隔天浇一次；冬季可隔3～5天浇一次。施肥时，应注意适时适量，应遵循“薄肥勤施”的原则，避免施肥过勤出现烂根。春季生长期10～14天施一次氮肥为主的薄肥，促进叶片生长；夏季天气炎热，一般不施肥，以免烂根，但叶片要经常喷水。抽箭时，每周施一次以磷肥为主的薄肥，以利于花箭生长，促使花大而色艳。气温下降到10℃以下时，植株进入休眠期，应停止施肥，并保持盆土偏干。冬季室温保持在5℃以上即能安全越冬。一般每隔两年换一次盆，换盆宜在春季或秋季进行。

6. 病虫害防治

由于室内一年四季都保持相宜的温度和湿度，在利于植株生长的同时，更利于病菌的传染和害虫的繁殖，因此要及时防治。

君子兰常见的病害有软腐病、叶斑病、烂根病、高烧病等，主要防治措施为精心养护，保持植株通风透气，控制土壤水分，尽量避免病菌传播；对污染土壤进行消毒，换盆前进行土壤消毒，用40%福尔马林100倍液喷洒土面，然后盖上塑料膜保持药力，以挥发气体消毒，经过5～7天后，再换盆；使用药剂防治，发病初期喷洒5g/L的波尔多液或0.2～0.5g/L的土霉素液，均能在一定程度上控制病害；发病较重的植株，应及时剪去病斑部分叶片，换土并喷洒链霉素稀释液，可有效预防病害蔓延。

君子兰常见的虫害有介壳虫、蜗牛等，主要的害虫是介壳虫，发生数量少时，可用刷子蘸水刷除；严重时，可用药剂进行防治。一般用内吸药剂防治效果较好，在初孵幼虫大量出现时，用25%亚胺硫磷1000倍液或用45%马拉硫磷1000～1500倍液灌根。

四、盆栽球根花卉栽培管理（以仙客来为例）

仙客来原产于地中海沿岸，为报春花科仙客来属植物，花朵整齐，色彩丰富，花期从9月一直持续到次年5月，观赏期长。目前已培育出数百个仙客来栽培品种。

1. 正确选择种子或种球

目前市场上较受欢迎的仙客来种子是法国种子和日本种子，它们的生产周期短，一般为8～12个月；商品株形标准化，植株丰满健壮，冠径35～40cm；花梗挺拔，多花，颜色丰富；高度适中；种子出苗率高；对气候适应性广，抗逆性强，室内观赏期长。在国际上，根据育种方法，仙客来种子可分为常规种和一代杂交种；根据花的大小，可分为巨大花品种、大花品种、中花品种、小花品种和超小花品种。从播种到开花，大花系列品种需要12～13个月，中花系列需要11～12个月，小花系列需要10～11个月。

由于夏季炎热且湿度大，极不利于仙客来球根的生长发育，因而在夏季，如果管理不当，仙客来易进入休眠状态，其生长停滞，叶片黄化脱落，花畸形，至秋季重新发芽生长，植株冠小花少，并且花期推迟。应选择具有较强抗病性的优良品种，必须选用耐热品种。耐热仙客来品种夏季管理较简单，降温费用也较低。

2. 基质配制

仙客来根系生长较为缓慢，应选用疏松、透气性好的材料作为栽培基质。基质的好坏直接关系到仙客来成品质量。传统栽培常采用土壤配以部分泥炭作为基质，但由于其理化性质不稳定，从而影响商品的一致性，并且盆花重，不利于运输和消费者携带。现代仙客来盆花生产中绝大多数采用轻型无土基质，目前生产上常用的基质材料有加拿大进口泥炭、国产优质东北泥炭、珍珠岩、蛭石、椰糠、砻糠灰等。常见的基质配比（体积比）如下：

① 加拿大泥炭：珍珠岩：蛭石=6：3：1或6：2：2。

② 东北泥炭：珍珠岩：蛭石=6：3：1或6：2：2。

③ 东北泥炭：珍珠岩：椰糠=6：2：2

④ 东北泥炭：珍珠岩：砻糠灰=6：3：1。

进口泥炭已调整了基质的pH和EC（电导率），添加了适量的营养元素，并经高温消毒，可直接使用，栽培效果好，但成本偏高。国产泥炭质量良莠不齐，应尽量选用纤维长、灰分少的泥炭，并且要经过粉碎。珍珠岩应选用大粒珍珠岩。使用椰糠时，应用清水浸泡2～3天，将其中过多的盐分彻底清洗后方可使用。

3. 种苗定植与换盆

仙客来种苗定植一般使用10cm口径的小盆，第二次换为15cm口径的中盆，最后成品花生产时换为18～21cm口径的大盆。定植和换盆时应使根系在盆内舒展，球茎露出基质1/3以上。其原因是球茎埋于基质过深影响叶片受光，易使腋芽受到细菌感染并影响叶片数量。第一次换盆应在5月中下旬完成，接下来进入夏季高温期不利于缓苗；第二次换盆应在8月中旬完成，坚持第二个生长旺盛期。

4. 温度、光照调控

温度调控是仙客来日常管理中每天必做的工作，也是最重要的工作。仙客来对温度和光照要求较严格，如果不按仙客来生长发育所需的温度、光照条件进行管理，很难培育出高品质的仙客来。仙客来在20～22℃时光合作用能力较强，适宜的生长发育温度为15～25℃，适宜的光照度为36000～50000lx，但一定要避免中午的强光，因为强光会使叶片灼伤。

夏季室内气温通常不低于28℃，晴天光照度（9:00～17:00）过强，需要将室内温度、光照调控到其要求的范围内，及时覆盖1～2层遮光率50%～70%的遮阳网。冬季应在预期上市前20～30天将室内最低气温控制在15℃以上，以促进整齐开花。

5. 水肥管理

仙客来喜湿润，但忌过湿和积水，水分过多易引起植株徒长，尤其是冬季，使叶柄细长，软弱无力，同时易感染病害。仙客来的浇水原则是“不干不浇，浇则浇透”。浇水时间以上午为宜，水温最好与室温相同。水的pH为6.0～7.0。

现代仙客来栽培大多采用轻型基质，因栽培基质本身并无肥力，为此在施肥管理中通常结合浇水施肥和叶面追肥。仙客来不同生长发育阶段对肥料种类和浓度要求差异较大，配制液肥的原则是“无沉淀”。夏季前施氮、磷、钾总含量40%～60%的复合肥（氮：磷：钾=1：0.5：1），施用倍数为1000～2000倍，5～7天施肥一次；秋季施氮、磷、钾总含量40%～60%的复合肥（氮：磷：钾=1：1：2），施用倍数为1000～2000倍，7天左右施肥一次。

6. 病虫害防治

仙客来最易发生的病害是茎腐病和软腐病，症状是球茎、花柄、叶柄腐烂，打蔫，随后倒伏。仙客来的病虫害防治重在预防，综合防治，加强总体管理，培育无病虫害侵染的健康植株，保持植株生长发育平衡、健壮。例如，生产过程中的基质、花盆都应经过消毒杀菌，基质混合时就混入一定量的杀菌剂，如百菌清、多菌灵等。此外，球茎不易埋得太深，秋、冬季相对湿度较大时应加强通风，定时施用杀菌剂（如链霉素800倍液）等喷洒。

7. 越夏栽培时注意事项

越夏管理是指梅雨季节过后，白天持续35℃以上高温，夜间最低温度高于26℃，即6月中旬至8月底的这一时期的管理。由于仙客来不耐高温，这一时期的高温会使仙客来生长速度明显变慢，叶片枯黄，甚至脱落、休眠。越夏管理的目标是合理施肥浇水，加强通风、降温，使仙客来保持缓慢健康生长，切勿使其休眠，切勿使叶片大量枯黄，切勿使球茎软腐病大量发生。主要管理措施如下：

① 尽可能在上午10:00前完成浇水工作，不能等到基质干透后再浇水，要保证基质具有一定的湿度。施肥以磷、钾肥为主，浓度为生长季的一半或1/3，施肥间隔期加长至7 ~ 10天。

② 采用双层遮光率50% ~ 70%的遮阳网遮光，晴天8:00 ~ 8:30先上一层，9:30 ~ 10:00再上一层；15:30 ~ 16:00揭去一层，16:30 ~ 17:00再揭去一层。阴雨天不可覆盖遮阳网，切不可因为降温需要而过多遮阴，否则会导致植株徒长，抗性减弱，株形散乱。

思政内容

课程思政分析		
思政元素	团队协作能力、规范操作及安全意识	
融入知识点	盆栽观花类栽培管理	
融入方式	① 通过实践环节，树立规范操作及安全意识 ② 通过小组合作，培养团队协作能力	
融入资源	资源名称	描述
	观花品种盆花管理操作流程	盆栽花卉栽培管理

课外实践二 盆栽观叶植物栽培管理

1. 能力目标

熟练掌握观叶植物的繁殖方法及栽培要点。

2. 材料与用具

10种盆栽观叶植物、常用基质、肥料、几种型号的花盆、常用农药、记录本及参考资料。

3. 内容与方法

现场学习每种观叶植物的生态习性、繁殖方法、栽培要点。实地进行操作，对常见观叶植物进行繁殖和日常养护管理。

分组进行课外活动，观察观叶植物的主要观赏特性、生态习性及园林应用。

4. 思考与作业

① 将10种盆栽观叶植物按花卉名称、科属、观赏特性和园林应用记录到观叶类盆栽园林应用记录表中，如表2–21所示。

② 简述盆栽观叶植物的含义及其观赏特性。

③ 简述蕨类植物、凤梨科植物、天南星科植物、竹芋科植物的主要繁殖措施及栽培要点。

表2–21 观叶类盆栽园林应用记录表

序号	花卉名称	科属	观赏特性	园林应用
1				
2				
3				
4				
5				
6				
7				
8				
9				
10				

相关知识

盆栽观叶植物是指原产于热带、亚热带，适宜在室内环境条件下较长期正常生长，以观叶为主，有较高观赏价值，用于室内装饰与造景的植物。

一、观赏特性

① 观叶形叶色。观叶形叶色的植物如龟背竹、万年青等。

② 观叶赏花。观叶赏花的植物如凤梨类、红掌等。

③ 观叶赏姿。观叶赏姿的植物如巴西铁、发财树等。

二、生态特点

1. 喜半阴或耐阴

盆栽观叶植物生长期间一般要遮光50%～80%，在强光直射的条件下，叶片易被灼焦或卷曲枯萎。根据对光照的需求程度，可分为极耐阴种类（一叶兰、虎耳草等）、耐半阴种类（吊兰等）、中性种类（花叶芋、棕竹等）、阳性种类（变叶木等）。

2. 喜较高的温度

盆栽观叶植物一般生长适温为白天22～30℃，夜间16～20℃。温度过高或过低，均不利于其生长和发育。

3. 喜较高的相对湿度

盆栽观叶植物生长期间一般相对湿度在60%以上。相对湿度过低易造成叶片萎缩、叶缘或叶尖部位干枯。

4. 喜湿润而忌渍水

盆栽观叶植物的茎、叶及曝露于空气中的根系，喜高温多湿的环境，而地下根系忌渍水。栽培过程中，其盆土根系少灌水而地面以上的根、茎、叶则须多喷洒清水以保持湿润，多行根外施肥，以促进生长。根据对水分的要求，可分为耐旱类、不耐旱类、中性类、耐湿类。

5. 喜疏松透气、排水良好的基质

盆栽观叶植物最好选择椰糠、腐叶土、碳化稻壳等疏松透气、排水良好的基质。基质中须富含植物的养分，通常几种基质混合使用。

三、观叶植物繁殖

1. 营养繁殖

营养繁殖，如扦插、分株、压条等，是大部分盆栽观叶植物的繁殖方式。

2. 种子繁殖

种子繁殖主要用于营养繁殖困难的棕榈科植物。

3. 孢子繁殖

孢子繁殖主要用于观赏蕨类的繁殖。

4. 组织培养

组织培养主要用于大规模的工厂化育苗。

四、观叶植物栽培管理

1. 栽培基质

盆栽观叶植物栽培容器小，土层浅，因此要求栽培基质供应水、肥的能力强，以最大限度地满足盆栽观叶植物生长发育的需要。栽培基质的具体要求如下：

① 持水性好，不易积水。

② 通透性好，供氧充足。

③ 疏松轻便，养分丰富。

④ 清洁卫生，无病虫害。

2. 栽培容器

盆栽观叶植物的栽培容器，虽然从外形、质地和审美学的观点看，有多种选择，但都要满足下列要求：

① 满足植物生长需要。

② 外形美观，质地轻便。

③ 与植物的形、色搭配协调。

④ 与室内环境相协调。

因植物种类和栽培用途不同，常用容器主要有塑料盆、素烧泥盆、陶盆、瓷盆、金属盆、吊盆、木桶等。

3. 栽培养护

（1）环境因子管理

对于盆栽观叶植物的栽培养护，应从光照、温度、水分、养分等方面正常管理，不能忽视任何一个方面，保证花卉正常生长发育。

（2）株形控制

由于盆栽观叶植物主要用于装饰室内环境，要求有较高的艺术观赏价值，因此，要对盆栽观叶植物进行修剪、造型。在盆栽观叶植物成形后，需要较长时间保持株形，可选用生长延缓剂（如多效唑等）处理，控制植株的高度，延长观赏期。

（3）叶片管理

盆栽观叶植物的叶面上常落灰尘甚至被油烟沾污，宜用软布擦拭、软刷清除或喷水冲除，必要时可利用植物生长调节剂延缓衰老和防止黄化。

思政内容

课程思政分析		
思政元素	团队协作能力、规范操作及安全意识	
融入知识点	盆栽观叶植物栽培管理	
融入方式	① 通过实践环节，树立规范操作及安全意识 ② 通过小组合作，培养团队协作能力	
融入资源	资源名称	描述
	观叶品种盆栽花卉操作流程	详细指南

课外实践三　花卉整形修剪

1. 能力目标

了解花卉修剪的目的和常见方法，掌握花卉的修剪技术和整形技巧。

2. 材料与用具

大丽花、天竺葵、一串红、绿萝、盆栽月季、绿铁丝、修枝剪、小刀、塑料绳等。

3. 内容与方法

（1）花卉修剪

对大丽花、天竺葵、一串红、盆栽月季进行修剪。

① 摘心。摘心的目的在于压缩植株的高度和幅度，促发侧枝和第二次开花或延迟花期。

② 除芽。除芽的目的在于剥掉过多的腋芽，限制枝数的增加和过多花朵的发生。

③ 折枝。折枝的目的在于抑制新梢的徒长，促进花芽形成。

④ 曲枝。曲枝的目的是使一些木本花卉的树冠长势均衡，抑强扶弱。

⑤ 去蕾。剥掉侧蕾和副蕾，留顶蕾。

⑥ 剪枝。剪除枯枝、病弱枝、交叉枝、过密枝、徒长枝等，改善通风透光和营养条件。

（2）花卉整形

对于绿萝，在其盆中间设立棕柱，便于其缠绕向上生长。

4. 思考与作业

不同花卉最佳修剪时期及修剪方法选择的依据是什么？

相关知识

通过合理的修剪整形，可以使植株造型优美整齐，层次分明，高低适中，枝叶稀密调配适当，从而提高花卉的观赏价值。不仅如此，通过及时剪去不必要的枝条，还可以节省养分，调整株姿，改善通风透光条件，促使花卉提早开花和健壮生长。

一、花卉修剪方式

1. 摘心

需要进行摘心的花卉有一串红、百日草、翠菊、金鱼草、矮牵牛、倒挂金钟、天竺葵等。但是对于植株矮小且分枝又多的三色堇、雏菊、石竹等，主茎上着花多且朵大的鸡冠花、醉蝶花、凤仙花、虞美人、水仙等，以及要求尽早开花的花卉，通常不摘心。

2. 抹芽

抹芽是指剥去过多的腋芽或挖掉脚芽，使营养相对集中。菊花、牡丹等可用此方法修剪。

3. 折枝和捻梢

折枝是指将新梢折曲，但仍连不断。捻梢是指将梢捻转。折枝和捻梢均可抑制新梢徒长，促进花芽分化。牵牛、茑萝等可用此方法修剪。

4. 曲枝

曲枝是指为使枝条生长均衡，将长势过旺的枝条向侧方压曲，将长势弱的枝条顺直，大丽菊、一品红等可用此方法修剪。

5. 剥蕾

剥蕾是指剥去侧蕾和副蕾，其主要目的是使营养集中供给主蕾开花，保证花朵质量。芍药、牡丹、菊花等可用此方法修剪。

6. 摘叶

摘叶是指在植株生长过程中，适当剪除部分叶片。其目的是促进新陈代谢，促进新芽萌发，减少水分蒸腾，使植株整齐美观。例如，在夏、秋之间，将红枫、鸡爪槭、石榴等的老叶剪掉，使其促发新叶，但须在摘叶前施以肥水。

7. 剪除残花

剪除残花是指对于不需要结种子的花卉，如杜鹃、月季、朱顶红等，花开过后应及时摘掉残花，剪除花葶。其目的是节省养分，促使花芽分化。

8. 剪枝

剪枝是指剪除枯枝、病弱枝、交叉枝、过密枝、徒长枝等。可分为重剪和轻剪。重剪是指将枝条由基部剪除或剪去枝条的2/3，轻剪是指剪去枝条的1/3。通过剪枝，分散枝条营养，促使产生大量中短枝条，使其在入冬前充分木质化，形成充实饱满的腋芽和花芽。须注意，冬季休眠期用重剪方法较多，而生长期用轻剪方法较多。

二、修剪时间

花卉的修剪时间，因品种和栽培目的不同而异，一般分为生长期修剪和休眠期修剪两种。不同花卉的习性各不相同，开花时间也不一样，修剪时间要根据其习性灵活调整。如海棠、丁香、蜡梅等植物，它们的花芽着生在一年生枝条上，因而不宜在冬季修剪，只能等到开花之后再进行短截，促使其侧芽萌发成新梢。而对于在当年生枝上开花的茉莉、夜来香、扶桑、一品红等花卉，可以在其生长期多次进行摘心，促进其多发新梢并多次开花。同时，应将不起作用的萌蘖枝、徒长枝等随时剪去。对于当年生枝条上开花的月季、石榴、扶桑、茉莉、金橘等植物可以重剪，以利于养分充分供应到果枝上，促进多开花、多挂果。而早春开花的迎春、梅花、杜鹃等植物，其花芽是在头一年的枝条上形成的，早春发芽前不能修剪，以免影响开花挂果，应在开花后1～2周内进行修剪，促使萌发新梢，又可形成来年的新枝。

1. 生长期修剪

生长期修剪多在花木生长季节或开花以后进行，通常以摘心、抹芽、摘叶的方式剪除徒长枝、病弱枝、枯枝、花梗等。

2. 休眠期修剪

休眠期修剪宜在早春树液刚开始流动、芽即将萌动时进行。修剪过早，伤口难以愈合，芽萌发后，遇寒流新梢易遭冻害；修剪太迟，新梢已长出，浪费了大量营养。休眠期修剪常用于木本花卉或宿根花卉。

三、修剪原则

萌芽力强的植物应多剪、重剪；萌芽力差的植物应少剪、轻剪。对于庭院树种，一般对强主枝重剪，弱主枝轻剪。修剪要遵循“留外不留内，留直不留横”的原则，剪去枯枝、病弱枝、徒长枝、交叉枝。对于五针松、茶花、白兰等不易发枝的花木，不要随便剪枝。剪口处的芽向外侧生长，剪口不能离芽太近，否则芽易失水干枯。

四、整形造型

1. 观叶植物T形修剪

所谓T形标准株形，是指叶子只生长在主干顶部，主干其他部位（顶部以下）并无叶子生长，植株形成一种伞状的生长势，好似英文字母“T”的形状。对于某些高大的木本类观叶植物，修剪成T形株形装饰效果更好，植株会显得格外挺拔而潇洒，如巴西木。

为使植株的主干笔直伸展，待植株长到合适的高度时，就要把主干下部不必要的侧枝和叶子剪去，留下顶部枝叶；然后把顶部生长过高、杂乱不齐的枝叶剪掉；最后根据确定下来的高度，边生长边修剪。这样植株经过一段时间的生长以后，顶部的枝叶就会越来越繁茂，T形标准株形也就自然而然形成了。

2. 牵引整姿法

对于匍匐蔓性的植物可用铁丝或绳索等牵引，使之长成形如心形、圆形、角锥形、花篮形甚至动物形。其中，蔓茎粗细不同的植物适于造型整姿的形状不同，如比较粗壮的造型整姿为塔形或角锥形较为适宜，会显得壮观；比较细密的则适于造型整姿为心形或花篮形。

3. 编绞主干整姿法

编绞主干整姿法是一种发挥植物茎干美的造型技巧，综合运用单干树形整姿技巧，将主干编绞成螺旋干状造型。这种方法常用于垂榕、马拉巴栗（发财树）等植物，使其增添新的情趣。

思政内容

<table>
<tr><th colspan="3">课程思政分析</th></tr>
<tr><td>思政元素</td><td colspan="2">团队协作能力、规范操作及安全意识</td></tr>
<tr><td>融入知识点</td><td colspan="2">花卉整形修剪</td></tr>
<tr><td>融入方式</td><td colspan="2">① 通过实践环节，树立规范操作及安全意识
② 通过小组合作，培养团队协作能力</td></tr>
<tr><td rowspan="2">融入资源</td><td>资源名称</td><td>描述</td></tr>
<tr><td>花卉整形修剪</td><td>一知、二看、三剪、四查、五处理</td></tr>
</table>

课外实践四　花卉组合盆栽

1. 能力目标

通过综合利用植物学、花卉栽培、美学、植物造景等多学科知识，以及对花卉的选择、基质的调配、盆具挑选、色彩搭配、种植设计和点缀装饰材料的配置等环节的实践，提高动手能力、设计能力及分析问题的能力。

2. 材料与用具

盆栽花卉（可以根据组合盆栽设计的意图，选择合适的花木品种和规格）、栽培基质、修枝剪、盆具、装饰材料、石头、数码照相机等。

3. 内容与方法

构图设计→花材选择→组合盆栽制作→清理场地→完成作品。

4. 思考与作业

设计一个组合盆栽的方案，完成作品制作，并写出设计说明。

相关知识

组合盆栽是近年兴起的花卉栽培和观赏新形式，该形式不仅提高了花木的观赏价值，同时提高了花木的经济价值和艺术价值。制作组合盆栽时，要运用植物学、花卉栽培、美学、植物造景等多学科知识，将一种或数种植物搭配种植在一个容器中，或将数种植物摆放在特定空间内，营造美好的自然意境及庭院景致。组合盆栽造型新颖、观赏价值高，不仅可应用于家居美化、空间营造、送礼馈赠、会场布置、办公室绿化及花坛景点布置，还可作为商场、橱窗设计及社交应用，也可成为人们新兴休闲活动的重要内容。

一、组合盆栽的基本原则

① 取材容易，换盆后仍能满足基本的观赏目的。

② 保养简单，存活率高。

③ 增加观赏植物的趣味性。

二、组合盆栽的设计技巧

设计是一种装饰，是一种艺术作品的创造，是一种以完美的构思来表现美感的过程。组合盆栽设计一般讲究十个设计元素，即色彩、平衡、层次、对比、韵律、比例、和谐、质感、空间、统一。在组合设计之初，应考虑到植物配置后持续生长的特性及成长互动的影响，并和摆设环境的光照、水分管理条件相配合，熟练地运用各种设计元素，从而达到预期效果。

1. 色彩

植物的色彩相当丰富，从花色到叶片颜色，都呈现出不同的风貌。在组合盆栽设计时，植物颜色的配置必须考虑其空间色彩的协调及渐层的变化，要配合季节和场地背景，选择适宜的植栽材料，以达到预期的效果。通过颜色变化，不仅能够营造出整体空间氛围，还能引导人的情绪转换，使人有赏心悦目之感。

2. 平衡

平衡的形式是以轴为中心，维持一种力感或重量感相互制衡的状态。配置植物时，作品前、后及上、中、下等各个局部均须适宜才不致失去平衡。妥善安排植物本身具有的色彩，也可以达到平衡视觉的效果。

3. 层次

层次含有等差、渐变的意思，在由强至弱、由明至暗或由大至小的变化中形成质或量的渐变效果。渐变的效果在植物体上常可见到，如色彩变化、叶片大小、种植密度的变化等。

4. 对比

将两种事物并列，使其产生极大差异的视觉效果就是对比。如明暗、强弱、软硬、大小、轻重、粗糙与光滑等，其运用的要点在于利用差异衬托出各自的优点。

5. 韵律

韵律又称为节奏或律动，本是用来表现音乐或诗歌中音调的起伏和节奏感的。在盆栽设计中，无论是形态、色彩还是质感等形式要素，只要在设计上合乎某种规律，对视觉感官所产生的节奏感就是韵律。

6. 比例

比例是指在一特定范围中存在于各种形体之间的相互比较，如大小、长短、高低、宽窄、疏密的比例关系。各种或各组植物在组合盆栽中要有一定高度上的变化，避免呆板无味。

7. 和谐

和谐又称为调和，是指在整体造型中，所有的构成元素不会有冲突、相互排斥及不协调的感觉。在组合时应注意色彩的统一，质材的近似，有组织、有系统地排列。以和谐为前提的设计，在适当取舍后，作品能够呈现出较好的风貌。

8. 质感

质感是指物体本身的质地所给人的感觉（包括视觉和触觉）。不同植物所具有的质感不同。此外，颜色也会影响植物质感的表现，如深色给人厚重与安全感；浅色则有轻快、清凉的感觉。在设计时，应利用植物间质感的差异，丰富作品的表现力。

9. 空间

在组合盆栽设计时，应保留适当的空间，保证日后植物长大时有充分的生长环境。

10. 统一

在组合盆栽设计时，应使作品的整体效果表现出统一和谐的感觉。

三、组合盆栽应注意的问题

1. 容器选择适当

应根据构思和具体植物的不同，选择不同颜色、造型的容器。

2. 植物应选择习性相近的品种

选择植物时，应选择习性相近的品种。如热带和亚热带的观叶植物是常见的选择，这样的搭配能够便于养护管理。此外，还应注意植物形态、叶片形状、叶色协调搭配等。

3. 栽种顺序

栽种时，应注意根系深浅不同的植物，通常先种根系深的，再种根系浅的。

4. 植物后期养护

后期养护时，应有意识地维持一个理想的组合形态，可利用修剪、移植等处理手段实现。对于一、二年生植物，在开花后，应及时去除并补充新的植物。

5. 配饰

除栽种植物外，还可适当配置一些假山石、小配件等，以营造景观、增添气氛。

思政内容

<table>
<tr><th colspan="3">课程思政分析</th></tr>
<tr><td>思政元素</td><td colspan="2">团队协作能力、规范操作及安全意识</td></tr>
<tr><td>融入知识点</td><td colspan="2">花卉组合盆栽</td></tr>
<tr><td>融入方式</td><td colspan="2">① 通过实践环节，树立规范操作及安全意识
② 通过小组合作，培养团队协作能力</td></tr>
<tr><td rowspan="2">融入资源</td><td>资源名称</td><td>描述</td></tr>
<tr><td>组合盆栽操作流程</td><td>创意与艺术的结合</td></tr>
</table>

任务三 促成和抑制——一品红、唐菖蒲、牡丹花期调控

学习目标

能力目标	知识目标	素质目标	思政目标
能够根据花卉特征和用花需求，选择适宜的促成和抑制栽培措施	1. 掌握促成和抑制栽培的概念及特点 2. 掌握常见的促成和抑制栽培措施	1. 培养自主学习能力 2. 培养语言表达能力 3. 培养团队协作能力 4. 培养健康意识	1. 树立创新意识 2. 树立规范操作意识

学习目的

通过一品红、唐菖蒲、牡丹促成栽培和抑制栽培，掌握花期调控的基本方法，提高参与生产管理的能力。

材料与用具

盆花、温室、育苗土、修枝剪、灌溉设施、遮阳设施、补光设施等。

学习步骤

领取任务书→任务分析→确定促成栽培或抑制栽培方案→花期调控。

任务书

文件编号： 日期：

任务名称	促成和抑制——一品红、唐菖蒲、牡丹花期调控
时间	××年
任务详情	为已选择出的花卉品种（一品红、唐菖蒲、牡丹）制订详细的养护管理方案
具体要求	以小组为单位，在4学时内完成花卉的养护管理方案制订并根据实际情况实施
学习成果	三种花卉的养护管理方案
生产负责人	

任务分析单

任务要求	达成目标	显性条件	隐性条件

实践内容

1. 能力目标

通过一品红、唐菖蒲、牡丹花期调控，掌握花卉抑制栽培和促成栽培的措施。

2. 材料与用具

盆栽一品红、盆栽唐菖蒲、盆栽牡丹、栽培基质、修枝剪、补光设施、黑布等。

3. 内容与方法

① 确定一品红、牡丹“春节”用花和唐菖蒲“五一”用花时使用的花期调控方法，完成花期调控方法对比分析表，如表2–22所示。

② 制订一品红详细的花期调控养护管理方案，并根据实际情况实施。

③ 制订唐菖蒲详细的花期调控养护管理方案，并根据实际情况实施。

④ 制订牡丹详细的花期调控养护管理方案，并根据实际情况实施。

表2–22　花期调控方法对比分析表

栽培方式	适用范围	主要措施	备注
促成栽培			
抑制栽培			
花卉名称	用花日期	花期调控方法	备注
一品红			
唐菖蒲			
牡丹			

相关知识

花期调控即采用人为措施，使观赏植物提前或延后开花的技术，又称催延花期。使花期比自然花期提前的栽培方式称为促成栽培，使花期比自然花期延后的栽培方式称为抑制栽培。

一、光照与花期

1. 光周期

一天内白昼和黑夜的时数交替，称为光周期。光照与温度一样，对开花调节既有质的作用，也有量的作用。光周期通过对成花诱导、花芽分化、休眠等过程的调控起到质的作用；光照则通过调节植株生长发育影响花期，起到量的作用。

光周期处理时期的计算：光周期处理开始的时期依植物临界日长时长及所在地的地理位置而定。如北纬40°，10月初至3月初的自然日长为12h，对于临界日长为12h的长日照植物，自10月初至3月初是需要进行长日照处理的大致时期。不同纬度地区一年中日长时长各异。

植物光周期处理中计算日长时长的方法与自然日长有所不同。每天日长的时长应从日出前20min至日落后20min计算。如北京3月9日日出至日落的自然日长为11h20min，加日出前和日落后各20min，共为12h，即做光周期处理时，北京3月9日的日长应为12h。

2. 光周期现象

植物某个发育现象（如开花）的发生，需要一定的光周期。

3. 短日照处理

要使短日照花卉在长日照季节开花，需要遮光，缩短其光周期。

4. 长日照处理

在秋、冬短日照季节抑制短日照植物花芽分化，采用灯光照明以加长光期。

二、温度与花期

1. 休眠和莲座化

某些植物的生活史中，存在着生长暂时停止（休眠）和不进行节间伸长（莲座化）两种状态。植物进入休眠状态时，生长点的活动完全停止；而莲座化植物的生长点还在继续分化，只是节间不伸长，植物处于低生长活性状态。休眠包括强迫休眠和生理性休眠两种。

（1）强迫休眠

强迫休眠是指由低温、干旱引起的某个时期生长和代谢暂时停顿的现象。

（2）生理性休眠

生理性休眠是指由其内部生理原因引起的植物体或其器官在发育的某个时期生长和代谢暂时停顿的现象。

打破休眠的方法如下：初夏休眠的植物，需要高温打破休眠。秋季休眠的植物，需要低温打破休眠。打破休眠的有效温度一般为10℃以下，接近0℃最有效。

2. 春化作用

低温对植物成花有促进作用。春化类型有种子春化，如香豌豆；器官春化，如郁金香；植物整体春化，如榆叶梅。春化作用温度一般为－5～15℃，最有效作用温度为3～8℃。春化作用没完全结束之前就被随后给予的高温抵消的现象称为脱春化。

3. 温度调节方法

温度处理调节开花主要是通过温度质的作用调节休眠期、成花诱导与花芽形成期、花茎伸长期等主要进程而实现对花期的控制。温度对花卉的开花调节既有质的作用，可加速成花诱导、花芽分化、休眠等进程而实现促成栽培；也可使花卉保持休眠状态，延缓发育而实现抑制栽培。同时，温度对花卉的开花调节也有量性作用，如在适宜温度下植株生长发育快，而在非最适条件下进程缓慢，从而调节开花进程。大部分越冬休眠的多年生草本和木本花卉以及越冬期呈相对静止状态的球根花卉，都可采用温度处理。大部分盛夏处于休眠、半休眠状态的花卉，其生长发育缓慢，通过防暑降温可使其提前度过休眠期，从而使这些不耐高温的花卉在夏季开花不断。

三、生长调节物质与花期

1. 植物生长调节物质的作用

① 植物生长调节物质能够代替长日照，促进长日照花卉开花。如赤霉素能够促进长日照花卉在短日照条件下开花，对短日照花卉开花起抑制作用。

② 植物生长调节物质能够代替低温，打破休眠。如赤霉素有助于打破休眠，完全代替低温的作用。

③ 植物生长调节物质能够促进或延迟开花。如用比久处理杜鹃的花蕾可延迟开花；用2,4–D处理菊花可延迟开花。

2. 植物生长调节剂应用的特点

自从发现植物激素对生长发育能够起调节作用之后，人们开始致力于研究其调节功能及代谢机理，并模拟合成类似作用的物质。人工合成的以及从植物或微生物中提取的生理活性物质，称为植物生长调节剂。植物生长调节剂除包括生长素类、赤霉素类、细胞分裂素类、脱落酸类、乙烯之外，还包括植物生长延缓剂和植物生长抑制剂。

尽管植物生长调节剂在花卉领域进行了大量的试验研究，但在实际生产中的应用却并未如预期般广泛，这可能与该类药剂作用的复杂性有关。

（1）相同药剂对不同植物种类、品种的效应不同

相同药剂对不同植物种类、品种的效应不同，例如赤霉素对一些花卉，如花叶万

年青等有促进成花作用，而对其他多数植物，如菊花等则有抑制成花的作用。相同药剂因浓度不同也会产生截然不同的效果，例如生长素低浓度时促进生长，而高浓度时则抑制生长。低浓度2,4–D能促进无籽果实发育，防止形成离层，而高浓度2,4–D可引起杀伤而成疏花药剂。相同药剂在相同植物上，因时期不同也会产生不同的效应，例如吲哚乙酸对藜的作用，在成花诱导之前使用可抑制成花，而在成花诱导之后使用则促进开花。

（2）不同生长调节剂使用方法不同

由于各种生长调节剂在植物体内吸收和运输的特性不同，因而每种生长调节剂都有其适宜的使用方法。

（3）环境条件明显影响药剂使用效果

环境条件能够明显影响药剂的使用效果。有的药剂以低温为有效条件，有的则需要高温；有的药剂需要在长日照条件中发生作用，有的则需要短日照相配合。此外，土壤湿度、空气相对湿度、营养状况以及有无病虫害等都会影响药剂的正常效应。

（4）生长调节剂的组合效应

多种植物生长调节剂组合应用时，可能存在增效或抑制作用。植物的反应不仅取决于植物体内在的与所施用的外源植物生长调节剂同类的植物内源激素的含量，而且还取决于其他各类内源激素的含量，应慎重使用。

四、控制花期的目的

控制花期的目的如下：

① 丰富不同季节花卉种类。

② 满足特殊节日及花展布置的用花需要。

③ 创造百花齐放的景观。

五、影响开花的主要因子

影响开花的主要因子包括开花前的营养生长、养分和水分供应情况、温度、光周期及植物生长调节剂。

六、花期调控处理前的准备工作

1. 花卉种类和品种的选择

根据用花时间，首先要选择适宜的花卉种类和品种。一方面，选择的花卉应充分满足市场的需要；另一方面，选择在用花时间比较容易开花且无须过多复杂处理的花卉种类，以节约时间，降低成本。值得注意的是，即便是同种花卉，不同品种对处理的反应也不相同，有时甚至相差很大。为了提早开花，应选择早花品种；若要延迟开花，宜选择晚花品种。

2. 球根的成熟程度

球根花卉要促成栽培，需要促使球根提早成熟。球根的成熟程度对促成栽培的效果有很大影响，成熟度不高的球根，促成栽培的效果不佳，开花质量下降，甚至球根不能发芽生根。

3. 植株或球根大小

要选择生长健壮、能够开花的植株或球根。植株和球根必须达到一定的大小，经过处理后花的质量才有保证。一些多年生花卉需要达到一定的年龄后才能开花，处理时要选择达到开花年龄的植株。如对观赏凤梨进行花期控制，其植株必须生长16个月；要使蝴蝶兰植株开花，从试管苗出苗到开花必须经过18个月的生长，有一定的生长量才可能开花；郁金香的球茎要达到12g以上、风信子鳞茎的直径要达到8cm以上才能开花。

4. 处理设备和栽培管理

要有完善的花期调控处理设备，如控温设备、补光设备及控光设备等。同时，精细的栽培管理也是十分必要的。

七、花期调控方法

（一）温度处理法

1. 增温处理

增温处理主要用于促成栽培，即在花芽分化后，提供花芽继续发育和长大的适宜温度条件，以便提前开花。尤其是在冬、春季节，提高温度可解除花卉植物的休眠而提早花期。增温的日期须根据生育期进行推断。

（1）打破休眠，提前开花

由于冬季温度较低，许多花卉生长迟缓（石竹、三色堇、雏菊等），或处于休眠状态（杜鹃、月季、牡丹等）。如果人为增加温度（15～25℃），提前给予适宜生长发育的温度条件，加强水肥管理，使其充分见光，便会加速植株生长或打破休眠，提前开花，达到促成栽培的目的。这种方法适用范围较广，特别是在北方，绝大多数的年销花卉冬季都需要在温室里进行栽培才有可能将花期调控在春节开花；即使在南方，包括经过低温春化的蝴蝶兰、大花蕙兰等后期也需要温室增温，以使其提前开花。

增温不可过急，否则只长叶不开花或者开花不整齐。增温期间必须每日在枝干上喷水，保持花芽鳞片的潮润，花蕾透色后，宜降温以延长花期。

（2）延长花期

有些原产于温暖地区的花卉，其开花阶段要求的温度较高，只要温度适宜，就能不断形成花芽而开花。然而，我国北方地区入秋后温度逐渐降低，这类花便会停止生长发育，进入休眠或半休眠状态，不能开花。这时，可自8月下旬起将其放入温室，人为增加温度（18 ~ 25℃），便可克服逆境，使花期延长。茉莉、非洲菊、大丽花、美人蕉、君子兰等，均可采用此法延长花期。

2. 降温处理

降温处理既可用于抑制栽培，也可用于促成栽培。低温可促进休眠和延缓生长，推迟或延长花期；还可促进花芽分化，使花期提前。

（1）低温推迟花期

① 延长休眠，推迟花期。通过低温处理，可以延长花卉的休眠时间，从而推迟花期。凡花芽越冬休眠及耐寒的花卉均可采用此法。其方法是在春季气温回升之前，将春季气温升高后开花的花卉移入1 ~ 4℃的冷室或冷库，并控制水分供给，避免过湿。低温处理可用于耐寒、耐阴的宿根花卉、球根花卉及某些木本花卉。以芍药为例，为使其延迟开花，可于早春掘起尚未萌芽植株，采用0℃湿润状态冷藏以抑制萌芽，在适当时期定植。根据试验，若在6 ~ 9月定植，30 ~ 35天可开花；若在3 ~ 5月及10月定植，45天左右可开花。

② 减缓生长，推迟花期。通过低温处理，可以使花卉生长迟缓，延长花卉生长发育期与花蕾成熟过程，从而推迟花期。低温处理常用于含苞待放和初花期的花卉，如菊花、天竺葵、八仙花、水仙、月季等。当花蕾形成且尚未展开时，放入低温（3 ~ 5℃）条件下，可使花蕾展开进程停滞或迟缓，在需要其开花时即可移入正常温度下进行管理，很快便会开花。

（2）低温提前花期

① 低温促进春化作用，使花芽提前分化。某些一、二年生草本花卉和部分宿根花卉，在其生长发育的某一阶段给予一定的低温处理，即可完成春化作用而提前开花，如芍药、万寿菊、月见草、凤仙花、百日草、石竹、雏菊、三色堇、鸢尾等。

② 低温促进花芽发育，使花蕾提前形成。某些花卉在一定温度下完成花芽分化后，还必须在一定的低温下进行花芽的伸长发育。例如，杜鹃花芽分化的适宜温度为18 ~ 23℃，而花芽伸长的适宜温度为2 ~ 10℃；郁金香花芽分化的适宜温度为20℃，但花芽伸长的适宜温度为9℃。

③ 低温打破休眠使开花提前。某些冬季休眠春天开花的花卉，如果提前给予其一定的低温处理，可使其提前通过休眠阶段，再给予适宜的温度即可提前开花。以牡丹为例，提前50天左右给予为期2周0℃以下的低温处理后，再移至生长开花所需要的适

宜温度下，即可于国庆节前后开花。

（3）低温延长花期

在高温条件下，某些花卉不能正常开花，甚至进入休眠和半休眠状态，如仙客来、倒挂金钟等。对于此类花卉，在夏季高温时，将其放置于低温凉爽的环境下，即可使其正常开花，从而延长花期。

3. 变温处理

变温法催延花期，一般可以控制较长的时期，这种方法多用于重大节日的用花上。将已形成花芽的花木先用低温使其休眠，以既不让花芽萌动又不使花芽受冻为原则。如果是热带、亚热带花卉，应给予2～5℃的温度；对于温带木本落叶花卉，则应给予－2～0℃的温度。到计划开花日期前1个月左右，将其放到15～25℃（逐渐增温）的室温条件下养护管理。花蕾含苞待放时，为了加速开花，可将温度增至25℃左右。采用这种方法，一般花卉都能预期开花。

（二）光照处理法

光照处理采用的人工光源，以红光最为有效，波长为630～660nm时作用最强，其次是蓝紫光。为能达到预期的处理目的，光照处理法应辅以其他措施，如在养护中根据需要施肥，合理利用修剪、整形，配合温度和药剂处理等。花卉的营养生长必须充实，枝条应接近开花的长度，腋芽和顶芽应充实饱满，在养护管理中应加强磷、钾肥的施用，防止徒长等。

1. 调节光照长度

（1）长日照处理

长日照处理即补光处理。在日照短的季节，对长日照花卉进行补光处理，可促进开花，使花期提前；若对短日照花卉进行补光处理，则会抑制开花，使花期延后。其方法是在日落前把灯打开，延长光照5～6h，达到调控花期的目的。人工补充光照可用荧光灯悬挂在植株上方20cm处或白炽灯（60W间隔2m或100W间隔3～4m）悬挂在植株上方100cm处。

（2）短日照处理

短日照处理即遮光处理。在日照长的季节，对短日照花卉进行遮光处理，可使花期提前；若对长日照花卉进行遮光处理，则使花期延后。其方法是用遮光材料如黑布或黑塑料膜等，于早晨和傍晚进行遮光，以使白昼变短、黑夜延长。当日照长度小于12h，即可使短日照花卉在长日照季节提前开花。一般遮光处理的时间为40～70天。遮光材料应密闭，不透光，以防止低照度散光产生的破坏作用。短日照处理超过临界夜长时长不宜过多，否则会影响植物正常光合作用，从而影响开花质量。

夏季炎热季节，为减轻短日照处理可能带来的高温危害，应采用透气性覆盖材料。应在日出前和日落前覆盖，夜间揭开覆盖物使之与自然夜温相近。

（3）暗中断法

暗中断法也称夜中断法或午夜照明法，即在自然长夜的中期（午夜）给予一定时间的照明，将长夜隔断，使连续的暗期短于该植物的临界暗期时长。通常晚夏、初秋和早春夜中断，照明时间为1～2h；冬季照明时间应多一些，为3～4h。用作中断黑夜的光照，以具有红光的白炽灯为宜。

（4）昼夜颠倒处理

采用白天遮光、夜间光照的方法，可使在夜间开花的花卉在白天开放，并可使花期延长2～3天。如昙花的花期控制，在昙花花蕾长约5cm时，每天6：00至20：00遮光，从20：00至第二天6：00，用白炽灯进行照明，经过1周左右的处理后，就能使其在白天开花，并且可以延长花期。

（5）全黑暗处理

为了使某些球根花卉提早开花，除其他条件必须符合其开花要求外，还可将球根盆栽后，在其将要萌动时，进行全黑暗处理40～50天，然后进行正常栽培养护。这种方法多于冬季在温室进行，解除黑暗后，很快就可以开花。朱顶红等可用此法提早开花。

2. 调节光照强度

大部分花卉（月季、香石竹等）在开花前需要较强的光照，但在开花后适当遮光，或移到光照较弱的地方，同时适当降低温度，可以延长开花时间并保持较好的品质。

（三）药剂处理法

1. 常用的药剂

（1）促进植物生长的调节剂

① 生长素类。吲哚乙酸是植物体内普遍存在的生长素；人工合成的生长素类化合物有吲哚乙酸、吲哚丁酸、萘乙酸、2,4–D等。

② 赤霉素类。常见的赤霉素类是赤霉酸（GA3）。

③ 细胞分裂素类（CTK）。人工合成的细胞分裂素类有玉米素、激动素（KT）、6–苄氨基腺嘌呤、多氯苯甲酸（BPA）等。

（2）抑制植物生长的调节剂

① 脱落酸（ABA）。人工合成的脱落酸有三碘苯甲酸（HTBA）、整形素、马来酰肼（MH）等。

② 乙烯。生产上应用的是人工合成的乙烯利，乙烯利对观赏植物开花有明显的促进作用，能使花卉提早开花。

（3）延缓植物生长的调节剂

花卉生产上常用的合成生长延缓剂有多效唑（PP333）、矮壮素（CCC）、嘧啶醇、比久、缩节胺（DPC）等。

2. 药剂处理技术

花卉生产中最常用的植物生长调节剂有赤霉素、2,4–D、萘乙酸、乙烯利、矮壮素等。植物生长调节剂的使用方法有根际施用、叶面喷施、局部涂抹。

（1）解除休眠

解除休眠最常用的是赤霉素，它可以代替低温打破休眠，从而达到提早开花的目的。例如，将500 ~ 1000mg/L的赤霉素点在芍药、牡丹的休眠芽上，芽在4 ~ 7天内萌动；用1000mg/L的赤霉素浸泡百合鳞茎，也能有效打破休眠；对于唐菖蒲的球根，在休眠期用10 ~ 50mg/L的6–苄氨基腺嘌呤溶液浸泡24h，可促进顶芽的萌发。

（2）促进开花

赤霉素、乙烯利、矮壮素、比久等具有代替低温和长日照刺激的作用，可诱导花芽分化，促进长日照植物提前开花。例如，每天将1g/L的赤霉素溶液滴在水仙花蕾上，可使其提早开花；将8 ~ 12g/L的赤霉素溶液注射到山茶花芽基部，可使其在2 ~ 3月开花，而且花朵大，花期持久；对于金鱼草、金盏花、百日草等草花，幼苗期喷施2.5 ~ 5g/L的比久溶液，不仅能使其提前开花，还使花朵紧密美观；在观赏凤梨筒状叶中灌注0.05 ~ 0.1g/L的乙烯利水溶液，可以诱导花的形成，使开花提前。

（3）延迟开花

吲哚乙酸、萘乙酸、2,4–D等对植物体内开花激素的形成有抑制作用，从而能有效地延迟花期。例如，菊花在花蕾期喷0.01mg/L的2,4–D可保持初开状态；喷0.1mg/L的2,4–D可使其花蕾膨大，不开放，而对照不喷药剂的菊花已开花；秋菊在花芽分化之前，用0.05g/L的萘乙酸喷施，3天喷一次，共处理50天，可延迟开花10 ~ 14天。

（4）调节衰老，延长寿命

切花离开母体后由于水分、养分和其他必要物质失去平衡而加速衰老与凋萎。在含有糖、杀菌剂等的保鲜液中，加入适宜的生长调节剂，具有增进水分平衡、抑制乙烯释放等作用，可延长切花的寿命。例如，6–苄氨基腺嘌呤、激动素可应用于月季花、球根鸢尾、郁金香、花烛、非洲菊的保鲜液中以延长其寿命；赤霉素类可延长紫罗兰切花寿命；比久对延长金鱼草、香石竹、月季的寿命有效；用矮壮素处理唐菖蒲、郁金香、香豌豆、金鱼草、香石竹、非洲菊等，也可延长切花寿命。

（四）栽培措施处理

1. 分期播种

多数一年生草本花卉属于日中性花卉，对光周期时数没有严格要求，在温度适宜生长的地区或季节采用分期播种、育苗，可在不同时期开花。例如，瓜叶菊分别于4月、6月、9月、10月分批播种，可于11月至次年5月开花不断。

2. 修剪

修剪主要用于促使开花，或再度开花。在当年生枝条上开花的花木，可用修剪法控制花期。在生长季节内，早修剪能够使早长的新枝早开花，晚修剪则晚开花。月季、大丽花、丝兰、盆栽金盏菊等都可以在开花后剪去残花，再给以水肥并加强养护，使其重新抽枝、发芽开花。

3. 摘心

摘心主要用于延迟开花。常用摘心方法控制花期的有一串红、香石竹、大丽花等。例如，一串红可于4～5月播种，在预定开花期前100～120天定植；当小苗高约6cm时进行摘心，以后可根据植株的生长情况陆续摘心2～3次；在预定开花前25天左右进行最后一次摘心，到国庆节便会如期开花。

4. 摘叶

摘叶促使其进入休眠，或促使其重新抽枝，以提前或延迟开花。例如，白玉兰在初秋进行摘叶迫使其休眠，然后进行低温、增温处理，促使其提早开花。此外，剥去侧芽、侧蕾，有利于主芽开花；摘除顶芽、顶蕾，有利于侧芽、侧蕾生长开花等。

5. 肥水调节

（1）施肥

适当增施磷、钾肥，控制氮肥，促进花芽发育；多施氮肥，则延迟开花。

（2）控制水分

通过控制水分即“扣水”，强制花卉休眠，再于适当时期给予充足水分，解除休眠，可促进花芽提早分化。玉兰、丁香、牡丹等木本花卉常采用此法调控花期。在实际生产中可采用这种方法，促使某些花卉在国庆节、元旦或春节开花。

在花卉花期调控的过程中，常常采用综合性技术措施处理，其控制花期的效果更加显著。

思政内容

课程思政分析	
思政元素	创新意识、举一反三
融入知识点	一品红光照调节花期
融入方式	案例引入，溯源调节原理，培养创新意识，并根据实际条件创新栽培设施用具改良

自测自评

任务四 鲜切花——唐菖蒲、香石竹、切花菊养护管理

学习目标

能力目标	知识目标	素质目标	思政目标
1. 能够识别10种常见鲜切花 2. 能够养护常见品种鲜切花	1. 掌握鲜切花栽培的概念及特点 2. 了解10种常见花卉形态特征及生态习性 3. 掌握鲜切花栽培养护措施	1. 培养自主学习能力 2. 培养语言表达能力 3. 培养团队协作能力 4. 培养健康意识	1. 了解“花语”，积累“花文化” 2. 树立环保理念和创新意识

学习目的

通过唐菖蒲、香石竹、切花菊养护管理，使学生掌握鲜切花养护管理的基本方法，提高学生参与生产管理的能力。

材料与用具

现代化温室、育苗土、喷壶、手铲等。

学习步骤

领取任务书→任务分析→确定鲜切花养护管理方案→鲜切花养护。

任务书一

文件编号： 日期：

任务名称	鲜切花——唐菖蒲、香石竹、切花菊养护管理
时间	××年
任务详情	为已选择出的花卉品种（唐菖蒲）制订详细的养护管理方案
具体要求	以小组为单位，在4学时内完成花卉的养护管理方案制订并根据实际情况实施
学习成果	一种花卉的养护管理方案
生产负责人	

任务分析单

任务要求	达成目标	显性条件	隐性条件

实践内容一

1. 能力目标

通过实践，初步掌握唐菖蒲鲜切花栽培所需生产条件、管理技术、鲜切花采收等技术。

2. 材料与用具

唐菖蒲种球、多菌灵、比久、尼龙网架、铁锹、锄头、保鲜柜、塑料袋等。

3. 内容与方法

唐菖蒲花期抑制栽培技术如下：

（1）栽种准备

种球栽种期可分三批种植，即4月10日、5月20日、6月30日。栽种前，应将种球低温储藏，一般在3～5℃冷藏库储藏至栽种期。

（2）栽种

施基肥时，每100m^{2}施堆肥200kg、饼肥30kg、过磷酸钙12kg、草木灰12kg。栽植时，大球行距15～20cm，株距10～15cm，大球覆土厚度10cm。

（3）鲜切花采收

栽种后60～100天可采收鲜切花，具体时间视品种而定。当花序下部1～5朵小花透色时为采收时期，一般连同2～3片叶一同采下，注意不要伤及留在下部茎上的叶片，以便继续供给新球和子球营养。应将采下的花枝分级包装，置于4℃左右的储藏库中，并在3～7天内运至消费者手中。若鲜切花储藏或运输时间过长，则会使质量下降。

（4）种球采收及储藏

应在10月中旬叶片枯黄后选择晴朗天气采挖种球。掘球时，剪去地上部分，将剩余部分清除杂质、拣净、晾晒，然后按种球大小进行分级整理。将大小均匀的种球置于钢架上晾干，储藏库应保持通风、干燥、低温。

4. 思考与作业

以你所在地的气象、土壤条件为依据，确定唐菖蒲的周年供花模式以及栽培养护管理措施。

相关知识

一、鲜切花概述

（一）鲜切花的概念

鲜切花是指切取有观赏价值的新鲜的用于花卉装饰的茎、叶、花、果等植物材料。鲜切花大致可分为切花、切叶、切枝、切果四类。

（二）影响鲜切花质量的因素

对鲜切花质量影响最大的栽培因素包括鲜切花种类和品种、光照、温度、施肥、灌水、空气湿度、病虫害、空气污染等。

（三）鲜切花周年生产技术要点

1. 采用保护地栽培

（1）温室或塑料大棚

温室或塑料大棚是鲜切花周年生产必需的基本设施。由于其可对光照、温度、湿度等进行有效控制，已广泛用于鲜切花生产和促成栽培。目前生产上通用的标准大棚为长30m、宽6m。

（2）冷凉栽培室和冷藏库

冷凉栽培室主要用于低温花卉（梅花、水仙等）的栽培或延长休眠；冷藏库主要用于鲜切花的冷藏、种球保存及休眠调控等，一般温度在0℃以上。

（3）温度、光照、气体调节设施

增温设备有锅炉、电热线等；降温可通过喷雾、遮光网、机械制冷等方式；光照补充可采用日光灯、高压水银灯等；遮光可用遮阳网、竹帘等；气体调节主要是增补CO_2，通过通风换气排出有害的CO、NH_3、NO_2等。

（4）其他设施

其他设施包括固定植株和防倒伏的花网、地膜、温床、冷床等。

2. 土壤改良和消毒

鲜切花一般需要排水良好、疏松肥沃的土壤，即含60%～70%的沙粒和30%～40%粉粒及黏粒的土壤。近年来，鲜切花生产越来越多地使用人工配制的营养土（基质），所用的原料主要有腐殖质土、河（塘）泥、山泥、堆肥、火山灰土、煤（炉）渣、珍珠岩、椰子、棕丝、刨花、菇土、蔗渣、锯末等。栽培不同的鲜切花种类，基质各成分的比例也会不同。

为了减少病虫害的危害，大棚温室鲜切花在种植前要进行土壤消毒。常用的消毒方法有管道蒸汽消毒和化学药剂消毒。管道蒸汽消毒常用的化学药剂有三氯硝基甲烷、甲基溴化物、福尔马林等，消毒时将药物喷洒在土壤表面，并与土壤拌匀，然后用塑料薄膜密封，同时将大棚温室密封，熏蒸24～30h后，解除覆盖，通风换气7～10天后，方可种植。土壤消毒也可用多菌灵、苯莱特等拌土，或用硫黄烟熏蒸。

此外，采用轮作制和多施基肥是控制病虫害，改良土壤、提高地力，维持土地生产力的有效措施。值得注意的是，很多鲜切花忌连作，如菊花、香石竹、月季、非洲菊等。

3. 对花期进行调控

植物的生长、花芽分化、开花等现象，都受到光照、温度、水分等环境因素的制约。要实现鲜切花周年生产、常年供花，就必须利用鲜切花栽培的各个环节，根据栽培种类的生物学特性，采取相应的技术措施，进行花期调控，使植物提前或推迟开花。有关花期调控的途径可参见模块二项目二子项目一任务三相关内容。

（四）鲜切花的采收、储运和保鲜

1. 鲜切花的采收

（1）花朵开放类型和采收时间

① 正常开放型。这类花开花所需要的养分主要依赖母体，如大丽花、非洲菊、一品红、宿根向日葵、花烛等。它们必须在植株上正常开放后再采收，若在花蕾期采切，就不能正常开放，或出现“弯茎”现象，易于枯萎。

② 离体开放型。这类花在花蕾期采收后，花蕾能够继续生长、开放，如百合、菊

花、翠菊、唐菖蒲、香石竹等。一般花枝上带有叶片，可提供开花需要的养分。因此，这类花通常在花蕾开始松口，露出花色时就可切取。

③ 居间开放型。在采收时单花已微绽，或花序上的小花部分开放后，其单花或花序上的所有小花才能正常开放的花，属于居间开放型，如马蹄莲、满天星、晚香玉、月季等。这类花应在单花已微绽或花序上的小花部分开放后采收。

对于一年中不同的季节，鲜切花的切取时间稍有不同。一般夏季气温高，离体开放型和居间开放型花都可在单花已微绽或花序上的小花部分开放后切取；冬季气温低，可在花苞开放较大时采收，即比夏季晚采收。

一天之内，鲜切花的切取时间也很重要。不需要长距离运输的鲜切花，宜在早晨或傍晚切取，此时含水分多，茎叶挺直，花色鲜艳，观赏效果好；需要储藏和长距离运输的鲜切花，宜在上午10：00以后或傍晚切取，这时茎、叶、花含水分少，切花不易损伤，便于包装和运输。应尽可能避免在高温和高强度光照下采收。

（2）采收部位和方法

切取鲜切花时，既要满足鲜切花使用的需要，又要保证植株能够正常生长。在商品鲜切花的生产中，月季一般要求花枝长40 ~ 60cm，在花枝基部留一个叶芽剪取；花烛、非洲菊则要从基部连整个花柄采下。

对于部分花卉，如月季、百合、香石竹、晚香玉、勿忘草等，切取时要带有一部分叶片；而非洲菊、花烛、马蹄莲等，切取时只取花枝即可。除木本花卉要用剪刀剪取外，对于枝条发脆的花卉宜轻轻折断，以免压伤茎干导管，影响水分、养分的输送。

（3）切叶的采收

剪切叶片时，应将整个叶片从叶柄基部取下，注意不要撕伤皮层、损伤嫩叶。老叶观赏价值低；嫩叶含水量高，叶色不正，容易失水变形、损伤。每次只能采取已经充分发育完成的部分叶片。

切下的叶片应摆平相叠，分束绑扎。包装和运输过程中，要注意保湿、透气，并防止折损和扭曲。

2. 鲜切花采后处理

鲜切花采收后离开母体，被切断了营养和水分的来源，成为独立的生命体。采收后，应立即将花茎插入水中并置于阴湿环境下，防止阳光暴晒。注意不要把鲜切花和水果、蔬菜储放在同一场所。为了维持一定的采后寿命，必须尽快采取相应的处理技术，包括预冷、分级、包装、储藏等环节。

3. 鲜切花的储藏和运输

目前生产中常用的鲜切花储藏方法有干藏和湿藏两种；常用的运输方法有卡车运

输、飞机运输和轮船运输，运输过程中一般都有冷藏设备或隔热设备。

4. 鲜切花的保鲜

鲜切花的保鲜方法包括硅窗气调法、冷藏法、应用花卉保鲜剂、辐射保鲜、植物基因工程保鲜技术等。

二、鲜切花生产管理

（一）鲜切花生产管理流程

鲜切花生产管理流程包括选择品种、改良土壤、定植和日常管理等步骤，如图2–27所示。

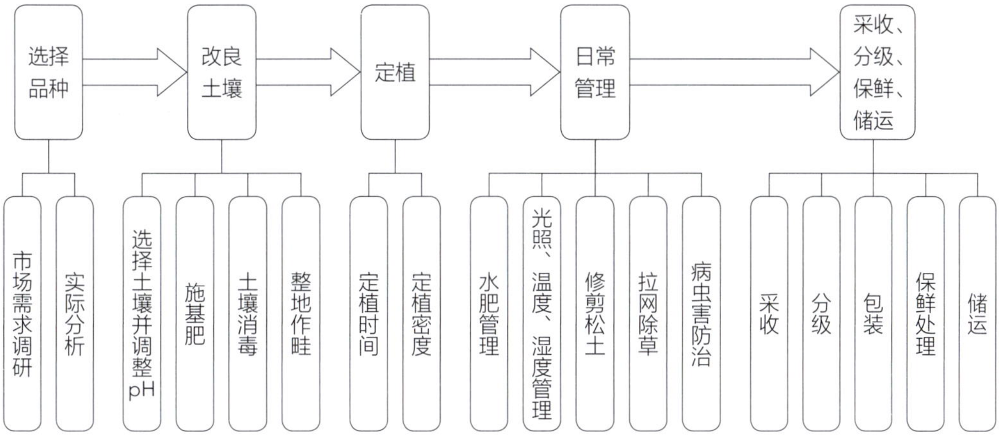

图2–27 鲜切花生产管理流程

（二）唐菖蒲鲜切花生产

1. 品种选择

唐菖蒲促成栽培期间通常为气候冷凉、光照较弱、通风条件较差的季节，应选择生长周期短、耐低温、耐弱光、抗病性强的品种，以提高开花率和鲜切花品质。此外，还可根据花色、对光照敏感程度和花期进行选择。

2. 土壤的准备及处理

唐菖蒲应种植在通气、透水性良好的沙壤土中，若种植地的土壤比较黏重，可在种植前掺入有机肥、秸秆或沙子进行改良后再种植。唐菖蒲要求土壤pH为6.0 ~ 7.0，为了提高土壤pH，须于种植前一个月在土壤中加入石灰（同土壤混合均匀）进行校正。当土壤pH高于7.5时会引起缺素症，可通过在土壤中增施有机肥来预防。唐菖蒲最常见的缺素症是缺铁，一般在种植前往土壤中施加螯合铁溶液进行预防。此外，唐菖蒲对盐分很敏感，土壤的EC值应小于0.2S/m，土壤中氯的含量必须低于50mg/L，温室灌溉水中氯的含量不能高于200mg/L。盐分过高，特别是氯的含量过高时，往往会阻碍植株根系生长，从而影响开花。因此，有条件的可在种植前6周对土壤的营养条件、盐分含量及酸碱度进行测定，以便有针对性地采取改良措施。

（1）土壤消毒

每平方米打25个深20cm的小穴，每穴灌氯化苦5mL，施药后覆土、踏实，泼水，延缓药液挥发，以提高药效。气温在20℃以上保持10天，15℃以上保持15天，然后将处理后的土壤多次翻耕，避免氯化苦的药害（或用福尔马林代替）。

（2）施基肥

施基肥时，以施用腐熟农家肥为宜。每公顷施有机肥15000～25000kg，并加施6～9kg氮肥、6～12kg磷肥以及7～12kg钾肥。

3. 种球种植

（1）种植时间的确定

露地栽培一般在3～5月种植。为延长鲜切花的供应期，种球应该每隔15～20天分批种植一次。自种植到采收鲜切花的周期，与品种特性、种球大小、栽培时期的温度条件等因素有关。早花品种与晚花品种同时种植，花期可相隔20～30天；直径为12～14cm的种球比直径8cm左右的种球提早2～3周开花；栽培温度在25℃条件下经60～70天开花的品种，当栽培温度降低至12～15℃时，开花期则要延长到90～120天。此外，利用地膜与小拱棚栽培，种植期还可提前1个月左右。5月后种植的种球因气温升高，在储藏期间容易发根，因此，后期种植的种球应该在通风、干燥环境条件下储藏，或在2～5℃低温下冷藏。

（2）种球消毒

种植前必须用1g/L的克菌丹、百菌清、多菌灵、高锰酸钾等水溶液浸泡17min进行种球消毒。种球一经抵达，应立即打开包装，以避免菌类的滋生和种球生根、长芽。打开包装后应尽快种植，如果不能及时种植完，可以在通风良好的干燥处进行短期储存。

（3）栽植密度

栽植前应浇水，使土壤湿润，便于操作。栽植深度因种球大小、栽植季节而异，一般为种球高度的2～3倍，即至少8～10cm。通常用高畦或垄栽。高畦栽植时床宽90～100cm，通道宽40～50cm，株行距15cm×（15～20）cm；垄栽时按双行式平栽，行距20cm，行内株距8～12cm，每垄两行，垄距40～60cm。常见种植密度为每平方米种植40～60个种球。种球大小和栽培密度的关系如表2–23所示。

表2-23 种球大小和栽培密度的关系

种球规格/cm	6～8	8～10	10～12	12～14	>14
栽培密度/（个/m^2）	60～80	50～70	50～70	30～60	30～60

4. 生长管理

（1）栽植后种球迅速生根，须浇足水

土壤持水量宜在50%左右。种植前土壤须先浇一次水，以保证种植时土壤的湿润，种植后两周内无须浇水。在唐菖蒲的整个生长过程中，土壤始终要保持湿润，若土壤干燥，可选在晴天的上午浇水，有时还需要借助覆盖物来保持土壤湿度。3～5叶期是小花原基形成期，也是母球茎根系开始死亡、新球茎长出新根的关键时期。在这一时期，水分供应要充足，否则会影响花芽形成。

（2）温度

唐菖蒲种植后两周内应保持夜温12℃，白天22℃；出芽后夜温可升至13～14℃，白天23～25℃。温度较高时应加强通风、遮阴。从刚看到第3片叶子至第6～7片叶子出现的时间段是唐昌蒲的花芽分化期。在此期间，若温度偏低，会引起盲花，使开花率降低；若温度偏高，会发生消蕾。唐菖蒲生长期间的平均温度将决定其生长周期。

（3）光照

唐菖蒲属长日照花卉，是秋、冬季开花的植株，要辅以人工长日照处理。在生长过程中，需要较强的光照，特别是叶子长出后，植株通过光合作用合成养分以维持生长。花芽分化期光照不足，会导致叶光合作用产生的养分不足，使开花受到影响，所以在第3片叶出现至开花期间应尽可能增加光照。

（4）施肥

在唐菖蒲种植后的前几周，种球本身能够提供足够的养分，使植株很好地生长，而且新种植球茎的根对盐分很敏感，所以一般情况下在种植后几周（第3～4周）才开始施肥。当第3片叶子抽出时，每亩追施12～18kg的颗粒状硝酸钙，可分三次追入。在苗期还要进行追肥，尤其是磷、钾肥，这样既能提高鲜切花和球茎的质量，还能增加植株的抗病、抗倒伏能力。追肥一般在苗期、旺盛生长期、开花前后及养球期间进行，应遵循“少量多次”的原则。

（5）张网

植株高达1.2～1.5m时，易风吹倒伏，因而应在苗高20cm时挂尼龙网架，网随植株长高而升高。

5. 唐菖蒲常见病虫害及防治方法

（1）立枯病、腐烂病

水分过大、通风不好、温度太高时会发生立枯病、腐烂病。可用硫酸铜1kg加水500～1000kg，配成水溶液喷雾防治。

（2）干梢病

土壤含水量低于30%、气温在29℃以上、空气相对湿度在60%以下时易发生干梢病。可用40万单位的青霉素，在靠地面处用注射针注射球茎，其疗效可达95%以上。此外，用多菌灵800倍液喷施，也有一定的预防治疗作用。为了防治干梢病，可去除病叶，防止干旱，使土壤含水量在50%左右，空气相对湿度在70%左右，温度在20～25℃；避免施用未腐熟的有机肥料，合理搭配氮、磷、钾肥。

（3）锈病

气温在25℃、空气相对湿度在85%以上时易发生锈病。在地势低洼、排水不良、土壤黏重、种植密度过大、通风条件不好的条件下，锈病发生严重。氮肥施用过多，也易致锈病。其防治措施是种植密度合理，使植株保持良好的通风、透光条件。发病初期可用15%粉锈宁可湿性粉剂1000～1200倍液、80%代森锌500倍液或20%萎锈灵400倍液，每隔10～15天喷洒一次，共喷洒三次。

（4）线虫

线虫会危害植株根部，造成全株枯黄死亡。其防治措施是在定植前将呋喃丹、威百亩、棉隆、杀线酯、二溴乙烯等施入土中。

6. 鲜切花采收和储藏

作为商品鲜切花，应在花穗最下面一朵小花开放后采收。采收时一定要在植株上留一定数量的叶片，以保证植株的花后发育。鲜切花采收应以10～12枝为一束，分级包装。通常长度70～80cm为合格级；80～90cm为中等级；90～107cm为良级；107cm以上为优级，各国所定长度标准有所不同。

鲜切花采收后应捆扎好并放入0.1～1g/L的硫代硫酸银（STS）和杀菌剂的水溶液中处理24h，然后将其包装于保湿箱中，在4～5℃下可储存1～3周。过早采收会使花开得不好，过晚采收则不利于采后的处理及运输。在采收后的储藏及运输过程中，最好保持鲜切花直立。储藏时要保持花朵干燥并尽量使冷库的温度保持在2～5℃。

任务书二

文件编号： 日期：

任务名称	鲜切花——唐菖蒲、香石竹、切花菊养护管理
时间	××年
任务详情	为已选择出的花卉品种（香石竹）制订详细的养护管理方案
具体要求	以小组为单位，在4学时内完成花卉的养护管理方案制订并根据实际情况实施
学习成果	一种花卉的养护管理方案
生产负责人	

任务分析单

任务要求	达成目标	显性条件	隐性条件

实践内容二

1. 能力目标

通过实践，初步掌握香石竹鲜切花栽培所需生产条件、管理技术、鲜切花采收等技术。

2. 材料与用具

香石竹鲜切花、多菌灵、尼龙网架、铁锹、锄头、保鲜柜、塑料袋等。

3. 内容与方法

香石竹栽培技术如下：

① 种植准备。首先选择好香石竹品种，并准备排水良好、腐殖质丰富、保肥性能良好而微呈碱性的黏质土壤。然后整地作床，土壤消毒，施基肥。

② 定植。香石竹定植密度应为15cm×18cm，定植深度以浅栽为宜。

③ 水肥管理。应根据香石竹长势适时浇水、施肥。

④ 适时整枝修剪。

⑤ 张网。根据香石竹高度可张网3层或4层。

⑥ 采收。花瓣伸长1～2cm时，蕾期采收。

4. 思考与作业

以你所在地的气象、土壤条件为依据，确定香石竹的周年供花模式以及栽培养护管理措施。

相关知识

香石竹生产上用苗多以扦插苗为主。定植后到开花所需的时间，会因光照强度、温度与光周期长短而变化，最短100～110天，最长约150天。根据市场供花需求，可以适当调节定植的时间。香石竹的作型有春作型、冬作型和秋作型。春作型4～5月定植，10月以后开花；冬作型主要在12月定植，次年6～7月开花；秋作型9月定植，3～4月开花。除此之外，还有多年作型，即一次定植，连续2～3年收获。

一、种植准备

香石竹种植要求排水良好、腐殖质丰富、保肥性能良好而微呈碱性的黏质土壤。连作时，应用代森锌、多菌灵或克菌丹在栽插前对土壤进行处理，定植前最好对土壤EC值和pH进行测量。种植香石竹前，应深翻土壤，施足基肥，基肥以腐熟的有机肥为宜。喜好强光是香石竹的重要特性，栽植后应给予充足的光照。

二、水肥管理

香石竹喜肥，生长期内还要不断追施液肥，一般每隔10天左右施一次腐熟的稀薄肥水，采花后追肥一次。香石竹较耐干旱。在多雨地区，土壤易板结，植株根系会因通风不良而发育不正常，所以雨季要注意松土排水。除生长开花旺季要及时浇水外，平时可少浇水，以维持土壤湿润为宜。相对湿度以保持在75%左右为宜，花前适当喷水，可防止花苞提前开裂。

三、整枝、抹芽和摘蕾

应从幼苗期开始进行多次摘心。当幼苗长出8～9对叶片时，进行第一次摘心，保留4～6对叶片；待侧枝长出4对以上叶片时，进行第二次摘心，每侧枝保留3～4对叶片，最后使整个植株有12～15个侧枝为宜。香石竹摘心后，除保留作为花枝的目标分枝外，其余的应全部抹去。植株拔节后在茎干的中下方发生的侧枝，也应及时抹去。除多头型香石竹外，孕蕾时每侧枝只留顶端一个花蕾，主蕾以外的花蕾应及时剥除，顶部以下叶腋萌发的小花蕾和侧枝也要及时全部摘除。第一次开花后应及时剪去花梗，每枝只保留基部两个芽。如此反复摘心，能使株形优美、花繁而色艳。

四、张网

香石竹在生长过程中需要张网3～4层。以3层为例，当苗高距畦面15cm时，张第1层网；以后随着茎的生长而张第2、3层网，网层之间隔25cm左右。张网的要求是拉正、拉直、拉平，以免生长发育的后半期整个植株的重量都落在下部的茎上，引发病虫害。生长期应注意防治病虫害。

五、采收

香石竹花苞裂开，花瓣伸长1～2cm时，为采收时期。蕾期采收的香石竹须放在催花液中处理。采收时每20枝或30枝扎成一束，去除基部10～15cm残叶后水培出售。

任务书三

文件编号： 日期：

任务名称	鲜切花——唐菖蒲、香石竹、切花菊养护管理
时间	××年
任务详情	为已选择出的花卉品种（切花菊）制订详细的养护管理方案
具体要求	以小组为单位，在4学时内完成花卉的养护管理方案制订并根据实际情况实施
学习成果	一种花卉的养护管理方案
生产负责人	

任务分析单

任务要求	达成目标	显性条件	隐性条件

实践内容三

1. 能力目标

通过实践，初步掌握切花菊栽培所需生产条件、管理技术、鲜切花采收等技术。

2. 材料与用具

切花菊扦插苗、多菌灵、尼龙网架、铁锹、锄头、保鲜柜、塑料袋等。

3. 内容与方法

切花菊栽培技术如下：

① 整地作床。应选择排水好的地块，施足基肥，高垄栽培。

② 定植。定植时，株行距应为10cm×10cm。

③ 水肥管理。应根据切花菊长势适时浇水、施肥。

④ 适时拉网、抹芽、抹蕾。

⑤ 采收。在花朵开放程度为2～3度时采收即可。

相关知识

菊花属于浅根性作物，要求土壤通透性和排水性良好，且具有较好的持肥保水能力及少有病虫侵染；需水偏多，但忌积涝，土壤pH适宜范围为6.3～7.8，以弱酸性为最好；喜阳光，有的品种对日照特别敏感；生长适宜温度为15～25℃，较耐低温，10℃以上可以继续生长，5℃左右生长缓慢，低于0℃易受冻害（地上部分），根系可耐－10～5℃，不会被冻死。

一、切花菊扦插繁殖

1. 扦插床的制作

沙床一般宽90cm，长度根据棚室的实际情况确定。一般用砖砌成或直接用土，床底部铺一层旧塑料。具体规格如下：深度15～20cm的育苗床，内填充10～15cm的扦插基质，通道宽24cm。扦插床上1.7m高度架设补光灯，保证扦插池最小光照度在50lx以上。

2. 基质的选择

扦插用的基质有很多，可以根据生产基地实际情况使用不同的基质。常用的基质有：河沙（不能太细，否则透水性不好；也不能太粗，否则保水性差，一般选择直径1～2mm的河沙）、珍珠岩：蛭石=1：1（体积比）的混合基质、珍珠岩：碳化稻壳=2：1（体积比）的混合基质，也可只用泥炭土做基质。

3. 插穗的分选与掰穗

采穗后进行分级挑选，直径3.5～4mm的插穗为一级穗，3.0～3.5mm的为二级穗，2.5～3.0mm的为三级穗。将穗掰成5～7cm，将下面2.5～3cm叶片去掉，保证顶部2叶1心，若穗条萎蔫，则须吸清水0.5h。冬季扦插最好蘸生根剂5s左右，生根剂为100mg/L萘乙酸＋100mg/L吲哚丁酸。

4. 基质和插穗消毒

扦插床每次使用之前必须不断翻动床内基质，利用太阳光进行暴晒消毒。每次使用时还应用五氯硝基苯、多菌灵和一些土壤杀虫剂混合洒在插床内，也可使用敌克松200倍液喷洒插床。每次扦插时，插穗也要进行消毒处理，一般用阿米西达800倍液或苯咪甲环唑800倍液浸泡10min（防白锈病），也可用百菌清1000倍液浸泡进行综合防治。用药剂处理1h后即可用生根剂处理进行扦插。

5. 扦插与管理

用钉板在沙床上按预定株行距打孔，钉板下压时要保证水平，用力应均匀，以确保扦插穴孔深度一致。蘸完生根剂的插穗应用塑料盆等容器盛放，放置于作业道上，边插边取。应左手递穗，右手扦插，右手拇指与食指捏住插穗距基部2.5cm处，垂直将插穗插至孔穴底部，插穗无叶部分埋入沙中2cm左右，手指顺势向下一摁使基质与插穗结合紧密。

扦插完成后，用喷壶从上方少量浇水，使插穗与基质结合紧密，同时保证充足的水分。然后用竹片在苗床上方架设小拱，用透明塑料薄膜将苗床完全罩起，最后再覆盖50%遮阴网遮光。

6. 育苗期管理

扦插前6天应对扦插床进行全天遮阳处理；到第7天插穗已经长出愈伤组织，此时应撤掉遮阳网，只在中午阳光强烈时遮上，保证膜内温度在28℃以下；到第12天，插穗根系已经长出，此时去掉塑料膜，浇水，次日喷洒杀菌杀虫剂，炼苗3天；到第15天，扦插苗已经生根完好，即可进行栽植。

二、栽植

1. 土地的选择

菊花喜湿怕涝，最适宜的土壤含水量是40%～60%，栽培时应选择地势相对较高、通风好、排水畅通且无积水的地块。土壤以沙壤土和轻壤土为宜，土壤pH以6.0～7.5为佳。菊花适应性很强，pH适当高些也能生长，故生产时可根据当地的实际情况进行土地选择。

2. 施肥

整地施肥时应根据不同的土壤条件采用不同的施肥方法。因不同品种的菊花对肥力的要求不同，所以在整地施肥时施入的肥料也是不同的。一般每亩施入10～12m^3牛粪和氮、磷、钾比例为1∶1∶1的复合肥50kg。用旋耕机反复旋耕三次，使肥料与土壤充分混合，准备作床。在菊花生长期可进行追施，前期追施肥以氮肥为主，后期以钾肥为主。

3. 作床

苗床一般采用南北向，高垄栽培，床高10～20cm。苗床为梯形，下底宽70cm，上底宽60cm，苗床间作业道宽30cm。苗床要求笔直，床面水平。

每个苗床上面铺两条滴灌带，间隔30cm，滴头间距以15～20cm为宜。滴灌带安装结束后，必须立即检查滴水效果，如有问题应立即纠正，确保苗床每一处滴水均匀。苗床作好后在表面覆一层黑色地膜，可以起到增温、保湿、抑制杂草的作用。

4. 定植

定植前应对定植苗进行分选，把病、残苗除掉，把壮苗和弱苗分开进行定植。一般将壮苗定植在畦中间，弱苗定植在畦两边，这样做是因为边上通风透光好，很快能使定植苗长势保持一致。定植时，要求种苗茎部埋入土中2cm，使根系舒展，与土壤接触紧密；株行距10cm × 10cm，每个网眼定植一株切花苗，4 ~ 5行定植，每亩定植27000株。定植后应立即浇水，浇水量要大，同时用遮阳网进行遮阴。浇水后，应马上进行扶苗、补苗，有的菊苗根系裸露在外面，也要重新覆土。根据栽培季节不同，定植的时间也不同，夏季一般在下午进行，冬季一般在晴天的上午进行。如果定植量很大，可在遮阴条件下全天进行定植。

三、切花菊水分管理技术

水分是影响菊花品质的重要因素之一。苗期水分不足，会大大降低菊花的成活率，它也是造成老化苗、生长不整齐的主要原因；营养期水分不足，会导致叶片萎蔫、失去光泽，茎秆细弱，重量不足，达不到出口标准（出口优级品长90cm，重70 ~ 90g）；生殖期水分不足，易造成花芽分化不良，舌状花瓣数减少，花瓣短小，俗称“露心”，严重时会失去出口价值。

1. 苗床浇水

切花菊按自然花期可分为春菊、夏菊、秋菊、寒菊。其栽培方式主要有低畦栽培、高床不覆地膜栽培、高床覆地膜栽培。不论哪个品种，哪种栽培方式，定植时都要保证床面土壤湿润，土壤含水量在40%左右。低畦栽培应提前2 ~ 3天床面浇水；高床不覆地膜栽培可提前2天浇水；高床覆地膜栽培可用喷头浇水后立即覆地膜，次日定植。定植时以土壤湿润而不黏稠为宜。

2. 定植浇水

定植后应马上浇水，若一次定植面积较大，则必须边定植边浇水，以确保花苗及时得到水分。用水量以花苗周围3cm、根下2cm土壤含水量达95% ~ 99%为宜。必须做到花苗根系与土壤紧密接触，从而确保成活率。定植后3 ~ 5天进行第二次浇水（定植后应覆盖遮阴网，防止棚内温度过高，水分蒸发量过大）。根据气候、土壤结构等不同，第二次浇水时间间隔也不同。一般保水性较弱的沙壤土，应在第3天浇水；保水性较强的黏质土，应在第5天浇水。一般第二次浇水与第一次间隔不超过5天，用水量为第一次的2/3（沙壤土的与第一次相同），确保花苗安全度过缓苗期。

3. 炼苗期（定植后10 ~ 20天）浇水

炼苗期花苗缓苗已经结束，新根开始生长，应适当控制水量，以“看苗浇水，少量多次”为原则。即经常在田间观察，当发现花苗有2 ~ 3片叶萎蔫（顶叶和生长点正常）时浇水，用水量不要太大，大约为定植水的1/3，让花苗常处于一种半饥渴状态，以刺激花苗根系的生长，培养壮苗，为以后的快速生长打好基础。若此时期水分过量，极易造成地上部分徒长，根系会因为缺少氧气而生长缓慢，地上、地下生长不均衡，给后期管理带来很多困难。

4. 营养生长期（缓苗期过后至花芽分化前）浇水

营养生长期为菊花主要营养积累期，其生命力活动旺盛，需要大量的水和二氧化碳来合成有机物质，需要吸收大量的营养元素以保证自身的快速生长需要，而营养元素主要以离子状态存在于水中，被植物根系吸收和利用。总之，这一时期要保证充足的水分，一般夏季3～5天浇一次透水，冬季5～7天浇一次透水，应做到浇水均匀，浇水间隔的时间基本一致。营养生长期浇水是确保切花叶片间距均匀一致的重要条件，而切花叶间距是否均匀是衡量菊花品质的一个重要因素。

5. 花芽分化期浇水

应在花芽分化前7天开始控制水分，以偏旱为宜。人为地创造一种“逆境”条件，有利于菊花的营养生长向生殖生长的过渡。到花芽分化中后期应适量浇水，以保证顶部叶片的正常生长。若此时期水分不足，极易造成顶叶小而簇生，严重影响商品价值。

6. 花蕾膨大期（能看见小花蕾到开花）浇水

由于花芽分化期的水分控制，花蕾膨大期植株整体偏旱，因此应逐渐增加供水量。当花蕾长到豆粒大小时为需水盛期，此时的用水量与主要营养期的用水量基本相同，以促进花蕾的迅速膨大。若此时期供水不足，则易出现顶叶小、花瓣短等现象。此外，在切花前2天浇一次透水，可使花期集中，又有利于出口保鲜、提高土地利用率。

四、施肥管理

一般定植10天后，切花菊开始生长。此时由于根系较弱，土壤中的肥料吸收较少，可用一些冲施肥，如氨基酸类冲施肥、微量元素类冲施肥或海藻肥、甲壳素等，每10天追施一次肥料，冲施肥可和化学肥料混合使用。花苗定植前期，可以将浓度小的肥料只施给低矮、长势慢的植株，也可对一些长势过快的植株摘除部分叶片，使其长势降低，通过调整使植株长势一致。当花苗长到30cm左右时，可根据实际长势追施一次富含磷、钾的肥料，每亩追施15kg；当植株长到55～60cm时，追施一次钾肥。切花菊追肥不是必需的，应视植株具体生长情况而定，若地力充足，植株长势健壮，茎秆较粗，则不能追肥。切花时，茎秆粗度与香烟一样粗为宜。

五、铺设支撑网、拉网、抹芽、抹蕾

1. 铺设支撑网

在苗床上铺设网眼为10cm×10cm的5目尼龙支撑网，网面要绷紧，使每一个网眼呈正方形。网的两端用挡板和铁管固定，有条件的地方用铁丝网效果最好。

2. 拉网

当网上植株高度达到25cm左右时，应及时拉网，保持网上部分长度在15cm左右。若网上部分过长，植株容易弯曲；网上部分过短，由于植株未完全木质化，也容易弯曲。拉网最好在晴天的下午进行，因为这时叶子比较柔软，拉网时不易受损伤。拉网时应将花网向外侧绷紧，同时向上提起。提网工作一定要及时。

3. 抹芽

当腋芽生长至2cm时应及时抹掉。抹芽的方法如下：

① 抹芽时用中指和食指拖住叶柄，用拇指抹掉腋芽。

② 用大拇指扶住花茎，食指在叶柄内侧，顺叶柄向下抠掉腋芽。

③ 用食指扶住花茎，大拇指在叶柄内侧，顺叶柄向下抠掉腋芽。

抹芽时应双手同时进行。抹芽要及时，芽长不超过2cm时就要抹掉。若抹芽太晚，会留下很大的伤口而不能出口；同时，也不能在芽很小时进行抹芽，这时容易弄掉叶片而不能出口。抹芽时要做到“三个不”，即不掉叶、不留橛、不落抹（每个叶片内都有腋芽，每一植株都有腋芽）。

4. 抹蕾

花芽开始分化后29天时，主蕾边上的侧蕾已长到绿豆粒大小，这时要及时抹掉侧蕾。若侧蕾抹得太晚，会影响主蕾生长，造成伤口过大、主蕾过小而不能出口；若侧蕾很小时进行抹蕾，则很容易弄伤主蕾。抹蕾时，应根据个人熟练情况以能抹掉侧蕾而不伤及主蕾为原则。注意抹蕾时也不能留橛。

六、比久的使用

激素的使用是切花菊生产的关键技术之一。在定植初期，由于花苗本身个体差异或浇水等原因而生长势不同。当花苗长到20～30cm时，根据实际长势，如果花苗比较弱，可适当喷洒比久1500倍液进行调整。调整后，如果花苗还相对较细，可在停尖时再喷洒一次比久1200倍液。植株现蕾后，当主蕾生长到黄豆粒大小时，必须使用一次比久1000倍液，施用后第5天再施用一次，控制花脖，防止花脖过长。

七、病虫害防治

定植后第3天喷洒一次广谱性杀菌剂和杀虫剂。以后每7天喷洒一次，进行病虫害预防。切花菊抗病性较强，病害种类较少，目前生产上存在的最严重的病害是白锈病。其防治措施如下：

① 降低湿度。减少浇水次数，选择晴天上午浇水，夜间有条件加温。

② 加强通风。加大风口，延长通风时间。

③ 药剂预防。预防时，用代森锰锌500倍液5～7天喷洒一次；发病后，用腈菌唑800倍液、乙蒜素800倍液或腈菌唑800倍液＋宝丽安500倍液每3天喷洒一次，直到病情不再蔓延。

切花菊的主要害虫及其防治如下：

① 潜叶蝇。可用阿维菌素1000倍液或黄板诱杀成虫防治。

② 蚜虫。可用半月闲（吡虫啉）1000倍液防治。

③ 青虫。可用氯氰菊酯1000倍液＋万灵1000倍液或农地乐1000倍液防治。

八、切花菊周年生产光照管理

1. 电照栽培

神马品种是典型的短日照秋菊品种，当自然日照短于13.5h后就应进行电照补光。补光可用高压钠灯或白炽灯，补光灯的布置应根据灯的实际功率确定，一般每100W可照射9m^2。补光灯应架设在距植株顶端1.7～1.8m的位置，该高度是光照面积和光照强度的最合理搭配。补光时间可根据日长的缩短而逐渐加长，一般从开始的2h到后期的4h。补光一般在23：00到第二天2：00，光照度要求在50lx以上。当植株高度达到60cm时就应停止电照，使植株转入生殖生长，这时可以适当地控制水分，根据植株长势可以使用比久控制株形。停止电照后的温度管理特别重要，特别是夜温必须达到18℃以上，温度过低则花芽不能分化；温度过高则会出现花朵畸形现象，因此最好不要高于25℃。

2. 遮光栽培

遮光栽培和电照栽培是相对应的，当自然日长远远高于栽培品种的临界日长时就应对栽培品种进行遮光处理。遮光处理必须使棚室内光照度小于5lx。对于不同的品种，不同的栽培时间，遮光时植株的高度也不同，一般遮光后植株还会生长50cm。

遮光材料的选用是影响遮光成功与否的重要环节。一般选择延伸性好、不透光、质轻的材料。遮光方式一般采用外遮和内遮两种。外遮即将遮光材料直接覆在温室大棚的外膜上；内遮则要在内部架设钢丝呈屋状结构，然后上遮光材料。遮光的关键是不能透光，如果遮光效果不好（材料透光率大或有漏缺），可造成双层萼片、空蕾、花瓣过少等现象，而不能出口。若进行遮光时温度较高，夜间应将遮光物打开并强制通风，降低棚室温度，次日天亮前再遮好。如果遮光期温度长时间高于花芽分化适温，则会造成花朵畸形、萼片肥厚、花瓣扭曲和花瓣过少等现象，而不能出口。

九、采收与加工

采收包装是切花菊生产最为关键的一个步骤，它关系到整个种植过程所生产的产品是否能够销售。如果说种苗是成花栽培的关键，那么采收包装就是使成花成为产品的关键。

1. 采收

采花时，应按照客户要求的标准，用果树剪或切花菊专用切花镰刀从菊花基部剪下。一般要求花朵的开放程度为2 ~ 3度，采收的花朵要端正、无磨损现象，花朵呈现原品种固有色泽，采收长度1m左右，叶片分布均匀，无病虫害，花脖长1.5 ~ 2.5cm。对于花茎下叶片与花蕾上平面平齐或略高的植株，采收时应轻拿轻放、花头对齐，避免挤压花头现象发生。

具体采花过程应做到“十不采”，即长度不足的花不采；茎秆不直、花脖不正的花不采；过细或过粗的花不采；顶叶过大或过小的花不采；开放度不合格的花不采；花脖过长的花不采；花朵畸形的花不采；打侧芽、侧蕾伤口过大的花不采；掉叶、留橛的花不采；受病虫危害的花不采。

采收人员将符合上述标准的菊花采下后每10枝放一堆，以方便运花工人工作。运花工人每次运50 ~ 100枝，花头对齐，此时应特别注意不要弄伤花蕾与叶片。鲜切花从田间运出后，应马上装入菊花专用运输箱，一般每箱100枝。也可用彩条布包裹（采用此法时在花朵部位还必须垫一层白纸或报纸，防止花蕾与彩条布摩擦），然后成箱或成捆运送到加工车间。采花时要求边采收，边往外抱；边装箱或包裹，边向加工车间运输。抱花和运输应及时，不能出现积压现象。运花人员应一手拿花柄，另一只胳膊垫在花蕾下30cm处，不能有拽拉花头现象。

2. 机选

鲜切花运回加工车间后，应马上进行加工。现在国内使用的菊花选别机，基本上是日本和韩国生产的。选花时花头与长度标尺钢板应“似贴不贴”，拿花时不能碰折顶部叶片，不能出现磨损花蕾现象。机选后鲜切花花茎长度应为90cm。值得注意的是，应及时将各个级别的花抱到操作台上进行分选。

3. 手选

手选主要是将花朵畸形，开放度过大，打侧芽侧蕾伤痕太大，花脖过长，花枝弯曲，连续掉叶超过2片或叶片有病、虫、药害的鲜切花淘汰掉。同时，将有污染、有泥土的叶片及时清理掉，叶腋处仍留有侧芽的应及时抹掉。

4. 捆扎

选花头的基础是采花。花头大小分级明确，花瓣应无擦伤及污染，花托应占整个花头长度的1/4以上。应特别注意花头的虫害（蚜虫），花头被挤压的应放弃，优级品的花头允许有轻度弯曲。选花头的主要目的是把花头大小一致的放在1扎内，1扎内花头的大小差异不能大于0.4cm。打把时花枝长度为90cm、85cm，每10枝扎1捆，每扎必须为同一级别。每扎花头必须对齐，在一个水平面上，下部也要对齐，切口要整齐一致。

5. 吸水保鲜

造成鲜切花鲜度下降的主要原因是花枝吸水不足，乙烯的产生累积也会使鲜切花鲜度下降。花枝吸水不足主要是因为水中有细菌，其分泌物阻塞了茎秆维管束，使水分吸收受到影响。生产上可用有机酸降低pH，抑制细菌生长。常用的有机酸有苯甲酸、柠檬酸、抗坏血酸等。对乙烯的处理常用一些拮抗剂，如STS、硝酸银等。生产上常用25mg/L的硝酸银溶液作为保鲜液，将打好把的切花立刻垂直放入上述保鲜液中，一般保鲜液装在菊花专用吸水车内，应保证切花根部5cm在液面以下。吸水车装满后，马上推到8～10℃预冷室内吸水。鲜切花吸水时间为6～8h，时间到后应马上捞出，垂直放置进行控水，待干后装箱。

6. 装出口箱

装箱时，应先在箱内花头处铺白纸用于包裹花头，防止花头受伤。鲜切花应一颠一倒两层摆放，每层5扎，计50枝，每箱装100枝。包装时，应再仔细检查花头大小是否一致、叶片是否完好、是否有虫害等，然后将花头大小一致的10扎装在一个箱内。箱子应符合出口包装要求，并应在箱上注明包装日期、品种、数量、规格等内容。包装好后，将封好的箱子放到2℃冷库中进行保存。按照合同发货期，提前定好集装箱，进行海关检疫。由于菊花属鲜活物品，必须用冷链运输，集装箱必须有空调系统，温度可控制在2℃。

思政内容

课程思政分析	
思政元素	创新意识、“花文化”
融入知识点	唐菖蒲、香石竹、切花菊养护措施
融入方式	①案例引入——香石竹拉网，开展班级活动，进行交流并溯源其原理，引发共鸣 ②课上进行“头脑风暴”，讨论与菊花相关的诗词，积累“花文化”

续表

课程思政分析		
融入资源	资源名称	描述
	香石竹拉网	为了不影响切花品质，香石竹防止出现倒伏，使用尼龙网2～3层
	咏菊花	菊花文化

自测自评

课外实践　鲜切花采后处理

1. 能力目标

了解鲜切花的采后处理方法，掌握常见鲜切花保鲜液的配制和鲜切花的保鲜处理方法。

2. 材料与用具

鲜切花、保鲜用的容器及配制药剂。

3. 内容与方法

（1）储藏温度对比

选4种常见且刚采下的鲜切花，分别在常温和一定低温下对比储藏，填写鲜切花的储藏温度对比表，如表2–24所示。

表2–24　鲜切花的储藏温度对比表

常见花卉	常温下储藏时间/天	0～20℃下储藏时间/天
菊花		
唐菖蒲		

续表

常见花卉	常温下储藏时间/天	0～20℃下储藏时间/天
月季		
香石竹		

（2）保鲜液配制及处理

选4种常见且刚采下的鲜切花，分别用保鲜液进行处理，保鲜液配方及处理方法如表2–25所示。

表2–25　保鲜液配方及处理方法

常见花卉	配方及处理方法
菊花	30g/L的蔗糖+25mg/L $AgNO_3$ +75mg/L柠檬酸，用于花苞或开花期处理
唐菖蒲	40g/L的蔗糖+500mg/L 8-羟基喹啉柠檬酸盐+100mg/L $AgNO_3$，浸茎基处理
月季	50mg/L的蔗糖+200mg/L 8-羟基喹啉柠檬酸盐+25mg/L硫代硫酸银+350mg/L $CaCl_2$，浸茎基处理
香石竹	30g/L的蔗糖+400mg/L柠檬酸+40mg/L $AgNO_3$，浸茎基处理

注：具体用量根据所用容器大小而定，通常茎基部10～15cm浸入保鲜液中即可。

（3）观察记录

配制好保鲜液后，将鲜切花分别进行处理，并进行观察记录，填写鲜切花储藏时间对比表，如表2–26所示。

表2–26　鲜切花储藏时间对比表

常见花卉	经保鲜液处理并在常温下储藏时间/天	经保鲜液处理并在低温下储藏时间/天
菊花		
唐菖蒲		
月季		
香石竹		

4. 思考与作业

① 分析保鲜液处理后与正常储藏的差别。

② 简述鲜切花的保鲜注意事项。

③ 根据观察结果写出分析报告。

思政内容

<table>
<tr><th colspan="3">课程思政分析</th></tr>
<tr><td>思政元素</td><td colspan="2">团队协作能力、规范操作及安全意识</td></tr>
<tr><td>融入知识点</td><td colspan="2">鲜切花采后处理</td></tr>
<tr><td>融入方式</td><td colspan="2">① 通过实践环节，树立规范操作及安全意识
② 通过小组合作，培养团队协作能力</td></tr>
<tr><td rowspan="2">融入资源</td><td>资源名称</td><td>描述</td></tr>
<tr><td>鲜切花采后处理</td><td>保鲜技巧大揭秘</td></tr>
</table>

任务五 常见30种花卉形态识别

学习目标

能力目标	知识目标	素质目标	思政目标
1. 能够识别30种常见的花卉 2. 能够用专业词汇描述常见花卉的形态特征和生态习性，记录其应用形式	1. 掌握花卉形态特征 2. 掌握花卉生态习性	1. 培养自主学习能力 2. 培养团队协作能力	1. 了解我国丰富的物种，坚信花卉行业发展前景广阔 2. 树立环保理念及创新意识 3. 培养安全意识

学习目的

通过常见30种花卉形态识别，熟悉常见花卉品种，扩大认知范围。

材料与用具

花卉、记录本、笔等。

学习步骤

领取任务书→观察花卉→填写记录单。

任务书

文件编号：　　　　　　　　　　　　　　　　　　　　　日期：

任务名称	常见30种花卉形态识别
时间	××年
任务详情	识别牡丹江地区常见的花卉
具体要求	以小组为单位，在4学时内完成花卉形态识别并记录形态特征等
学习成果	花卉观察记录表
生产负责人	

任务分析单

任务要求	达成目标	显性条件	隐性条件

实践内容

1. 能力目标

了解常见花卉品种，掌握常见花卉的形态特征和园林应用形式。

2. 材料与用具

花卉、笔、记录表、相机等。

3. 内容与方法

① 观察花卉形态特征。

② 查找花卉生态习性及园林应用。

③ 填写花卉观察记录表，如表2–27所示。

表2–27　花卉观察记录表

记录人：＿＿＿＿＿＿　　　　　　　　　　　　　　　　时间：＿＿＿＿＿＿

序号	花卉名称	科属	类型	形态特征	生态习性	园林应用

思政内容

课程思政分析		
思政元素	行业发展前景、安全意识	
融入知识点	花卉种类、实践过程	
融入方式	① 课前发放“实习实训安全注意事项”材料，注入思政元素，课堂实践过程体会 ② 讨论各组的花卉识别成果，了解我国丰富的物种，坚信花卉行业发展前景广阔，培养爱岗敬业的精神。讨论传统花卉背后的花文化，增强文化自信	
融入资源	资源名称	描述
	实习实训安全注意事项	安全意识
	植物拓印	室内拓印方法
	咏桂花	花文化
	咏牡丹	花文化
	咏水仙	花文化
	咏兰花	花文化
	咏梅花	花文化

子项目二 无土栽培方式下花苗的养护管理

任务一 富贵竹无土栽培

学习目标

能力目标	知识目标	素质目标	思政目标
能够用无土栽培方式栽种富贵竹	1. 了解花卉无土栽培现状 2. 掌握常见无土栽培技术	1. 培养自主学习能力 2. 培养语言表达能力 3. 培养团队协作能力 4. 培养健康意识	1. 正视国内外发展差距，振兴行业发展 2. 树立环保理念及创新意识 3. 培养文献检索能力

学习目的

通过富贵竹无土栽培，掌握无土栽培的基本方法，提高参与生产管理的能力。

材料与用具

富贵竹、育苗容器、无机盐、天平、容量瓶等。

学习步骤

领取任务书→任务分析→案例分析→确定无土栽培方案→无土栽培富贵竹。

任务书

文件编号： 日期：

任务名称	富贵竹无土栽培
时间	××年
任务详情	为自己居住的学生宿舍选择合适的花卉，进行无土栽培
具体要求	以小组为单位，在4学时内完成无土栽培方案制订并根据实际情况实施
学习成果	无土栽培方案及作品
生产负责人	

任务分析单

任务要求	达成目标	显性条件	隐性条件

参考案例 吊兰土壤盆栽向无土盆栽转化的方案

案例分析单

未涉猎的新名词/新内容	案例文本纲要组成部分	案例内容是否适合作为本次学习任务的纲要（是/否）

实践内容

1. 能力目标

通过无土栽培富贵竹，了解花卉无土栽培的方法与技术；通过霍格兰营养液母液的配制，掌握无土栽培营养液母液及工作液的配制方法。

2. 材料与用具

富贵竹、修枝剪、环保铁丝、斜口钳、硝酸钾、硝酸钙、磷酸二氢钾、硫酸镁、乙二胺四乙酸二钠、硫酸亚铁、硫酸锰、硼酸、硫酸锌、硫酸铜、钼酸铵、天平、量筒、烧杯、玻璃棒、试剂瓶、标签等。

3. 内容与方法

（1）富贵竹整形

根据摆放环境确定富贵竹塔大小，按尺寸修剪富贵竹，绑扎成塔状待用。

（2）营养液配制

要求：根据霍格兰营养液配方，配制500mL 100倍母液。

霍格兰营养液配方：硝酸钾510mg/L，硝酸钙820mg/L，磷酸二氢钾136mg/L，硫酸镁490mg/L，乙二胺四乙酸二钠20mg/L，硫酸亚铁15mg/L，硫酸锰4mg/L，硼酸6mg/L，硫酸锌0.2mg/L，硫酸铜1mg/L，钼酸铵0.2mg/L。

① 计算各组分质量。

② 称量。

③ 溶解。

为了方便存储和运输，同时确保使用时能够方便地混合使用，满足植物在不同生长阶段的营养需求，应将营养液分为A、B、C液。

A液：硝酸钾、硝酸钙。

B液：磷酸二氢钾、硫酸镁。

C液：微量组分。

将配制好的母液装入试剂瓶中，贴好标签，并注明溶液名称、倍比、配制日期及配制人，然后避光保存。

（3）组合摆放

选择扩口容器（如笔洗）摆放制作好的富贵竹塔，然后注入营养液摆放在室内即可。

4. 思考与作业

① 无土栽培营养液对水质有哪些方面的要求?

② 营养液配方组成的原则是什么?

③ 简述营养液母液及工作液配制的基本程序及相关要求。

相关知识

一、无土栽培基本常识

无土栽培是指不用天然土壤而用人工配制的营养液或固体基质加营养液栽培作物的一种新型农业生产方式。它改变了自古以来农业生产依赖于土壤的种植习惯，将农业生产推向工业化生产和商业化生产的新阶段，成为未来农业最具发展潜力的新技术。

（一）无土栽培的优点

① 提高产量，促进品质优化。由于无土栽培有充分的水分和足量的养分供应，培养出来的产品花大而色艳、质量好、产量高。

② 对栽培地点的要求很低，极大地扩展了花卉栽植的范围。无土栽培在沙漠、荒山、海岛、盐碱地、砾石地或荒漠都可以进行，规模可大可小。

③ 节省肥水，提高效率。

④ 清洁卫生。无土栽培无杂草，无病虫，不受土质的限制。

⑤ 栽培过程的可控性强，有利于栽培技术的现代化。

（二）基质的种类

无土栽培常用的基质有沙、砾石、蛭石、珍珠岩、岩棉、砻糠灰（碳化稻壳）、泥炭、泡沫塑料颗粒、木屑锯末。此外，用作栽培基质的还有陶粒、炉渣、砖块、椰子纤维、木炭、蔗渣、苔藓、蕨根等。

（三）常用的无机肥料

① 硝酸钙[$Ca(NO_3)_2 \cdot 4H_2O$]。硝酸钙是配置营养液良好的氮源和钙源肥料。

② 硝酸钾（KNO_3）。硝酸钾是优良的氮、钾肥。

③ 硝酸铵（NH_4NO_3）。因硝酸铵含铵态氮比重大，故不作为配制营养液的主要氮源。

④ 硫酸铵[（NH_4）$_2SO_4$]。硫酸铵为标准氮素化肥，用量不宜大，可作为补充氮肥施用。

⑤ 磷酸二氢铵（$NH_4H_2PO_4$）。磷酸二氢铵为白色结晶性粉末，是使用较广的化合肥料。

⑥ 尿素[$CO(NH_2)_2$]。尿素为酰胺态有机化肥，作为补充氮源具有良好的效果。

⑦ 过磷酸钙[$Ca(H_2PO_4)_2 \cdot H_2O+CaSO_4 \cdot 2H_2O$]。过磷酸钙是使用较广的水溶性磷肥。

⑧ 磷酸二氢钾（KH_2PO_4）。磷酸二氢钾为白色结晶性粉末，含五氧化二磷22.8%，氧化钾28.6%，吸湿性小，易溶于水，显微酸性。其有效成分植物吸收利用率高，为无土栽培优质磷、钾肥。

⑨ 硫酸钾（K_2SO_4）。硫酸钾为白色粉末，含氧化钾50%～52%，吸湿性小，易溶于水，为生理酸性肥。是无土栽培中的良好钾源。

⑩ 氯化钾（KCl）。氯化钾为白色粉末，含有效钾50%～60%，含氯47%，易溶于水，为生理酸性肥。是无土栽培中的钾源之一。

⑪ 硫酸镁（$MgSO_4 \cdot 7H_2O$）。硫酸镁为白色针状结晶，易溶于水，含镁9.86%，含硫13.01%，为酸性肥。是无土栽培中良好的镁源。

⑫ 硫酸亚铁（$FeSO_4 \cdot 7H_2O$）。硫酸亚铁又称黑矾，一般含铁19%～20%，含硫11.53%，为酸性肥。为蓝绿色结晶，性质不稳，易变色。是良好的无土栽培铁素肥。

⑬ 硫酸锰（$MnSO_4 \cdot 3H_2O$）。硫酸锰为粉红色结晶性粉末，一般含锰23.5%。是无土栽培中的锰源。

⑭ 硫酸锌（$ZnSO_4 \cdot 7H_2O$）。硫酸锌为无色或白色结晶性粉末，含锌23%。是无土栽培中重要的锌源。

⑮ 硼酸（H_3BO_3）。硼酸为白色结晶，含硼17.5%，易溶于水。是无土栽培中重要的硼源，在酸性条件下可提高硼的有效性。营养液有效成分如果低于0.5mg/L，会发生缺硼症。

⑯ 磷酸（H_3PO_4）。磷酸在无土栽培中可以作为磷的来源，而且可以调节pH。

⑰ 硫酸铜（$CuSO_4 \cdot 5H_2O$）。硫酸铜为蓝色结晶体，含铜24.45%，含硫12.48%，易溶于水。是无土栽培中良好的铜肥。营养液中硫酸铜的含量较低，浓度为0.005～0.012mg/L。

⑱ 钼酸铵[$(NH_4)_2MoO_4$]。钼酸铵为白色或淡黄色结晶体，易溶于水。是无土栽培中的钼源，需要量极微。

（四）花卉土壤栽培改为无土栽培的方法

1. 脱盆

如果是小盆土壤栽培的花卉，应一手托植株，一手将盆倒置，轻轻在盆底拍几下，即可脱出盆内的土和花卉植株。

如果是中等盆土壤栽培的花卉，不容易将花盆倒置，应先使土壤湿润，若为塑料盆则用木棍或橡皮锤轻轻敲打盆边，使土壤与盆内壁略分离。然后，右手紧握植株基部，用右脚略用力踩碰盆边缘，转动改变其位置后再踩，盆苗很快就脱出盆。若为泥盆，则可以根据具体情况采用不易伤根而容易脱盆的方法。

如果是大盆土壤栽培的花卉，较难操作，尤其是多根的植物，如棕葵、马尾铁等，一般可以将盆掀倒，叶子置于较低部位的地面。如果没有适合的地面，可以用纸或塑料布垫在地上，不要让叶片沾泥土。然后，用钝器（木棍、橡皮锤、铁棍等）戳松表面土壤，再用自来水冲泥团。当泥土基本冲掉时即可脱盆，双手紧握植株基部，用脚蹬住盆的上缘拔出植株。

2. 冲泥

当植株从花盆脱出后，将其浸入盆中并用手指清洗泥土。中、大型植株可以用自来水管冲洗。无论是易受伤的肉质根，还是纤细的须根和根毛，都不应冲洗过猛，以免伤根过多。

3. 摊根

根系在无土栽培的花盆中应该舒展，如果根系过多，应进行修剪，除去老根、枯根。根系宜呈伞状分布在基质中，力求营养吸收面积均匀合理。

摊根过程中常见的错误操作是将根系撮合成“胡须状”栽入盆中，致使根系缺氧腐烂，或根不烂但长新根少、细而慢，影响吸收机能。

4. 栽培后管理

刚移植的无土花卉应该放置在光线不强的地方，给予细心照顾，以便缓苗。在无土基质中浇入营养液之后，花卉根系不会缺水，但应该注意通气，空气相对湿度应比移栽之前略大些，可以在地上洒水或喷雾。温度应低一些，以减少蒸腾。一般缓苗7天如果不出现问题，就可以上市或交货。

栽培后，每7天左右浇一次营养液，每半年或一年将根系同植株取出，冲洗一次，以清除聚积在根部和基质里的盐分。夏季炎热，蒸发量大，可以适当浇些清水，降低植株湿度并防止萎蔫。

（五）营养液配制技术要点

1. 水质

水质与营养液的配制密切相关。水质标准的主要指标是电导率（EC），pH和有害物质含量。

2. 电导率（EC）

电导率是溶液含盐浓度的指标，通常用西门子每米（S/m）表示。各种作物的耐盐性不同，耐盐性强的如甜菜、菠菜、甘蓝类等；耐盐性中等的如黄瓜、菜豆、甜椒等。无土栽培对水质要求严格，尤其是水培，因为它不像土壤栽培具有缓冲能力，所以许多元素含量都比土壤栽培允许的浓度标准低，否则就会发生毒害。一些农田用水不一定适合无土栽培，而收集雨水进行无土栽培则是很好的方法。无土栽培的水，pH不要太高或太低，因为一般作物对营养液pH的要求以中性为宜。如果水质本身pH偏差大，就要用酸或碱进行调整，但这样做既浪费药品又费时费工。

3. 营养液

营养液是无土栽培的关键，不同作物要求不同的营养液配方。目前世界上的配方有很多，但都大同小异，因为最初的配方本源于对土壤浸提液的化学成分分析。在营养液配方中，差别最大的是其中氮和钾的比例。

配制营养液时，应考虑化学试剂的纯度和成本，实际生产中可以使用化肥以降低成本。配制时，应先配出母液（浓缩液），再进行稀释，这样可以节省容器并便于保存。应将含钙的物质单独盛在一个容器内，使用时将母液稀释后再与含钙物质的稀释液相混合，尽量避免形成沉淀。营养液的pH要经过测定，必须调整到适于作物生育的pH范围，水增加时尤其要注意pH的调整，以免发生毒害。

（六）基质

1. 基质的理化性状

用于无土栽培的基质种类很多，可根据当地基质来源，因地制宜地加以选择，尽量选用原料丰富易得、价格低廉、理化性状好的材料作为无土栽培的基质。

2. 对基质的要求

（1）应为具有一定大小的固形物质

基质颗粒大小会影响容量、孔隙度、空气和水的含量。基质按粒径大小可分为五级：1mm、1 ~ 5mm、5 ~ 10mm、10 ~ 20mm、20 ~ 50mm。选择基质时，可以根据栽培作物种类、根系生长特点、当地状况等加以选择。

（2）应具有良好的物理性质

基质必须疏松，保水、保肥、透气。

（3）应具有稳定的化学性状

基质本身应不含有害成分，不使营养液发生变化。基质的主要化学性状如下：

① pH。pH能够反映基质的酸碱度，它会影响营养液的pH及成分。pH=6.0 ~ 7.0被认为是理想的基质。

② 电导率。电导率能够反映已经电离的盐类溶液浓度，直接影响营养液的成分和作物根系对各种元素的吸收。

③ 缓冲能力。缓冲能力反映基质对肥料迅速改变pH的缓冲能力，要求缓冲能力越强越好。

④ 盐基代换量。盐基代换量是指在pH=7.0时测定的可代换的阳离子含量。一般有机基质如树皮、锯末、泥炭等可代换的物质多；无机基质中蛭石可代换的物质较多，而其他惰性基质可代换的物质很少。

选择基质时，要求其取材方便，来源广泛，价格低廉。

在无土栽培中，基质的作用是固定和支持作物、吸附营养液、增强根系的透气性。基质是十分重要的材料，直接关系栽培的成败。在基质栽培时，特别是使用有机基质时，会受基质本身元素成分含量、可代换程度等因素的影响，而使配方的栽培效果发生变化。因此，在实际操作时，应灵活处理，不能生搬硬套。

（七）供液系统

无土栽培供液方式有很多，包括营养液膜（NFT）灌溉法、漫灌法、双壁管式灌溉法、滴灌法、虹吸法、喷雾法和人工浇灌法等。大致可以归纳为循环水（闭路系统）和非循环水（开路系统）两大类。目前生产中应用较多的是营养液膜灌溉法和滴灌法。

1. 营养液膜灌溉法

① 准备三个母液储液灌（槽），一个盛硝酸钙母液，一个盛其他营养元素的母液，另一个盛磷酸或硝酸，用以调节营养液的pH。

② 储液槽。用储液槽储存稀释后的营养液，用泵将其液由栽培床高的一端送入，由低的一端回流。液槽大小与栽培面积有关，一般1000m^{2}要求储液槽容量为4 ~ 5t。此外，储液槽还可回收由回流管路流回的营养液。

③ 过滤装置。在营养液的进水口和出水口要求安装过滤器，以保证营养液清洁，不会造成供液系统堵塞。

2. 滴灌法

① 准备两个浓缩的营养液罐，存放母液，一个液罐中含有钙元素，另一个是不含钙的其他元素。

② 浓酸罐。浓酸罐用于调节营养液的pH。

③ 储液槽。储液槽用于盛按要求稀释好的营养液。一般300 ~ 400m^{2}要求储液槽容量为1 ~ 1.5t。储液槽的高度与供液距离有关，只要高于1m，就可供30 ~ 40m的距离。如果用泵抽，则储液槽高度不受限制。储液槽也可在地下设置。

④ 管路系统。管路系统应用各种直径的黑色塑料管，不能用白色，以避免藻类的滋生。

⑤ 滴头。滴头是指固定在作物根际附近的供液装置，常用的有孔口式滴头和线性发丝管。孔口式滴头在低压供液系统中流量不太均匀，而线性发丝管则比较均匀。二者共同的问题是易堵塞，因此在储液槽的进出口处也必须安装过滤器，滤出杂质，从而保证滴头的顺畅运行。

二、无土栽培分类及营养液配制

无土栽培按是否使用基质及基质的特点，可分为基质栽培和无基质栽培；按能耗及对环境的影响，可分为无机耗能型无土栽培和有机生态型无土栽培，如图2-28所示。

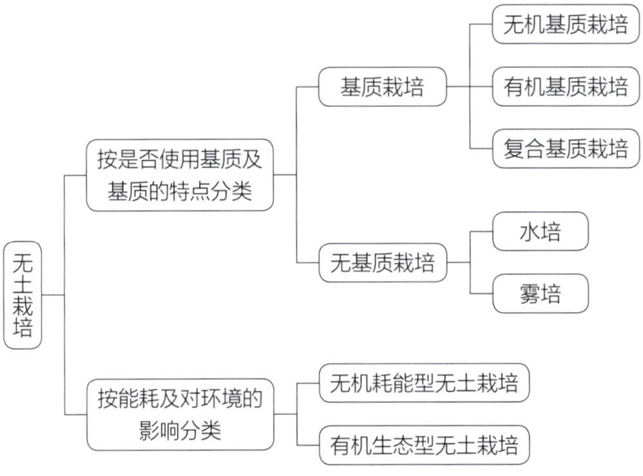

图2-28 无土栽培的分类

下面重点介绍基质栽培和无基质栽培以及营养液的配制。

（一）基质栽培

基质栽培简称基质培，是指植物根系生长在各种天然或人工合成的基质中，通过基质固定根系，并向植物供应养分、水分和氧气的无土栽培方式。基质栽培的最大特点是有基质固定根系并借以保持和供应营养及空气，在多数情况下，水、肥、气三者协调，供应充分，设备投资较低，便于就地取材进行生产，生产性能优良而稳定。其缺点是基质占用部分投资，体积较大，填充、消毒、再利用费用较高，费时费工，后续生产资料消耗较大。根据基质种类的不同，基质栽培可分为无机基质栽培、有机基质栽培和复合基质栽培；根据栽培形式的不同，基质栽培又分为槽培、箱培、盆培、袋培、立体栽培。

1. 无机基质栽培

无机基质栽培是指用河沙、岩棉、珍珠岩、蛭石等无机物作为基质的无土栽培方式。在西欧、北美洲基质栽培中应用最广泛的是岩棉。我国常用的基质有珍珠岩、蛭石、煤渣、沙等。陶粒则大多在种花时使用。目前，无机基质栽培发展较快，应用范围较广。常见的无机基质栽培有沙培、砾培、蛭石培、珍珠岩培、岩棉培等。

2. 有机基质栽培

有机基质栽培是指用泥炭、木屑、稻壳、树皮、菇渣等有机物作为基质的无土栽培方式。由于这类基质为有机物，所以在使用前多进行发酵处理，以保持理化性状的稳定，达到安全使用的目的。

3. 复合基质栽培

把有机基质、无机基质按适当比例混合后，即形成复合基质。它可以改善单一基质的理化性质，提高使用效果，而且可就地取材。复合基质配方选择的灵活度较大，因而基质成本较低。复合基质栽培是我国应用最广、成本最低、使用效果较稳定的无土栽培方式。

（二）无基质栽培

无基质栽培是指植物根系生长在营养液或含有营养液的潮湿空气中（但育苗时可以采用基质育苗方式，用基质固定根系），这种方式可分为水培和雾培两类。

1. 水培

水培的主要特征是植物大部分根系直接生长在营养液的液层中。根据营养液液层的深度不同，水培可分为多种类型，如表2–28所示。不同类型的水培各有优缺点，宜根据不同地区的经济、文化、技术水平选用。

表2–28 水培的类型

<table>
<tr><th colspan="2">水培类型</th><th>英文缩写</th><th>液层深度/cm</th><th>营养液状态</th><th>备注</th></tr>
<tr><td rowspan="4">主要类型</td><td>营养液膜法</td><td>NFT</td><td>1～2</td><td>流动</td><td>—</td></tr>
<tr><td>深液流法</td><td>DFT</td><td>4～10</td><td>流动</td><td>—</td></tr>
<tr><td>浮板毛管水培法</td><td>FCH</td><td>5～6</td><td>流动</td><td>营养液中有浮板，上铺无纺布</td></tr>
<tr><td>浮板水培法</td><td>FHT</td><td>10～100</td><td>流动、静止均可</td><td>植物定植在浮板上，浮板在营养液中自然漂浮</td></tr>
<tr><td>其他</td><td colspan="5">潮汐式水培法（EFT）、静止曝气法（SAT）、曝气液流法（AFT）、各种静止水培法</td></tr>
</table>

2. 雾培

雾培又称喷雾培或气培，是将营养液用喷雾的方法直接喷到植物根系上。将根系悬挂在容器中，容器内部装有自动喷雾装置，每隔一定时间将营养液从喷头中以雾状形式喷洒到植物根系表面，营养液循环利用。这种方法可同时解决根系对养分、水分和氧气的需求。但因其设备投资大，管理技术高，根际温度受气温影响大，因而生产上很少应用，大多供展览厅展览、生态酒店和旅游观光农业观赏使用。

在无土栽培生产中用于配制营养液的营养物质种类有很多，可根据不同类型作物对营养的需求不同而采用不同的营养物质。营养液配方组成和浓度控制是无土栽培生产中的重要技术环节。

（三）营养液配方组成原则

1. 配方中必须含有植物生长所需的所有营养元素

营养液是无土栽培植物矿质营养的主要来源。在某些基质栽培中，除了基质供应少量的营养之外，其营养来源主要是由营养液提供的；而在水培中，营养液更是唯一的营养来源（除了少量由水源带来的营养物质之外）。有些微量元素由于植物的需要量很少，在水源、固体基质或肥料中已含有植物所需的量，因此不再另外加入。

2. 配方中的各种化合物都必须是植物可以吸收的形态

配方中的化合物在水中应有较好的溶解性，同时能够被植物有效地吸收利用。一般选用的化合物为无机盐类，只有少数为增加某些元素的有效性而加入的络合剂是有机物。不能被植物直接吸收利用的有机肥不宜作为营养液的肥源。

3. 配方中的营养均衡

营养液配方中的各种营养元素的数量和比例应是适宜植物正常生长的，而且是生理均衡的，可保证各种营养元素有效地发挥作用和植物吸收的平衡。在进行营养液配方组配时，一般在保证植物必需营养元素品种齐全的前提下，所用的肥料种类应尽可能少，以避免随化合物带入植物不需要或过剩的伴随离子或其他杂质。

4. 配方中的营养成分有效

营养液配方中各种化合物在花卉栽培过程中应在较长时间保持其有效性。

5. 配方中的盐分浓度适宜

营养液配方中各种化合物的总浓度（盐分浓度）应是适宜植物正常生长的，不会由于浓度太低而导致植物缺肥，也不会由于浓度太高而产生对植物的盐害。

6. 配方中的酸碱度适宜

营养液配方中的所有化合物在植物生长过程中由于根系的选择吸收而表现出来的营养液总体生理酸碱反应应较为平稳。

（四）营养液配制前的准备工作

1. 正确选用和调整配方

根据植物种类、生育期、当地水质、气候条件、肥料纯度、栽培方式及成本大小，正确选用和调整营养液配方。这是因为不同地区间水质和肥料纯度等存在差异，会直接影响营养液的组成；栽培花卉的种类和生育期不同，对营养元素的比例要求不同，特别是氮、磷、钾三要素的比例；不同的栽培方式，特别是基质栽培时，基质的吸附性和本身的营养成分都会改变营养液的组成。此外，不同营养液配方的使用还涉及栽培成本问题。因此，配制前要正确、灵活调整所选用的营养液配方，在证明其确实可行之后再大面积应用。

2. 选择适当的肥料（无机盐类）

所选肥料既要考虑肥料中可供使用的营养元素的浓度和比例，又要注意选择溶解度高、纯度高、杂质少、价格低的肥料。

3. 阅读有关资料

在配制营养液之前，先仔细阅读有关肥料或化学品的说明书或包装说明，注意盐类的分子式、含有的结晶水、纯度等。

4. 化验水质

选择水源并进行水质化验，作为配制营养液时的参考。

5. 准备好储液罐及其他必要物件

营养液一般配成浓缩100～1000倍的母液备用。每一配方应准备2～3个母液罐，母液罐的容积以25L或50L为宜，以深色不透光的为好。

（五）营养液的配制方法

营养液的配制包括浓缩液（母液）的配制和工作液（栽培液）的配制。生产上一般将浓缩储备液稀释成工作液，以方便配制。如果营养液用量较少也可以直接配制工作液。

1. 浓缩液的配制

浓缩液的配制程序：计算→称量→溶解→分装→保存。

（1）计算

按照要配制的浓缩液的体积和浓缩倍数计算出配方中各种化合物的用量。计算时应注意硬水地区应扣除水中所含的Ca^{2+}、Mg^{2+}的量。例如，配方中的Ca^{2+}、Mg^{2+}分别由$Ca(NO_3)_2 \cdot 4H_2O$和$MgSO_4 \cdot 7H_2O$提供，实际$Ca(NO_3)_2 \cdot 4H_2O$和$MgSO_4 \cdot 7H_2O$的用量是配方量减去水中所含Ca^{2+}、Mg^{2+}的量。但扣除Ca^{2+}后的$Ca(NO_3)_2 \cdot 4H_2O$中氮量减少了，这部分减少了的氮可用硝酸（HNO_3）补充，加入的硝酸不仅起到补充氮源的作用，而且可以中和硬水的碱性。若加入硝酸后仍未能够使水中的pH降低至理想的水平，可适当减少磷酸盐的用量，而用磷酸中和硬水的碱性。如果营养液偏酸，可增加硝酸钾用量，以补充硝态氮，并相应地减少硫酸钾用量。扣除营养液中Mg^{2+}的用量，$MgSO_4 \cdot 7H_2O$实际用量减少，也相应地减少了硫酸根离子（SO_4^{2-}）的量，但由于硬水中本身就含有大量的硫酸根离子，所以一般不需要另外补充，如果有必要，可加入少量硫酸（H_2SO_4）补充。在硬水地区硝酸钙用量较少，磷和氮的不足部分由硝酸和磷酸供给。

（2）称量

分别称取各种肥料，置于干净容器或塑料薄膜袋中，或平摊在地面上的塑料薄膜上，以免损失。在称取各种盐类肥料时，应注意稳、准、快。

（3）溶解

将称量好的各种肥料摆放整齐，核对无误后，再分别溶解，也可将彼此不产生沉淀的化合物混合在一起溶解。注意溶解要彻底，应边加边搅拌，直至盐类完全溶解。

（4）分装

分别配制A、B、C三种浓缩液，并分别用三个储液罐盛装。

A罐：以钙盐为中心，凡不与钙盐产生沉淀的化合物均可放在一起溶解。

B罐：以磷酸盐为中心，凡不与磷酸盐产生沉淀的化合物均可放在一起溶解。

C罐：预先配制螯合铁溶液，然后将C液所需称量的其他各种化合物分别在小塑料容器中溶解，再分别缓慢倒入螯合铁溶液中，边加边搅拌。

A、B、C浓缩液均按浓缩倍数的要求加清水至需要配制的体积，搅拌均匀即可。浓缩液的浓缩倍数，应根据营养液配方规定的用量和各盐类的溶解度确定，以不致过饱和为准。其浓缩倍数以配成整数值为好，方便操作。浓缩液浓度一般比植物能直接吸收的均衡营养液高出100～200倍，微量元素浓缩液可浓缩至1000倍。

（5）保存

浓缩液存放时间较长时，应将其酸化，以防沉淀的产生。一般可用HNO_3酸化至pH为3.0～4.0，并存放于塑料容器中，置于阴凉避光处保存。

2. 工作液的配制

（1）浓缩液稀释

浓缩液稀释步骤如下：

① 计算好各种浓缩液需要移取的液量，并根据配方要求调整水的pH。

② 在储液池或其他盛装营养液的容器内注入所配制营养液体积50%～70%的水。

③ 量取A母液，将其倒入储液池中，开动水泵循环流动30min或搅拌使其扩散均匀。

④ 量取B母液，将其慢慢注入储液池的清水入口处，经水源冲稀后送入储液池中参与流动扩散，此过程加入的水量以达到总液量的80%为度。

⑤ 量取C母液，将其注入储液池入口处，经水冲稀后送入储液池中参与流动扩散。加足水量后，循环流动30min或搅拌均匀。

⑥ 用酸度计和电导率仪分别检测营养液的pH和EC值，如果测定结果不符合配方和作物要求，应及时调整。pH可用稀酸溶液（如硫酸、硝酸）或稀碱溶液（如氢氧化钾、氢氧化钠）调整。调整完毕的营养液，在使用前应先静置一会儿，然后在种植床上循环5～10min，再测试一次pH，直至与要求相符。

⑦ 做好营养液配制的详细记录，以备查验。

（2）直接配制

工作液直接配制的步骤如下：

① 按配方和欲配制的营养液体积计算所需各种肥料的用量，并调整水的pH。

② 配制C母液。

③ 向储液池或其他盛装容器中注入所配制营养液体积50%～70%的水。

④ 称取相当于A母液的各种化合物，在容器中溶解后倒入储液池中，开启水泵，循环流动30min。

⑤ 称取相当于B母液的各种化合物，在容器中溶解，并用大量清水稀释后，送入储液池中，开启水泵循环流动30min，此过程加入的水量以达到总液量的80%为度。

⑥ 量取C母液并稀释后，由储液池的水源入口处缓慢倒入，开启水泵循环流动至营养液均匀为止。

⑦ 营养液pH和EC值的检测及调整同浓缩液稀释法。

在荷兰、日本等国家，现代化温室中进行大规模无土栽培生产时，一般采用A、B两个母液罐。A罐中主要含硝酸钙、硝酸钾、硝酸铵和螯合铁，B罐中主要含硫酸钾、硝酸钾、磷酸二氢钾、硫酸镁、硫酸锰、硫酸铜、硫酸锌、硼砂和钼酸钠，通常制成100倍的母液。为了防止母液罐出现沉淀，有时还配备酸液罐以调节母液酸度。整个系统由计算机控制调节，经稀释、混合形成工作液。

在工作液配制过程中，要防止由于加入母液速度过快造成局部浓度过高而出现大量沉淀的现象。如果开启水泵循环较长时间之后仍不能使这些沉淀溶解，应重新配制营养液。

（六）营养液配制的操作规程

为了保证营养液配制过程中不出差错，需要建立一套严格的操作规程。

① 仔细阅读肥料或化学品说明书，注意分子式、含量、纯度等指标，检查原料名与原料是否相符，准备好盛装储备液的容器，贴上不同颜色的标签。

② 原料的计算过程和最后结果要经过三名工作人员三次核对，确保准确无误。

③ 各种原料分别称好后，应一起放到配制场地规定的位置上，最后核查无遗漏，才可动手配制。切勿在用料及配制用具未到齐的情况下匆忙动手操作。

④ 原料加水溶解时，有些试剂溶解太慢，可以加热；有些试剂如硝酸铵，不能用铁质的器具敲击或铲取，只能用木、竹或塑料器具取用。

⑤ 建立严格的记录档案，以备查验。浓缩液和工作液的配制记录表格分别如表2–29和表2–30所示。

表2–29 浓缩液配制记录表

配方名称			使用对象	
A母液	浓缩倍数		配制日期	
	体积		计算人	
B母液	浓缩倍数		审核人	
	体积		配制人	
C母液	浓缩倍数		备注	
	体积			
原料名称及称取量				

表2–30 工作液配制记录表

配方名称		使用对象		备注
营养液体积		配制日期		
计算人		审核人		
配制人		水的pH		
EC值		营养液的pH		
原料名称及称（移）取量				

目前，世界上的无土栽培营养液配方有很多，有些配方经过几十年的使用证明是较好的，如霍格兰（Hoagland）营养液和阿农（Arnon）营养液的通用配方。此外，在花卉栽培上应用效果较好的配方还有汉普营养液，其化合物配方如表2–31所示（浓度为使用浓度）。

表2–31 汉普营养液化合物配方 单位：g/L

大量元素	含量	微量元素	含量
硝酸钾	0.7	硼酸	0.0006
硝酸钙	0.7	硫酸锰	0.0006

续表

大量元素	含量	微量元素	含量
过磷酸钙	0.8	硫酸锌	0.0006
硫酸镁	0.28	硫酸铜	0.0006
硫酸铁	0.12	钼酸铵	0.0006
总计	2.60	总计	0.003

思政内容

<table>
<tr><th colspan="3">课程思政分析</th></tr>
<tr><td>思政元素</td><td colspan="2">振兴花卉行业的信心、安全意识及规范操作意识</td></tr>
<tr><td>融入知识点</td><td colspan="2">无土栽培发展现状，化学药品、工具使用注意事项、实践过程</td></tr>
<tr><td>融入方式</td><td colspan="2">① 课前开展班级活动，主题为“无土栽培发展现状”，交流个人心得，引发共鸣；讨论化学药品使用制度，注入思政元素，课堂实践过程体会
② 课上进行“头脑风暴”，讨论如何获得结论，引出“文献检索”关键词，熟悉科学研究的方法，了解花卉无土栽培的现状，正视国内外发展差距，立志振兴行业发展</td></tr>
<tr><td rowspan="2">融入资源</td><td>资源名称</td><td>描述</td></tr>
<tr><td>化学药品安全</td><td>安全使用化学药品的方法</td></tr>
</table>

自测自评

课外实践 无土栽培基质配制

1. 能力目标

了解无土栽培基质的成分，熟练掌握基质配制的程序及操作要领；了解常见的有机无土栽培基质的成分，熟悉有机基质配制的程序及操作要领。

2. 材料与用具

园艺铲、锄头、喷水壶、泥炭、蛭石、珍珠岩、福尔马林、粉碎的玉米秸秆、菇渣、锯末、有机无土栽培专用肥、鸡粪等。

3. 内容与方法

（1）无土栽培基质的配制

将泥炭与蛭石按1∶1的比例混拌均匀，堆高10～15cm，用福尔马林50倍液喷透基质，再将干净的塑料布盖在基质堆上。一般当环境温度为20～35℃时，密闭3天；当环境温度为10～20℃时，密闭4天；当环境温度低于10℃时，密闭7天，然后将覆盖的塑料布掀开晾晒，即可作为栽培基质使用。

（2）有机无土栽培基质的配制

将菇渣、锯末等有机物料与生鸡粪按3∶1的比例混合，喷湿，水分控制在30%左右，压实堆垛，外覆塑料膜，发酵消毒10～15天。将发酵消毒好的有机基质取出，加入5%～10%的沙或炉渣，每立方米基质中加入有机无土栽培专用肥2kg，混匀后填入栽培槽中即可。

4. 思考与作业

① 根据基质的形态、成分，基质可分为哪些类别？各有什么特点？

② 无土栽培的基质为什么要消毒？主要有哪些消毒方法？

相关知识

无土栽培基质的主要作用是将花卉植物固定在容器内，保存养分及水分供给植物生长发育。因此，应选用具有一定的保水性、排水性，同时又有一定强度及稳定性，并且不含有害物质的基质。

一、无机基质

常用的无机基质有沙、砾石、蛭石、珍珠岩、岩棉、膨胀陶粒、炉渣等。

1. 沙

用直径小于3mm的沙粒作为基质，它不具备保水、保肥的能力，但能提供一定量的钾肥，且很少传播病虫害。

2. 砾石

砾石的粒径应选大于2mm的天然砾石、浮石、火山岩。砾石应较坚硬，不易破碎，选用的砾石最好棱角不明显。砾石的透气性比沙强。

3. 蛭石

蛭石是由云母类无机物高温加热形成的。它具有良好的缓冲性，不溶于水，并含有可被花卉利用的镁、钙和钾。蛭石的容重小，孔隙度大，具有较高的缓冲性和离子交换能力，通气性也好，园艺上用它作为育苗、扦插或以一定比例配制混合栽培基质，效果较好。重复使用时，其物理性状会有所改变。

4. 珍珠岩

珍珠岩是硅质火山岩形成的矿物质。其性质稳定、坚固、质地轻、清洁无菌，具有良好的排水性和通气性，但其保水、保肥性稍差。它是一种封闭的轻质团聚体，容重小，碳氮比低。作为育苗基质时常和其他基质混合使用，浇水时容易浮起。园艺上主要用于土壤改造，调节土壤板结。

5. 岩棉

岩棉是以天然岩石经高温熔化（2000℃以下）、纤维化而制成的无机质纤维。它是一种性能良好的无土栽培基质，总孔隙度大，吸水力很强，碳氮比和盐基交换量低。初次使用的岩棉pH较高，一般为7.0 ~ 8.0，主要是岩棉中含有少量氧化钙的缘故。当使用一段时间后，岩棉的pH会下降。

6. 膨胀陶粒

膨胀陶粒又称多孔陶粒或海式砾石，是大小比较均匀的团粒状陶土，有一定的盐基交换量。膨胀陶粒作为基质，其排水通气性能良好。陶粒本身价格虽高于珍珠岩、蛭石等基质，但因其耐用，故实际使用价格并不高。

7. 炉渣

炉渣含一定的营养物质，适合栽培偏酸性的花卉。用炉渣栽培的花卉一般不会缺铁等微量元素。

二、有机基质

常用的或有待进一步应用的有机基质有泥炭、锯木屑、甘蔗渣、芦苇末、树皮、稻壳等。有机基质一般稳定性较差，通常具有较高的盐基交换量，蓄肥能力相对较强。

1. 泥炭

泥炭透气性好，具有较高的持水性，有机质含量在30%以上（国外认为应超过50%），质地松软，易于散碎。其密度为0.7 ~ 1.05g/cm^3，多呈棕色或黑色，pH一般为5.5 ~ 6.5。泥炭是公认极好的无土栽培基质之一，在生产上通常和其他基质（如珍珠岩、沙、蛭石、炉渣等）混合使用。

2. 锯木屑

锯木屑来源丰富、容重轻、吸水保水性较好；其碳氮比过高，基质较偏酸性，可与碱性基质（如灰）混合使用。锯木屑中含有大量杂菌及致病微生物，须经过适当处理和发酵腐熟才能应用。

3. 甘蔗渣

甘蔗渣经过添加氮肥并堆沤处理后，可成为与泥炭效果相当的良好栽培基质。用作育苗基质的甘蔗渣应较细，最大粒径不超过5mm；用于袋培或槽培时，粒径可稍大，但最大不应超过15mm。

4. 芦苇末

芦苇末是利用造纸厂废弃下脚料，添加一定比例的辅料（如鸡粪等），在发酵微生物的作用下，堆制发酵合成的优质环保型无土栽培有机基质。目前，芦苇末已广泛应用于无土栽培和育苗之中，尤其在长江流域普遍采用。

5. 树皮、稻壳

树皮、稻壳都能提供良好的通气条件和吸水性。但有些树皮和锯末一样含有有害物质，必须发酵腐熟后才能利用。稻壳透气性好，通常作为混合基质配料，其含量低于25%。

三、无机复合基质

复合基质是将单一基质根据植物的需要混合配成的，基质中水、气的比例都很适合根系生长。用无机基质配制的复合基质称为无机复合基质，用有机基质配制的称为有机复合基质，用无机基质和有机基质共同配制的称为无机－有机复合基质。

无机复合基质的种类有很多，如陶粒：珍珠岩=2：1的基质，可增加陶粒基质的含水量，适合种植各种粗壮或肉质根系的花卉；蛭石：珍珠岩=1：1的基质，可改善通气状况，适合作为扦插基质；炉渣：沙=1：1的基质，可作为扦插或栽培基质。

四、无机－有机复合基质

无土栽培的复合基质大多数以泥炭为主，混以珍珠岩、蛭石或沙等，用以栽培或育苗。常见的无机－有机复合基质如下：

① 泥炭：蛭石：珍珠岩=2：1：1的基质。其含水量高，常用作观叶植物栽培基质。

② 泥炭：珍珠岩：黄杉树皮=1：1：1的基质。这种基质常用作附生植物盆栽基质。

③ 刨花：炉渣=1：1的基质。这种基质常用作花盆混合基质。

④ 泥炭：珍珠岩：沙=1：1：1的基质。这种基质常用作盆栽植物基质。

⑤ 泥炭：珍珠岩=1：1的基质。这种基质常用作扦插基质。

⑥ 泥炭：沙=1：1的基质。这种基质常用于扦插和盆栽植物。

⑦ 泥炭：蛭石=1：1的基质。这种基质常用于扦插繁殖。

⑧ 泥炭：珍珠岩=1：2的基质。这种基质常用于盆栽根系纤细的植物，如杜鹃。

⑨ 泥炭：珍珠岩=3：1的基质。这种基质常用于高床。

⑩ 泥炭：沙=3：1的基质。这种基质常用于盆栽植物。

⑪ 泥炭：炉渣=1：1的基质。这种基质常用于盆栽喜酸植物。

⑫ 泥炭：浮石：沙=2：2：1的基质。这种基质常用于盆栽植物。

无土栽培基质的配制应该就地取材。例如，有的地方甘蔗渣、砾或炉渣很丰富，可以50%～70%与30%～50%的量混合作为复合基质，无论是育苗还是种植，效果都较好。

配制复合基质时，所用的单一基质以2～3种为宜。制成的复合基质应满足以下要求：

① 增加基质的孔隙率。

② 提高基质的保水、保肥能力。

③ 改善基质的通透性。

总之，制成的复合基质应为植物根系生长提供最佳的环境条件，即达到水、气的最佳比例。基质选用应考虑三个方面：根系的适应性，即能满足根系生长需要；实用性，即质轻、性良、安全；经济性，即能就地取材。

思政内容

课程思政分析	
思政元素	安全意识及规范操作意识
融入知识点	化学药品、工具使用注意事项
融入方式	课前发放“化学药品安全”材料，注入思政元素，课堂实践过程体会

任务二 网红空气凤梨创意盆栽

学习目标

能力目标	知识目标	素质目标	思政目标
能够为客户定制空气凤梨创意盆栽	1. 识别10种空气凤梨品种 2. 掌握空气凤梨栽培要点	1. 培养自主学习能力 2. 培养语言表达能力 3. 培养团队协作能力 4. 培养健康意识	1. 树立环保理念及创新意识 2. 培养规范操作意识

学习目的

通过网红空气凤梨创意盆栽制作养护，掌握无土栽培的基本方法，提高创新意识。

材料与用具

空气凤梨、支撑架、金属丝、喷壶、热熔胶等。

学习步骤

领取任务书→任务分析→确定空气凤梨栽培方案→创意盆栽。

任务书

文件编号：　　　　　　　　　　　　　　　　　　日期：

任务名称	网红空气凤梨创意盆栽
时间	××年
任务详情	用空气凤梨创意盆栽，为好友定制生日礼物
具体要求	以小组为单位，在4学时内完成创意盆栽制作。要求方案新颖，盆栽保持生长良好状态
学习成果	空气凤梨创意盆栽
生产负责人	

任务分析单

任务要求	达成目标	显性条件	隐性条件

实践内容

1. 能力目标

通过空气凤梨创意盆栽制作养护，了解花卉无土栽培的方法与技术，培养创新意识。

2. 材料与用具

空气凤梨、速写本、彩铅、马克笔及其他绘图工具。

3. 内容与方法

（1）方案设计

以小组为单位提前到图书馆借阅基质培育和水培图书，设计方案。图纸要求着色（着色工具彩铅和马克笔任选），并包括文字说明，图纸要体现组合盆栽预期造型，文字说明要表述所用花卉品种名称、数量、典型特征及造型设计缘由。每人完成一份空气凤梨栽培设计方案。

（2）作品制作

按照图纸制作空气凤梨创意盆栽。

（3）盆栽养护

光照管理，水肥管理。

相关知识

空气凤梨类植物习性奇特，其中有许多种类是珍贵稀有的保护植物。因其具有很高的观赏价值，近年来在国内吸引了很多民间爱好者收集、养殖。但迄今为止，国内尚无系统化、权威化的详细分类介绍此类植物的书籍。相比之下，国外对于此类植物的研究起步较早，已有一些比较全面的书籍，介绍了空气凤梨的生理特性、品种划分、日常养护、病虫害及防治、品种繁殖等。

空气凤梨又称空气铁兰。空气凤梨是凤梨科铁兰属某些耐干旱、气生种类的总称。铁兰属有550多个种以及100多个变种，是凤梨科植物种群中最多样的一群，是一种附生属。铁兰属品种众多，具有气生耐旱特性的种类约占1/4，约130种，全部原生于拉丁美洲以及美国西南部地区，在原产地常见依附于树上、石头缝隙、悬崖、仙人掌上、屋顶甚至电线上。因其呈现典型的气生生长状态，故有“空气凤梨”之称。

作为栽培观赏应用的空气凤梨一般为小型品种，外形变化大，有海胆状、章鱼状、玫瑰花状、绳子状等。由于大多数种类叶面密被白色小鳞片，因此，其外表常为灰白色或银色。

一、空气凤梨的形态特征

空气凤梨为多年生腐生或气生草本植物，常以丛状或片状生长。其叶基生，排列紧密，呈线形或者长带形，表面密被银色或褐色鳞片，长而内卷成管状，叶鞘宽阔，相互包裹成一假茎，穗状或复穗状花序从叶丛中央抽出，小花管状，在花苞片中开出。其花色有红色、黄色、白色、绿色或紫蓝色，有香味或无香味。每朵花有三片花瓣，柱头常伸出花冠管口。蒴果为长条状，成熟时间自动开裂，会散出许多带毛的种子。

二、空气凤梨的耐旱原理

空气凤梨堪称地球上最耐旱、耐热、耐光照和耐风的植物之一。人工栽培时无须泥土、花盆以及浇水，可随意将其黏附、悬吊或固定在任何物体上，创造出各种独特造型，无须花费时间精心栽培就可以正常生长。它在栽植时之所以不用浇水，主要在于其叶上密被的鳞片具有吸水的作用。这种鳞片有众多形状，最典型的为盾牌状，密被在表皮上，空气中的气雾或雨水会被其表皮的凹陷处截获，并且缓慢地透过薄壁细胞的空隙渗入植物体内，从而获得植物生长发育所需要的水分和养分。凭借这种特殊的生理特性，空气凤梨能够适应众多地带。从终年云雾缭绕的高原地带，到空旷的草原，再到森林中的树冠层，基本上都是光照充足，但雨水稀少的地带，空气凤梨均可生长。由于它有吸收水分和养分的鳞片来履行根的功能，加上体形相对小，气孔日间关闭、晚间打开等一系列耐旱特征，保证了植物体内水分不会欠缺和散失过快，因此其具有了能在空气中生长的特性。也有许多品种栖息在沼泽区、热带雨林区、雾林区，还有一些生存在干旱高热的沙漠岩石上，附生在树木仙人掌上、半空的电线上、电线杆、岩石、树木、屋顶及能容身的任何位置。此外，还有部分品种只分布在单一的山谷或山区。大部分空气凤梨喜欢生长在干燥的环境，小部分喜欢潮湿的环境。

三、空气凤梨的种类和分布

在园艺上，常见的空气凤梨有30多种，主要生产国为危地马拉、墨西哥和厄瓜多尔，大部分品种来源于拉丁美洲。由于多数空气凤梨从野外直接采集后就出口到世界各地，以至于部分种类由于过量采集已经处于濒危状态，现已受到国际濒危动植物保护条约的保护，被列为受保护植物，任何人未经许可，严禁采集和出售。近年来，在上述出口国家出现了众多人工栽培基地，同时，德国、日本及我国台湾省等地也有专门的引种、养殖公司成立。

四、空气凤梨的栽培与繁殖

在忙碌的快节奏生活中，栽培空气凤梨成了兼顾居室绿化和环境美化的首选。由于其栽培方法简便，无须花盆和栽培介质，将其黏附、悬吊或固定在物体上就可以生长并摆设出极具视觉冲击的效果，给居家以美的享受。然而，应注意空气凤梨的独特生长习性，其栽培方法与一般的观赏花卉有所不同，除了免于用花盆栽植外，它对光照、浇水、适时施肥、温度和病虫害等也有特定的要求。如若忽视这些要求，尽管可能暂时存活，也会由于环境的恶劣而造成生长不良，最终会受病虫害的侵袭而死亡。

1. 温度

许多品种的空气凤梨原产于中南美洲高原地带，可以忍受5℃左右低温，但是极端寒冷时，如温度低于0℃以下时，会产生冻害或导致死亡。一般在15 ~ 25℃时对于空气凤梨的生长较为适合，高于25℃时应该注意加强通风并提高空气相对湿度，以避免过热而造成生长停滞。

2. 浇水和湿度

空气凤梨的免浇水是在空气相对湿度达到90%以上时而言的。一般来说，在我国空气相对湿度比较低的北方，尤其在春、秋、冬三季适当地人工喷水或植株浸泡十分必要。其方法是用喷壶每周喷水2～3次，在干燥季节每天喷水一次或直接将植株浸泡于水中。值得注意的是，叶面湿润后4～6h干燥为宜。此外，某些品种的叶心容易积水，可以采取倒挂的方式，避免造成茎腐病。

3. 光照

对于叶片呈灰色或银色、叶片厚且硬度高的种类，常需要较强的光照；而叶片颜色偏绿且叶质较软的种类，可耐半阴，可以在光照较低的环境中生长。在室内栽培时，应尽量选择窗户边光亮的地方。若光线不足，植株往往软弱而且容易徒长，失去观赏价值。对于众多品种混合栽植的情况，在追求广泛适应的前提下，选择强光或中强光较为适宜。根据个人栽植的情况看，大多放在向阳的窗户边，但在北方夏季，需要特别注意通风，以降低温度过高带来的半休眠生长停滞现象。

4. 施肥

空气凤梨理论上不需要施肥，它的鳞片具有吸收水分和有机养分的能力。在野生环境下，其附生的地方经常聚集腐殖质，能够提供生长所需要的养分供其吸收。加之其附生在树干到树冠层，可以接收鸟粪和落叶等供其利用。但在人工栽植环境中，只有依靠施肥来补充养分使其吸收。施肥时，在生长季节每周施一次即可，其浓度一定要很淡薄，做到薄肥勤施；反之，在生长缓慢的冬季则应停止施肥。特别注意，从花芽分化开始到种子成熟过程中同样需要停止施肥。

各种肥料中的营养对空气凤梨的正常生长发育是必需的，包括大量元素氮、磷、钾、钙、镁、硫、铁和微量元素硼、锰、铜、锌、钼、氯等。空气凤梨从施肥过程中吸收的营养元素只有达到平衡状态才能健康生长，这些元素各有其生理功能，不可相互替代。

① 氮用于组成蛋白质结构中的氨基酸，也是叶绿素的重要组成部分。空气中含氮量达78%，但不能被直接利用，只能从有机物中吸收铵态氮或硝酸盐等。充足的氮能够使植株生长旺盛，但氮过量则会促使徒长并降低抗性，氮不足则叶色呈灰绿或变黄且叶片细小。氮主要来源于动物肥料、有机物及化肥，通常补充氮肥可通过喷淋或浸泡液肥磷酸铵（0.1g/L）或硝酸钙（0.12g/L）以及叶面追施硝酸钙（0.2g/L）或尿素（0.15g/L），盆栽可用硝酸铵（0.1g/L）。

② 磷是植株生长进程中不可缺少的元素。磷在光合作用和呼吸过程中能够储存和提供能量，对根系的生长和繁殖十分重要（附生情况主要起固定作用）。缺磷会使植株矮小、叶子深绿且根系不发达。可通过喷施过磷酸钙、磷酸盐（磷酸铵、磷酸钾）

等补充磷。

③ 钾能提高光合强度，促进叶绿素的形成并增强抗逆性，对根系发育和提高抗病虫能力十分重要。缺钾时老叶边缘会出现斑点并枯黄。补充钾肥，可喷施硫酸钾、硝酸钾和磷酸二氢钾。

④ 钙是细胞壁构造、细胞分裂和蛋白质构成的重要元素，对植株根系的发展十分重要，对喜石灰性种类尤为重要。缺钙会抑制生长，导致叶片扭曲，从叶尖开始向下死亡，并使根系减少。对于原产地某些特殊品种生长在石灰石、石膏岩层附近的，可以根据品种需求补充钙肥。

⑤ 镁是光合作用的必要元素。缺镁时表现为老叶变色而主脉保持深绿。补充镁肥，可施用1 ~ 1.5g/L的硫酸镁。

⑥ 硫是某些氨基酸和叶绿素的重要组成成分，也是根系的必要元素，通常随着有机物的减少而减少。

⑦ 铁的需要量虽小，却是叶绿体功能活动和酶系所必需的元素。缺铁会使新生的植株叶灰绿导致枯黄，叶脉显著变黑。补充铁肥，如氢离子浓度小于10nmol/L（pH为7.0）可施用螯合铁；10 ~ 100nmol/L（pH为6.0 ~ 7.0）可用硫酸亚铁；100 ~ 1000nmol/L（pH为5.0 ~ 6.0）可用硫酸铁。

⑧ 微量元素需要量少，但其功能也是其他元素无法代替的。锰是叶绿体的结构成分，参与光合作用，还是多种酶的活化剂，缺锰新叶出现坏死斑点，可用0.5 ~ 1g/L的硫酸锰喷施，促进碳水化合物的正常运转并影响根尖和叶芽生长。缺硼顶芽会死亡，可施用0.25 ~ 1g/L的硼酸或0.5 ~ 2g/L的硼砂溶液。铜是植物体内多种氧化酶的组成成分，参与呼吸作用，并影响植物对铁的利用，缺铜会使叶绿素减少，叶片失绿，幼叶尖黄化，最后枯死脱落，可施用0.1 ~ 5g/L硫酸铜溶液。锌能促进植物体内生长素的合成，缺锌会引起畸形叶、幼叶的不规则黄化。

5. 病害

（1）日灼病

日灼病常出现在光照充足的环境。由于操作不当，喷水在叶面没有及时风干，水珠起到凸透镜的作用而将水珠下面的叶面灼伤，但其不会扩散。平时养护时注意通风即可。

（2）心腐病和根腐病

心腐病和根腐病也是空气凤梨较常见的病害。心腐病破坏植株中心的生长点嫩叶部分，使组织变软腐烂，能够闻到腐败发霉的味道，最终导致生长点与整个植株分离。而根腐病表现为被害植株根尖部分出现褐色到黑色的腐败过程，不长侧生根。这两种病害常见于家庭栽植，温度过高导致生长停滞、通风不良，出现高温高湿，从而作用在植株上出现此类病变。选择造景群栽时，栽培基质应注意排水良好，避免淤积过多的水分。同时还要注意避免使用高钙、钠的水。

（3）轮纹病

轮纹病的病状表现为叶面出现众多斑点，而且颜色是由浅入深的，即米色—浅黄色—咖啡色—黑色（逐渐呈现），斑点部分会明显出现由于组织破坏而萎缩的现象，外缘的叶片明显向中心收拢。如果斑点出现较少且分布在外缘叶片，可以剪除病害叶片，减少光照时间并注意通风，待复壮过程结束，长出新叶片恢复生长后，正常管理即可。这种病害经常出现在从国外邮购的植物上，为了节省运费和检疫费用，通常将众多品种一起包装，经过较长时间才能到达购买者手中。此外，由于不通风、环境变化大、野蛮装卸对植株造成的外伤，都容易引发此类病害。

6. 虫害

（1）介壳虫及粉介壳虫

介壳虫及粉介壳虫的产生通常由通风不利等因素造成。其幼虫栖息在叶片背面，利用其进化出来的两对上下颚组成的口针吸食植物的体液，同时还会对受害植株注射消化液，使受害植株伤口不容易愈合。此外，由于此类害虫会分泌含高糖分的排泄物，会吸引蚂蚁，很容易引起二次感染（煤烟病）。

（2）蜗牛和蛞蝓

蜗牛和蛞蝓会危害新生嫩叶，其繁殖能力较强，不可忽视。可利用其天敌萤火虫进行生物防治，或用10%四聚乙醛颗粒剂300克/亩杀灭。

思政内容

课程思政分析	
思政元素	创新意识
融入知识点	空气凤梨创意盆栽构图
融入方式	① 通过图片引入创意盆栽，开展班级活动，交流有创意的盆栽，引发共鸣 ② 课上进行“头脑风暴”，讨论创意的来源，培养创新意识，实现情感认同，学会举一反三，并根据实际条件完成创意盆栽

自测自评

模块三

园林绿地中的花卉应用

任务一 花卉应用形式调查

学习目标

能力目标	知识目标	素质目标	思政目标
1. 能够分工合作完成公园花坛、花境图纸的测绘 2. 能够选择合适的花卉装饰室内空间 3. 能够撰写调查报告	1. 掌握花坛、花境概念 2. 理解花坛、花境、室内花卉应用的原则 3. 了解常见花卉苗木规格、栽植间距	1. 培养自主学习能力 2. 培养语言表达能力 3. 培养团队协作能力 4. 培养健康意识	1. 致敬龙江革命英雄，传承龙江英雄精神 2. 培养安全意识，规范操作意识

学习目的

通过花卉应用形式调查，掌握常见花卉应用的基本方法，提高花卉应用能力。

材料与用具

笔、记录表、相机等。

学习步骤

领取任务书→任务分析→案例分析→花卉应用调查→填写记录表。

任务书一

文件编号： 日期：

任务名称	××市花卉应用形式调查（园林绿地花卉应用）
时间	××年
任务详情	在公园、街头绿地、单位附属绿地、广场绿地等做相应的花卉应用调查
具体要求	以小组为单位，在4学时内完成调查报告（以小组为单位，针对不同场所测绘应用形式）
学习成果	调查报告
生产负责人	

任务分析单

任务要求	达成目标	显性条件	隐性条件

参考案例　新乡国庆花坛调查报告

案例分析单

未涉猎的新名词/新内容	案例文本纲要组成部分	案例内容是否适合作为本次学习任务的纲要（是/否）

实践内容一

1. 能力目标

通过园林绿地中花卉应用形式的调查，了解花坛、花境等在园林中的应用，了解花坛设计的基本原理和方法。

2. 材料与用具

绘图纸、绘图笔、卷尺、记录表等。

3. 内容与方法

（1）公园绿地调查

调查花卉应用形式及常用花卉品种。

（2）街头绿地调查

调查花卉应用形式及常用花卉品种。

通过调查，填写园林花卉室外装饰形式调查表，如表3-1所示。

表3-1 园林花卉室外装饰形式调查表

调查范围：________ 班级：________ 组别：________

填表人：________ 日期：________

序号	花卉名称	科属	装饰形式	环境特征					观赏部位
				位置	形状	尺寸	苗木规格	栽植间距	

注：1. 草本花卉装饰形式包括花坛、花境、花池、花台、花箱、缀花草坪等；木本花卉装饰形式包括群植、丛植、孤植等。
2. 环境特征除记录表格外，须另绘制一份平面图。

相关知识

一、花坛设计

（一）花坛的概念

花坛通常是指具有一定的几何图形的栽植床，床内布置各种色彩艳丽或纹样优美的花卉，构成一幅显示群体美的平面图案画。

（二）花坛分类

1. 按其形态分类

按其形态，花坛可分为立体花坛和平面花坛。平面花坛又可按构图形式分为规则式、自然式和混合式。

2. 按观赏季节分类

按观赏季节，花坛可分为春季花坛、夏季花坛、秋季花坛和冬季花坛。

3. 按栽植材料分类

按栽植材料，花坛可分为一、二年生草本花坛，球根花坛，水生花坛和专类花坛（菊花坛、翠菊花坛等）。

4. 按表现形式分类

按表现形式，花坛可分为盛花花坛和模纹花坛。

5. 按运用方式分类

按运用方式，花坛可分为单体花坛、连续花坛、组群花坛和移动花坛。

（三）花坛的设计

1. 花材选择

① 盛花花坛宜选择株形整齐、具有多花性、开花齐整而花期长、花色鲜明、能耐干燥、抗病虫害和矮生性的品种。常用的有金鱼草、雏菊、金盏菊、翠菊、鸡冠花、石竹、矮牵牛、一串红、万寿菊、三色堇、百日草等。

② 模纹花坛主要选用低矮细密的植物，如五色草、白草、尖叶红叶苋等。

2. 色彩选择

① 盛花花坛一般要求色彩鲜明、艳丽。如果有台座，花坛色彩还要与台座的颜色相协调。

② 模纹花坛的色彩设计应以图案纹样为依据，用植物的色彩突出纹样，使之清晰而精美。例如，选用五色草中红色的小叶红或紫褐色的小叶黑与绿色的小叶绿描出各种花纹。为使之更清晰，还可以用白绿色的白草种在两种不同色草的界限上，以突出纹样的轮廓。

3. 图案设计

① 如图3-1所示，盛花花坛外部轮廓主要是几何图形或几何图形的组合。花坛大小应适度，在平面上如果过大在视觉上会引起变形。

② 如图3-2所示，模纹花坛以突出内部纹样华丽为主，因而植床的外轮廓以线条简洁为宜，可参考盛花花坛中较简单的外形图案。其面积不宜过大，尤其是平面花坛，面积过大在视觉上易造成图案变形。

图3-1　盛花花坛

图3-2　模纹花坛

（四）花坛的运用场所

花坛主要用在规则式园林的建筑物前、入口、广场、道路旁或自然式园林的草坪上。

（五）花坛的种植施工

1. 平面花坛种植施工

平面花坛种植施工时，先整地翻耕，再定点放线，最后起苗栽植。

2. 模纹花坛种植施工

模纹花坛种植施工时，先整地翻耕，然后上顶子，再定点放线，最后栽草。

3. 立体花坛种植施工

立体花坛种植施工时，应先进行立架造型，然后栽花。栽花时，立体花坛的主体花卉材料一般多采用五色草布置，所栽小草由蒲包的缝隙中插进去。插入之前，先用铁器钻一小孔，插入时草根要舒展，然后用土填满缝隙，并用手压实。栽植的顺序一般由上向下。

（六）花坛的养护

1. 施肥

对于多年生花卉的施肥，通常是在分株栽植时进行基肥施入；一、二年生草本花卉主要在圃地培育时施肥，移至花坛仅供短期观赏，一般不再施肥，只对生长周期较长者于花坛中追液肥1～2次。

2. 修剪和浇水

修剪是保证五色草花纹好看的关键。草栽好后可先进行一次修剪，将草压平，以后每隔15～20天修剪一次。剪草方法有两种：一种为平剪，纹样和文字都剪平，顶部略高一些，边缘略低；另一种为浮雕形，纹样修剪成浮雕状。

除栽好后浇一次透水外，以后应每天早晚各喷水一次。

3. 其他养护

应经常将残花、果实（观花者如不使其结实，往往可显著延长花期）及枯枝黄叶剪除；毛毡花坛需要经常修剪，才能保持清晰的图案与适宜的高度；对易倒伏的花卉须设立支柱。

二、花境设计

（一）花境的概念

花境是一种带状自然式的花卉布置，以树丛、林带、绿篱或建筑物作为背景，常由几种花卉自然块状混合配植而成，表现花卉自然散布生长的景观。

（二）花境的类型

1. 按地势分类

按地势，花境可分为单面观赏花境和两面观赏花境。

2. 按配置的植物分类

按配置的植物，花境可分为草本花境、灌木花境和混合花境。

3. 按应用性状特点分类

按应用性状特点，花境可分为移动花境、童趣花境、动物花境、人物花境和小品花境。

（三）花境的设计

花境规划设计应遵循两大原则：一是充分体现当地的历史人文风格，抓住各地段环境特点和功能要求，准确定位，合理布局；二是遵循生态学和生态经济学原理，在植物配备上兼顾观赏、生产、环保、保健等功能。

1. 植物选择

花境应用中选材广泛，几乎所有的低矮开花植物都能作为花境的材料，其中以宿根花卉为主，不同类型的花境可兼有一、二年生的草本花卉、宿根花卉、球根花卉、低矮花灌木及一些观赏草类等，一次种植后可多年使用，通常能保持3～5年。

（1）春季开花的种类

春季开花的种类有金盏菊、飞燕草、桂竹香、紫罗兰、荷包牡丹、耧斗菜、风信子、花毛茛、郁金香、蔓锦葵、石竹类、马蔺、鸢尾类、铁炮百合、大花亚麻、芍药等。

（2）夏季开花的种类

夏季开花的种类有蜀葵、射干、美人蕉、大丽花、天人菊、唐菖蒲、萱草类、矢车菊、玉簪、鸢尾、百合、卷丹、宿根福禄考、桔梗、晚香玉、葱兰等。

（3）秋季开花的种类

秋季开花的种类有荷兰菊、雁来红、乌头、百日草、鸡冠、凤仙花、万寿菊、醉蝶花、麦秆菊、硫华菊、翠菊、紫茉莉等。

2. 色彩设计

选择植物时，应注意各段植物材料和花卉色彩配置，包括不同生长季节植物的变化、深根系和浅根系之间的合理搭配等。季相设计可利用植物花期、花色、叶色创造季相变化，理想的花境应四季可赏。

（四）花境的施工

由于花境所用植物材料多为多年生花卉，故第一年栽种时整地要深翻，一般要求深达40～50cm。若土壤过于贫瘠，要施足基肥；若种植喜酸性植物，须混入泥炭或腐叶土，然后整平即可放样栽种。栽种时，应先栽植株较大的花卉，再栽植株较小的花卉；先栽宿根花卉，再栽一、二年生草本花卉和球根花卉。

（五）花境的养护

每年早春应进行中耕、施肥和补栽，更换部分植株，或播种一、二年生草本花卉。在生长季中，应注意及时中耕、除草、病虫害防治、施肥、浇水、修剪、整枝等。对于枝条柔软或易倒伏的种类，必须及时搭架、捆绑固定，还应及时清除枯萎落叶以保持花境整洁。有的花卉需要掘起放入室内过冬，有的需要在苗床采取防寒措施越冬。

三、庭院花卉布置

（一）庭院花卉布置原则

庭院花卉布置原则如下：

① 满足庭院的功能要求。

② 与园林绿地总体布局一致，与环境相协调。

③ 根据植物的生态环境条件不同，因地制宜选择适当植物种类。

④ 应有合理的密度。

⑤ 全面考虑园林植物的季相变化和色香形的统一对比。

（二）庭院花卉的具体配置

庭院花卉的具体配置包括庭院的园门、园墙、园路、水景、叠石、草坪，花池、花坛、花境、花台、花箱树木组景、垂直绿化，阳台、凉台绿化，屋顶花园，棚架等各方面。

1. 园门

园门绿化在保证出入方便的原则下，应注意内外景色的不同。可采用收或放的手法，以增加风景层次深度，扩大空间。此外，还要注意对景、框景的创造。

2. 园墙

园墙的绿化以树墙、花墙为佳。

3. 园路

园路包括不同宽度级别的道路，应是庭园中景观的一部分。应通过平面布置，通过高低起伏、材质、色彩、绿化的配置来体现庭院的艺术水平。因此，园路不仅具有交通功能，还有散步赏景的作用。

4. 花池、花坛、花境、花台、花箱

花池、花坛、花境、花台、花箱的设计造型应与周围的地形、地势、建筑相协调。平面要讲究简洁，边缘装饰要朴实，不能喧宾夺主。其中花卉植物的体形、色彩、开花期等在生长过程中都有很大变化，设计时应周密考虑，科学安排。

5. 棚架

利用蔓性花卉可以迅速对棚架进行绿化、美化。蔓性花卉还可点缀门楣、窗格和

围墙。由于草本蔓性花卉茎十分纤细、花果艳丽，装饰性强，其垂直绿化、美化效果可以超过藤木类植物。有时用钢管、木材作为骨架，经草本蔓性花卉的攀缘生长，能够形成大型的动物形象。

任务书二

文件编号：　　　　　　　　　　　　　　　　　　　　　　日期：

任务名称	××市花卉应用形式调查（室内花卉应用）
时间	××年
任务详情	在家庭、校园、宾馆、商场、医院等地，做相应的花卉应用调查
具体要求	以小组为单位，在4学时内完成调查报告（针对不同场所记录应用形式）
学习成果	调查报告
生产负责人	

任务分析单

任务要求	达成目标	显性条件	隐性条件

实践内容二

1. 能力目标

通过室内花卉应用形式的调查，了解花卉的应用形式。

2. 材料与用具

笔、记录表、相机等。

3. 内容与方法

（1）私有室内空间调查

调查私有室内空间花卉应用形式及常用花卉品种。

（2）公共室内空间调查

调查公共室内空间花卉应用形式及常用花卉品种。

通过调查，填写室内花卉应用形式调查表，如表3-2所示。

表3-2　室内花卉应用形式调查表

调查人：______　　　　时间：______

序号	调查地点	花卉应用形式	花卉品种	观赏特点	照片

相关知识

一、插花制作

1. 概念

插花就是把有观赏价值的枝、叶、花、果从植株上剪下来，经过一定的技术处理和艺术加工，按照一定的章法、意图和情趣进行插作，借以表达一种思想，传递一种情感，或供人们观赏，也用以美化、装饰环境。

2. 类型

（1）礼仪插花

礼仪插花用于各种社交、礼仪活动，能够烘托和营造气氛，或热烈欢快，或庄严肃穆。其常用形式有很多，如各种花篮、花束、花钵、花环、花圈、捧花、胸花、餐桌花饰等，可根据不同的场合和气氛选用。

（2）艺术插花

艺术插花主要用于美化环境和艺术欣赏，既能渲染气氛，又可供艺术欣赏。这类插花在造型上不拘泥于一定的形式，注重表现线条的美，色彩或典雅古朴，或明快亮丽。

（3）西方式插花

西方式插花以欧美各国的传统插花为代表。其特点是作品体量大，造型简洁大方、凝练，结构紧密繁盛，色彩华丽或素雅。

（4）东方式插花

东方式插花以中国和日本为代表。其造型以自然线条为主，多呈现不对称构图，配色清新淡雅，以幽雅见长。

（5）自由式插花

自由式插花融汇了东西方插花的特点。其选材、构图、造型不拘一格，自由广泛。

3. 插花步骤

（1）修剪

首先，应去掉花卉的残枝败叶，根据不同式样，进行长短剪裁，并根据构图的需要进行弯曲处理（为了延长水养时间，适合水中剪取）。

（2）固定

可以用花插、花泥、撒等工具进行固定。

（3）插序

制作时，一般先插主花材，再插陪衬花材，最后插叶。

二、盆景制作

（一）盆景分类

中国盆景是一个庞大的艺术体系，主要分为两大类：一类是以植物为主要造型材料的盆景，称为树桩盆景；另一类是以山石或山石代用物为主要材料的盆景，称为山水盆景。此外，还有微型组合盆景和树石组合盆景两种类型。

（二）树桩盆景制作

树桩盆景制作时，应先选择树坯，然后对其造型，并配备相应的盆钵。树坯的造型方法包括修剪法、蟠扎法、树干矫正法、提根法、雕凿法。

三、盆花——居室花卉布置

（一）客厅花卉装饰

1. 要求

客厅花卉装饰应尽可能突出精神因素，展示主人的情趣及修养，创造优雅、热情、大方和轻松的氛围。

2. 适宜花材

客厅的适宜花材主要有巴西木、橡皮树、垂叶榕、散尾葵、八角金盘、垂笑君子兰、鹅掌柴、龟背竹、绿宝石喜林芋、绿萝、马拉巴栗、麒麟尾等。

（二）卧室花卉装饰

1. 要求

卧室花卉装饰应尽可能体现温馨、宁静、舒适的情调。

2. 适宜花材

卧室的适宜花材中，喜阳种类主要有长春花、风信子、瓜叶菊、金边虎皮掌、水仙、仙客来等；耐阴种类主要有鹅掌柴、富贵竹、合果芋、吉祥草、马拉巴栗、瑞典常春藤、散尾葵、万年青、一叶兰、棕竹等。

（三）书房花卉装饰

1. 要求

书房花卉装饰应体现舒适、文雅、安静和充满文化气息等特点。

2. 适宜花材

书房的适宜花材主要有文竹、天门冬、水培绿萝、水仙、风信子、梅花等。

（四）餐厅及厨房花卉装饰

1. 要求

餐厅及厨房花卉装饰要求卫生、安静、舒适，在装饰上以简练、随和为主。

2. 适宜花材

餐厅及厨房的适宜花材主要有龙血树、印度橡皮树、悬垂绿萝、洋常春藤、吊兰、巴西木、富贵竹、白掌、袖珍椰子等。

（五）阳台花卉装饰

1. 要求

阳台花卉装饰应展示主人的情趣及修养。

2. 适宜花材

阳台的适宜花材主要有君子兰、橡皮树、千年木、榕树、非洲茉莉、松柏类盆景、石榴、火棘、无花果、月季、银杏、碧桃、梅花、樱花、海棠等。

四、花卉租摆

（一）花卉租摆的条件

1. 具备花卉养护基地

应具备花卉养护基地且有足够数量的花卉品种，以便于花卉在摆放一段时间后，能够迅速更换并送回养护基地进行精心养护。

2. 养护管理技术

应掌握花卉的生长习性，对花卉病虫害要有正确的判断，以便随时解决租摆过程中花卉出现的问题。

（二）花卉租摆的操作过程

1. 签订协议

花卉租摆双方应签订一份合同协议书，合同内容应对双方所承担的责任和义务加以明确。

2. 租摆设计

租摆设计包括针对客户个性进行花卉材料设计、花卉摆放方式设计和对特殊环境要求下的花卉设计，应视具体情况而定。

3. 材料准备

应选择株形美观、色泽好、生长健壮的花卉材料及合适的花盆容器。同时，应修剪黄叶，擦拭叶片，使花卉整体保持洁净。此外，节假日及庆典等时期，为了烘托气氛，还可对花盆进行装饰。

4. 包装运输

花卉应进行必要的包装、装车并运送到指定地点。

5. 现场摆放

应按设计要求将花卉摆放到位，以呈现最佳观赏效果。

6. 日常养护

花卉的日常养护包括浇水、保持叶面清洁、修剪黄叶、定期施肥、预防病虫害发生。

7. 定期检查

应定期检查花卉的观赏状态及生长情况，并对养护人员的养护服务水平进行监督考核。

8. 更换植物

应按照花卉生长状况对植物进行定期更换及按照合同条款定期更换。

9. 信息反馈

租摆公司负责人应与租摆单位及时沟通，对租摆花卉的绿化效果进行调查并进行改善，对换回的花卉精心养护使其复壮。

（三）花卉租摆方案

1. 办公室（写字楼）花卉租摆

（1）环境特点

对于办公室（写字楼），花卉摆放的空间不大，温度一般在25℃左右，不同位置的光照差别较大，人员流动多。

（2）适宜花卉

办公室（写字楼）适宜租摆的花卉主要有绿萝、吊绿萝、巴西木、吊兰、荷兰铁、散尾葵、鱼尾葵、国王椰子、马拉巴栗、棕竹等。

2. 酒店（宾馆）花卉租摆

（1）环境特点

对于酒店（宾馆），植物摆放的空间较大，温度适宜，一般在25℃左右，日夜温差变化小，空气质量好，不同位置的光照差别较大，人员流动较多。

（2）适宜花卉

酒店（宾馆）适宜租摆的花卉主要有大型盆景、散尾葵、鱼尾葵、国王椰子、马拉巴栗、棕竹等。

3. 商场花卉租摆

（1）环境特点

对于商场，植物摆放的空间较大，温度适宜，一般在25℃左右，日夜温差变化小，空气质量一般，不同位置的光照差别较大，人员流动多。

（2）适宜花卉

商场适宜租摆的花卉主要有大型盆景（五针松、罗汉松、苏铁等）、散尾葵、鱼尾葵、国王椰子、马拉巴栗、棕竹等。

4. 医院花卉租摆

（1）环境特点

对于医院，植物摆放的空间较大，温度适宜，一般在25℃左右，昼夜温差变化小，空气质量不佳，不同位置的光照差别较大，人员流动多。

（2）适宜花卉

医院适宜租摆的花卉主要有绿萝、吊绿萝、巴西木、吊兰、散尾葵、鱼尾葵、国王椰子、马拉巴栗、棕竹等。

思政内容

课程思政分析	
思政元素	实践安全
融入知识点	花坛应用场所
融入方式	课前发放实践安全须知材料，注入思政元素，课堂实践过程体会

任务二 学院花卉应用方案设计

学习目标

能力目标	知识目标	素质目标	思政目标
能够完成主题花坛设计	1. 掌握花坛的概念 2. 掌握花卉配置原则 3. 掌握花坛色彩搭配	1. 培养自主学习能力 2. 培养语言表达能力 3. 培养团队协作能力 4. 培养健康意识	1. 树立环保理念及创新意识 2. 培养吃苦耐劳的精神 3. 培养规范操作意识

学习目的

通过学院花卉应用方案设计，掌握花卉应用的基本方法，提高花卉应用的能力。

材料与用具

绘图纸、铅笔、针管笔、三角板、画圆模板等。

学习步骤

领取任务书→任务分析→案例分析→花卉应用方案设计。

任务书

文件编号： 日期：

任务名称	学院花卉应用方案设计
时间	××年
任务详情	为学院校园环境设计一处以“建党100周年纪念”为主题的花坛，用于夏季观赏
具体要求	以小组为单位，在4学时内完成花坛方案制订。要求制订详细的设计方案，包括图纸和设计说明
学习成果	花坛设计方案
生产负责人	

任务分析单

任务要求	达成目标	显性条件	隐性条件

参考案例 人民路中段隔离带花坛改造设计方案

案例分析单

未涉猎的新名词/新内容	案例文本纲要组成部分	案例内容是否适合作为本次学习任务的纲要（是/否）

实践内容

1. 能力目标

通过主题花坛设计，了解花坛在园林中的应用，掌握花坛设计的基本原理和方法，并达到能实际应用的目的。同时学会花坛施工和四季养护。

2. 材料与用具

绘图纸、绘图笔、铁锹、板镐、小手铲、白灰或沙、喷壶、卷尺等。

3. 内容与方法

（1）花坛设计

根据学校绿化要求，设计一个夏季主题花坛（以“建党100周年纪念”为主题）。根据环境情况，选择盛花花坛或模纹花坛。要求绘制总平面位置图，设计花坛平面图，绘制花坛立面图，列出花坛花卉配置的名录表，并制作花坛设计说明书。

① 详细了解设计要求，分组自行勘测现场，绘制总平面位置图。

② 设计花坛草图，小组讨论并修改草图。

③ 绘制正式花坛平面图。

④ 提交方案，听取老师的反馈意见。

⑤ 花坛平面图设计完成并且合格后，即可按照设计方案进行花卉配置。

（2）花坛植物种植施工

根据设计的花坛类型与实践的季节，选择花坛施工与养护管理实习内容，并在花坛栽植完成后进行持续养护。

4. 思考与作业

根据实践的季节选择花坛施工与养护管理的内容。

相关知识

一、花坛类型

花坛是一种古老的花卉应用形式，在具有几何形轮廓的种植床内，种植各种不同色彩的花卉，运用花卉的群体效果来体现图案纹样，或观赏花朵盛开时的绚丽景观。它可以突出鲜艳的色彩或精美华丽的纹样来体现其装饰效果。在园林布局中花坛常作为主景，在庭院布置中也是重点建设部分，同时，对街道绿地和城市建筑物也起着重要的配景和装饰美化作用。下面主要介绍盛花花坛、模纹花坛及立体花坛。

1. 盛花花坛

盛花花坛（图3–3）又称花丛花坛、集栽花坛，是在自然式或规则式种植床内，按照一定的图案设计，集中栽植同期开放的同种花卉或不同花卉，以表现花朵盛开时群体的色彩美。

图3–3　**盛花花坛**

2. 模纹花坛

模纹花坛（图3–4）又称毛毡花坛、镶嵌花坛、图案式花坛等，是在规则种植床内，集中栽植植株低矮、枝叶细密、色彩鲜艳的观叶植物，以表现群体组成的精美图案或装饰纹样。根据模纹花坛表面是否整齐，常将其分为毛毡花坛和浮雕花坛。毛毡花坛是将植株修剪成同一高度，表面平整，看上去好像华丽的地毯。而浮雕花坛是根据植株高度不同，使得图案纹样有凹有凸，也可以通过修剪，使配植在模纹花坛中的同种植物高度不同而呈现凹凸，犹如浮雕一样。

图3-4 模纹花坛

3. 立体花坛

立体花坛（图3–5）向空间伸展，具有竖向景观，是超出花坛原有含义的一种布置形式，包括标牌花坛、造型花坛等形式。标牌花坛是用植物组成竖向牌式花坛，多为一面观；造型花坛是依据环境及花坛主题，利用植物材料将花坛做成各种造型，如动物、花篮等，多为四面观。

图3-5 立体花坛

二、花坛设计

1. 花坛的位置和形式

花坛的位置主要根据当地的环境，因地制宜地设置。一般设置在公园的出入口、主要建筑物前、主要交叉路口和风景视线集中的地方。花坛的大小、外形、结构和种类，应根据环境而定。一般在主要道路交叉口或广场上，以鲜艳的盛花花坛为主；在公园出入口，应设置规则整齐、精致华丽的花坛，一般以模纹花坛为主；在纪念馆、医院附近的花坛，则以严肃、安宁、沉静为宜。

2. 花坛的高低、大小和色彩

花坛的高度应在人视平线以下，使人们能够看清花坛的内部和全貌。同时，为了使花坛层次分明、便于排水，应呈现四周低中央高或前低后高的斜坡形式。花坛的面积不宜过大，否则不易布置，也不易与周围环境协调，且不利于管理。花坛的色彩布置应有主次之分，即应以一种色彩作为主色调，其他色彩作为对比，以衬托主色调。此外，色彩不宜过多，一般以2 ~ 3种色彩为宜。

3. 盛花花坛的设计

（1）植物选择

盛花花坛以一、二年生观花草本为主要材料，也可适量选用球根花卉或宿根花卉，通常以10 ~ 40cm的矮生品种为宜。适合做花坛的花卉应高矮整齐，株丛紧密，开花繁茂，盛开时花朵应完全覆盖枝叶和地面；花期一致且开放时间较长，至少保持一个季节的观赏期；花色鲜艳明亮，有丰富的色彩幅度变化，纯色搭配及组合较复色更为理想，更能体现色彩美。此外，要求耐移栽，缓苗快。

盛花花坛可设计为一种草花，也可设计几种不同色彩的花卉组合。几种花卉组合时要求色彩搭配和谐，株形相近，花期也基本一致。此外，花坛边缘还可适当选用一些矮小灌木、绿篱或草本地被镶边，如黄杨类、小檗类、景天类等。花坛中心还可配植高大整齐的草本花卉，如美人蕉、银边翠等，也可配植少量姿态优美的树木材料，如海枣、桂花、凤尾兰以及修剪成球形的黄杨、海桐等。

（2）色彩设计

盛花花坛表现的主题是花卉群体的色彩美，因此要精心选择花卉并进行巧妙搭配。一般要求色彩鲜明、艳丽。

① 对比色的应用。对比色的应用比较活泼而明快。深色调的对比比较强烈，给人以兴奋感；浅色调的对比效果较理想，柔和而又鲜明。如紫色和浅黄色（紫色三色堇+黄色三色堇、藿香蓟+黄早菊），橙色和蓝紫色（金盏菊+雏菊、金盏菊+三色堇），绿色和红色（红鸡冠+扫帚草）等。

② 暖色调的应用。暖色调搭配时，如果色彩不鲜明，可加入白色调剂，同时可以提高花坛的明亮度。这种配色鲜艳、热烈而庄重，在大型花坛中常用。如红色和黄色、白色和红色以及黄色（黄早菊+白早菊+一串红或一品红、金盏菊+白雏菊+红色美女樱）。

③ 同色调的应用。同色调的应用不常用，适于小面积的花坛及花坛组，起装饰作用，不作为主景。如白色建筑前用红色的花或由单纯红色、黄色、紫色等单色花组成

花坛组。

④ 在花坛色彩搭配时应注意颜色对人的视觉及心理的影响。如暖色调在空间上给人以扩张感，冷色调则给人以收缩感。设计时要对空间大小有所考虑。

⑤ 花坛的色彩应与其作用结合考虑。装饰性花坛、节日花坛应与环境相区别；组织交通用的花坛应醒目；而基础花坛应与主体相配合，起烘托主体的作用，不能过分艳丽，以免喧宾夺主。

⑥ 花卉色彩的特点。花卉色彩不同于标准色彩，需要在实践中仔细观察才能正确应用。如天竺葵、一串红、一品红同为红色花卉，但它们在明度上有所差别，与黄色花卉相配时，效果不同。一品红红色稳重，一串红较鲜明，天竺葵较艳丽。后两种与黄色花卉相配时有明快的感觉，而一品红则需要加入白色花卉才会有较好的效果。

（3）图案设计

盛花花坛外形轮廓主要是几何图形或花坛几何图形的组合，如圆形、方形、三角形等，也可以根据地形设置成自然形状。花坛大小应适度，一般观赏轴线以8～10m为度。现代建筑的外形多变，在外形多变的建筑前设置花坛，可用流线或折线构成外轮廓，对称、拟对称或自然式均可，以求与环境协调，内部图案应简洁，轮廓明显。

4. 模纹花坛的设计

（1）植物选择

植物的高度和形状对模纹花坛的纹样表现有较大影响，是选择材料的重要依据。低矮细密的植物才能形成精美细致的华丽图案。

① 以生长缓慢的多年生植物为主。一、二年生草本花卉的生长速度不同，图案不容易稳定，可选用草花的扦插、播种苗及植株低矮的花卉作为图案的点缀，但它们布置的图案主题观赏期相对较短，一般不使用。

② 以枝叶细小、株丛紧密、萌蘖性强、耐修剪的观叶植物为主。常见的有彩叶草、五色草、银叶菊等。通过修剪可以使图案纹样清晰，并能维持较长的观赏期，而枝叶粗大的材料不易形成精美的纹样，特别不适合小面积花坛。观花植物花期短，不耐修剪，若使用少量作为点缀，也应以植株低矮、花小而密的观花草本效果为好，如孔雀草、香雪球、三色堇等。以植株矮小或通过修剪控制在株高5～10cm为宜，以耐移植、易栽培、缓苗快的材料为好。

（2）色彩设计

模纹花坛色彩设计应以其图案样式为依据，用植物的色彩突出纹样，使之清新而精美。如选用五色草中的小叶红或小叶黑与小叶绿描出各种花纹，若要更清晰，还可用白绿色的白草种在两种不同色草的界限上突出纹样的轮廓。

（3）图案设计

模纹花坛以突出纹样的华丽为主，因而种植床的外部轮廓以线条简洁为宜，面积不宜过大。内部图案纹样精美细致，要有长期的稳定性，可选择的内容广泛，如工艺品花纹、卷云等，设计成毡状花纹；用文字或文字的组合构成图案，如国旗、国徽、会徽等，但应严格符合比例，不得随意更改；还可以是时钟、花篮、花瓶、动物等图案。

三、花坛的种植施工

（一）盛花花坛的种植施工

1. 圃地整理

花坛种植前，应先翻耕土地，一般应深翻30～40cm，除去杂物。如果土质较差，则应将表层30cm土更换好土，根据需要，施用适量的肥效好而又持久的已腐熟的有机肥作为基肥。四周最好用花卉材料作为边饰，也可以用砖或石块、水泥等砌边。

2. 定点放线

根据图纸规定，直接用皮尺量好实际距离，用点线做标记。放线时，应注意先后顺序，避免破坏已放好的标志。

3. 起苗栽植

盛花花坛栽植时，按照先中心后四周或自后向前的顺序栽种。裸根苗应随起随栽。起苗应尽量保持根系完整；小花盆或营养钵育苗的，可带土栽植。

4. 养护管理

花坛种植完毕后，须立即浇透水，以提高成活率。平时应注意及时浇水、中耕除草、剪除残花枯叶，保持清洁美观。如发现有缺株要及时补充。

（二）模纹花坛的种植施工

1. 圃地整理

除按盛花花坛的要求进行外，为了防止花坛出现下沉和不均匀现象，在施工时应增加一、二次镇压。

2. 定点放线

按照图纸的纹样精确放线。先将花坛表面等分为若干份，再分块按照图纸花纹用白沙画线。

3. 起苗栽植

模纹花坛栽植时应先栽模纹图案，然后栽植底衬。栽植时要求做到苗齐，地面达到“横看一平面，纵看一条线”。株行距根据植株大小或设计要求决定。一般白草的株行距为3～4cm；小叶红、小叶绿的株行距为4～5cm；大叶红草的株行距为5～6cm。

平均种植密度为250～280株/m^2。最窄的纹样栽植白草不少于三行，绿草、小叶红、小叶黑等不少于两行。

4. 养护管理

草栽好后可进行一次修剪，将草压平，以后每隔15～20天修剪一次。栽植完成后应浇一次透水，以后每天早、晚各喷水一次。

（三）立体花坛的种植施工

1. 立架造型

立体花坛的外形结构应根据设计图，先用建筑材料制作骨架外形，外包装入泥炭和珍珠岩的无纺布，将其固定在骨架上。

2. 栽花

立体花坛的材料多采用五色草，所栽植小草由蒲包缝隙插进去，插入时草根应舒展，然后用土填满缝隙，并压实。栽植顺序一般由上向下，株行距同模纹花坛。栽植完成后应及时修剪，以防植株向上弯曲。

3. 养护管理

立体花坛应每天喷水，一般每天喷水两次，天气炎热干旱时应多喷几次，每次喷水要细、防止冲刷。

四、花坛的更换

由于各种花卉均有一定的花期，要使花坛特别是设置在重点地方的花坛一年四季有花，就必须根据季节和花期经常进行更换。更换前，必须事先根据要求进行育苗，至含苞待放时移入花坛，开花后给予清除更换。

更换时，应根据季节选择更换的花卉。

1. 春季花坛

春季花坛以3～5月开花的一、二年生草本花卉为主，并配以盆花。常用的有矮牵牛、三色堇、瓜叶菊、月季、金盏菊、雏菊等。

2. 夏季花坛

夏季花坛以5～7月开花的春播草本花卉为主，并配以盆花。常用的有凤仙花、百日草、一串红、矢车菊、美女樱、夏堇、半枝莲、翠菊等。

3. 秋季花坛

秋季花坛以7～10月开花的春播草花为主，并配以盆花。常用的有鸡冠花、菊花、万寿菊、孔雀草、一串红等。配模纹花坛可以用五色草、彩叶草、半枝莲、香雪球等。

4. 冬季花坛

对于冬季花坛，长江流域一带常用羽衣甘蓝、红叶甜菜、大花三色堇作为花坛布置，可露地越冬。

思政内容

<table>
<tr><th colspan="3">课程思政分析</th></tr>
<tr><td>思政元素</td><td colspan="2">传承红色精神、培养健康意识、培养吃苦耐劳的精神、培养规范操作意识</td></tr>
<tr><td>融入知识点</td><td colspan="2">主题花坛设计</td></tr>
<tr><td>融入方式</td><td colspan="2">① 课程内容选取命题式花坛设计。开展班级活动，交流设计原理，了解我国发展历程，引发共鸣；课上进行“头脑风暴”，讨论如何设计纪念主题花坛，传承红色精神
② 引导学生专注上课，培养吃苦耐劳的精神
③ 在案例分析和表达花坛设计文件内容环节，规范设计文件内容；同时，在绘制花坛图纸环节，规范学生工具的使用，培养学生规范操作意识</td></tr>
<tr><td rowspan="2">融入资源</td><td>资源名称</td><td>描述</td></tr>
<tr><td>主题花坛设计</td><td>创意与美学的结合</td></tr>
</table>

自测自评

课外实践一 花境设计与施工

1. 能力目标

通过花境设计与施工，了解花境在园林中的应用，掌握花境设计的基本原理和方法，并达到能实际应用的目的。同时学会花境施工和四季养护。

2. 材料与用具

绘图纸、绘图笔、铁锹、板镐、小手铲、白灰或沙、喷壶、卷尺等。

3. 内容与方法

分组设计花境，说明定植方式、株行距、用花量及养护管理措施。

（1）花境设计

① 详细了解设计要求，分组自行勘测现场，绘制总平面位置图。

② 设计花境草图，小组讨论并修改草图。

③ 绘制正式花境平面图。

④ 提交方案，听取老师的反馈意见。

⑤ 花境平面图设计完成并且合格后，即可按照设计方案进行花卉配置。

（2）花境的施工与养护管理

根据设计的花境类型与实践的季节，选择花境施工与养护管理的实践内容，并在花境栽植完成后进行持续养护。

4. 思考与作业

① 每组设计一个花境，并绘制花境设计图。要求绘制总平面位置图，设计花境平面图，绘制花境立面图，列出花境花卉配置的名录表，并制作花境设计说明书。

② 根据实践的季节选择花境施工与养护管理的内容。

相关知识

花境又称境边花坛，是指利用露地宿根花卉，球根花卉及一、二年生草本花卉，沿树丛、绿篱、栏杆、绿地边缘、道路两旁及建筑物前，呈带状自然式布置的一种花卉应用形式。花卉布置常采取自然式块状混交，以表现花卉群体的自然景观。

花境是根据自然界中林地、边缘地带多种野生花卉交错生长的规律，加以艺术提炼而应用于园林的一种方式。在园林中，花境不仅可以增加景观，还可以起到分隔空间和组织游览路线的作用。花境既能体现植物个体的自然美，又能体现花卉自然组合的群落美。一次种植，可多年使用观赏，四季有景。

一、花境特点

花境边缘依环境不同，可以是流畅的自然曲线，也可以是直线。花境所选用的植物以花期较长、色彩艳丽、栽培管理粗放的宿根花卉为主，适当配以一、二年生草本花卉和球根花卉，或全部用球根花卉进行配置，或仅用同一种花卉的不同品种、不同色彩进行配置。

花境中各种花卉的配置呈自然斑块混交，错落分布，花开成丛。花境中不要求高矮一致，开花时互不遮挡即可，但又不能杂乱无章，整体构图须严整。花境中不要求花期一致，但需要有季相变化，四季有花或至少三季有花。花境管理粗放，不需要年年更换花卉，一经栽植可观赏多年。

二、花境类型

1. 单面观赏花境

单面观赏花境（图3-6）宽度一般为2 ~ 4m。植物配置由低到高，形成一个面向道路的斜面，低矮的植物在前，高的在后，以建筑、树丛、矮墙或绿篱作为背景，供游人单面观赏。其高度可高于人的视线，但不宜太高，一般布置在道路两侧、建筑物墙基或草坪四周等地。

图3-6　单面观赏花境

2. 两面观赏花境

两面观赏花境（图3–7）宽度一般为4 ~ 6m。植物的配置为中央最高，两边逐渐降低，其立面应该有高低起伏错落的轮廓变化，可供游人从两面观赏，通常布置在道路、广场、草地的中央等地。

3. 对应式花境

对应式花境（图3–8）是指在园路的两侧、草坪中央或建筑物周围设置相对应的两个花境。这两个花境在设计上应统一考虑，作为一组景观，多采用对称的手法，以求有节奏和变化，多由两个单面观赏花境组成。

图3-7　两面观赏花境

图3-8　对应式花境

三、花境设计

（一）花境位置的设置

花境可设置在风景区、公园、街头绿地、家庭花园及林荫路旁。它是一种带状的布置方式，适合周边设置，可创造出较大的空间或充分利用园林绿地中的带状地段。同时，它也是一种半自然式的种植方式，因而非常适合布置在园林中建筑物、道路、草坪及树丛、绿篱及树墙、家庭花园等人工构筑物与自然环境之间，起到由人工到自然的过渡作用。

1. 建筑物前

在建筑物前，花境可以起到基础种植的作用，用来软化建筑的生硬线条，连接周围的自然风景。以三层以下的低矮建筑物前装饰为好，围墙、篱笆、栅栏以及坡地的挡土墙前也可以设置花境。

2. 道路旁

园林中游览步道边适合设置花境，如果道路尽头有园林小品，可在道路两侧设置花境。在边界物前设置单面观赏花境，既有隔离作用，又有美化装饰效果。通常在花境前再设置园路或草坪，方便游人欣赏。

3. 宽阔的草坪上、树丛间

在宽阔的草坪上、树丛间适宜设置两面观赏花境，可丰富景观，组织游览路线。通常在花境两侧还可辟出步道，以利于观赏。

4. 较长的绿篱、树墙前

绿色的背景可以使花境色彩得到充分的表现，而花境又活化了单调的绿篱和树墙。

5. 家庭花园

在面积较小的家庭花园中，花境可用来布置周边，这是花境常用的布置方式之一。

（二）植床设计

花境的植床是带状的。单面观赏花境的后缘线多用直线，前缘线既可为直线，也可为自由曲线。两面观赏花境边缘线基本是平行的，可以是直线，也可为流畅的自由曲线。在方向上，对应式花境要求长轴沿南北方向展开，以使左、右两个花境光照均匀；其他花境可自由选择方向。但应该注意，花境朝向不同，光照条件也不同。因此，在选择植物时要根据花境的具体位置有所变化。

花境的大小取决于环境空间的大小。通常花境的长轴长度不限，但为了方便管理并增强植物的节奏和韵律感，可以把长的植床分成几段，每段以不超过20m为宜。段间可空出1 ~ 3m的地段，设置圆椅或其他园林小品。花境的短轴长度有一定的要求，花境过窄不易体现群落景观，过宽超过视觉鉴赏范围会造成浪费，也会给管理增大难度。通常各类花境的适宜宽度如下：单面观赏混合花境4 ~ 5m；单面观赏宿根花境2 ~ 3m；两面观赏花境4 ~ 6m；家庭小花园中花境可设置1 ~ 1.5m，一般不超过院宽的25%。

植床设计时，可根据环境条件和土壤条件以及装饰要求，设计成高床或平床，并有2% ~ 4%的排水坡度。由于花境施工完成后可多年应用，因此需要有良好的土壤，对于土质较差的地段应进行换土。设置于绿篱、树墙及草坪边缘的花境适宜用平床，后缘稍高，前缘与路或草坪相平，给人以整洁感。排水差的土质、坡地挡土墙前的花境，宜用30～40cm的高床，边缘用不规则石块镶边，使花境具有粗犷的风格；如果用蔓性植物覆盖边缘石，又给人柔和的自然感。

（三）背景设计

单面观赏花境需要背景衬托。较理想的背景是绿色的树墙。建筑物和栅栏也可作为背景，以绿色或白色为宜。如果背景的色彩和质地不理想，可在背景前种植高大观叶绿色植物或攀缘植物，形成绿色屏障后再设置花境。背景和花境之间可以留距离，也可不留，应根据设计时的整体情况考虑。

（四）边缘设计

花境边缘不仅可以确定花境的种植范围，也能够便于前面草坪的修剪和园路的清扫。高床边缘多用自然的石块、砖头、木质材料；平床用低矮的植物镶边，若花境前面为园路，边缘可用草坪镶边。如果花境前面的园路要求边缘分明、整齐，还可在花境边缘与环境分界处填充金属或塑料材料，防止边缘植物侵蔓路面或草坪。

（五）种植设计

1. 植物选择

全面了解植物的生态习性并正确选择适宜的材料是花境种植成功的根本保证。因此，选择植物时应注意以下几个方面：

① 植物在当地应该能够露地越冬，以不需要特殊管理的宿根花卉为主，兼顾一些小灌木及球根花卉和一、二年生草本花卉。

② 所选花卉应有较长的花期，且花期能分散于各季。

③ 花序应有差异，应有水平线条和垂直线条的交叉，花色丰富多彩，有较高的观赏价值。

可选择的花境植物有芳香植物、花型独特的花卉、观叶植物、花叶均美的植物、叶色独特的禾本科植物等。

2. 色彩设计

花境的色彩主要由花色体现，但植物的叶色也是不可忽视的。花境色彩设计中常用的基本配色方法如下：

① 单色系设计。单色系设计只用来强调某一环境的某种色调或一些特殊需要时才使用，其他情况不常用。

② 类似色设计。类似色设计常用于强调季节的色彩特征，具有浪漫的格调，但应该注意和环境相协调。

③ 补色设计。补色设计多用于花境的局部配色，能够使色彩更鲜明艳丽。

④ 多色设计。多色设计是花境中最常用的配色方法，能够使花境具有鲜艳、热烈的气氛。但应注意避免在较小的花境上使用过多的色彩，否则会显得杂乱无章。

3. 季相设计

季相变化是花境的特征之一。理想的花境应该四季有景或至少三季有景。植物的花期和花色是体现季相变化的主要因素，因此，应利用花期、花色及各季节所具有的代表性植物来创造季相景观。花境中的开花植物应连接不断，以保证四季的观赏效果。

4. 立面设计

花境要有好的立面观赏效果，就应该充分体现群落的美观。因此，设计时应充分利用植物的植株高度、株形和花序、植株的质感等观赏特性，创造出丰富美观的立面景观。

（1）植株高度

花境立面高度安排的一般原则是前低后高。在实际应用时，高低植物可以穿插，但以不遮挡视线、实现景观观赏效果为准。

（2）株形和花序

结合植物整体外形，可把植物分成水平型、竖向型和独特型。水平型植物浑圆，开花密集，开花时形成水平方向的色块，如金光菊、八宝景天、蓍草等；竖向型植株耸直，形成明显的竖线条，如一枝黄花、飞燕草、火炬花、蛇鞭菊等；独特型兼具水平和竖向两种效果，如石蒜、花葱类、鸢尾类等。在花境设计时，最好兼顾这三类植物的外形。

（3）植株的质感

不同质感的植物在搭配时要尽量做到协调。例如，质地粗的植物会显得近，质地细的植物会显得远。

（六）平面设计

平面种植采用自然块状混植方式，每块为一组花丛。为使开花植物分布均匀，而又不因种类过多显得杂乱，可把主花材植物分成数丛种植在花境的不同位置。花后叶丛景观较差的植物面积宜小，也可在其前方配置其他花卉给予弥补。使用球根花卉或一、二年生草本花卉时，应注意该种植区的材料轮换，以便保持较长的观赏期。

四、花境设计图绘制要求

1. 总平面位置图

总平面位置图用平面图表示，标出花境周围环境，如建筑物、道路、草坪及花境所在位置。依环境大小可选用1：500～1：100的比例绘制。

2. 花境平面图

花境平面图应绘出花境边缘线、背景和内部种植区域，以流畅曲线表示，避免出现死角，以求近似种植植物后的自然状态。应在种植区内编号或直接注明植物，编号后须附植物材料表。可选用1：100～1：50的比例绘制。

3. 设计说明书

设计说明书应简述花境设计的主题、构思及设计图中难以表现的内容，文字应简练，附在花境设计图纸内。

五、花境的施工与养护管理

1. 整床放线

花境施工完成后可多年应用，因此需要有良好的土壤，对于土质较差的地段应进行换土。通常混合式花境的土壤须深翻60cm左右，筛出石块等杂物，距床面40cm处混入腐熟的有机肥，再将表土填回，然后整平床面，稍加镇压。

按照平面图纸要求，用沙或白粉在种植床内放线，对于有特殊土壤要求的植物，可在种植区采用局部换土措施。要求排水好的植物，可在种植区土壤下层添加砾石。对于根蘖性过强的植物，可在种植区边挖沟，填充石头、瓦砾等进行隔离，以防侵扰其他花卉植物。

2. 栽植与养护管理

对于花境的栽植与养护管理，通常按照设计方案进行事先育苗，然后移栽入花境。栽植密度以植株覆盖床面为限。如果栽植的为小苗，可种植密一些，花前再进行适当疏苗；如果栽植的为成苗，则应该按照设计密度栽植。

花境栽植完成后，随时间的推移会出现生长不均的现象，应该及时调整，以保持花境的景观效果。早春和晚秋季节可更新植物（补栽或分株等），并及时把秋末落叶以及腐熟的有机肥施入土壤。同时，在管理中应注意灌溉和中耕除草，以及花后及时进行去除残花等工作。

花境实际上是一种人工群落，只有精心养护管理才能保持较好的景观。一般花境能保持3～5年的景观效果。

思政内容

课程思政分析	
思政元素	团队协作能力、规范操作及安全意识
融入知识点	花境设计与施工

续表

课程思政分析		
融入方式	① 通过实践环节，树立规范操作及安全意识 ② 通过小组合作，培养团队协作能力	
融入资源	资源名称	描述
	花境设计	规划与美化

课外实践二 盆栽花卉的室内应用

1. 能力目标

使学生掌握大型会场、宾馆等花卉租摆场所盆花装饰的基本技术。

2. 材料与用具

适宜室内装饰的各类应时盆花（足量）、皮尺、钢卷尺、铅笔、笔记本。

3. 内容与方法

（1）设计租摆方案

根据租摆场所的环境设计花卉租摆的具体方案，包括所用的花卉种类、规格、数量、摆放位置等。如大型会议会场的主席台、舞台的前沿、背景，宾馆饭店的大堂等处摆放花卉的种类、规格、数量等。

（2）实地摆放

根据设计方案选择适宜的盆花，在模拟场所进行实地摆放，摆放过程中根据具体情况反复调整，以达到最佳装饰效果。

4. 思考与作业

① 各小组内讨论居室花卉布置的意义和作用、基本原则、植物的选择和主要形式。

② 找出所拟室内设计方案的不足之处，并提出改进意见。

相关知识

一、花卉室内设计原则

1. 美学原则

花卉室内设计必须依照美学的原则，通过艺术设计，明确主题，合理布局，分清层次，协调形状和色彩，才能达到清新明朗的艺术效果，使绿化布置自然地与装饰艺术联系在一起。为体现室内绿化装饰的艺术美，必须通过一定的形式，使其构图合理、色彩协调、形式和谐。

（1）构图合理

构图是指将不同形状、色泽的物体按照美学的观念组成一个和谐的景观。绿化装饰要求构图合理（即构图美）。构图是装饰工作的关键问题，在装饰布置时必须注意两个方面：一是布置均衡，以保持稳定感和安定感；二是比例合度，以体现真实感和舒适感。

布置均衡包括对称均衡和不对称均衡两种形式。人们在居室绿化装饰时习惯于对称的均衡，如在走道两边、会场两侧等摆上同样品种和同一规格的花卉，显得规则整齐、庄重严肃。与对称均衡相反的是室内绿化自然式装饰的不对称均衡，如在客厅沙发的一侧摆上一盆较大的植物，另一侧摆上一盆较矮的植物，同时在其邻近花架上摆上一盆悬垂花卉。这种布置虽然不对称，但却给人以协调感，视觉上认为二者重量相当，仍可视为均衡。

比例合度指的是植物的形态、规格等要与所摆设的场所大小、位置相配套。室内绿化装饰犹如美术家创作一幅静物立体画，如果比例恰当就有真实感，否则就会弄巧成拙。例如，空间大的位置可选用大型植株及大叶品种，以利于植物与空间的协调；小型居室或茶几案头只能摆设矮小植株或小盆花木，这样会显得优雅得体。

（2）色彩协调

色彩感觉是一般美感中最大众的形式。色彩一般包括色相、明度和纯度三个基本要素。色相就是色别，即不同色彩的种类和名称；明度是指色彩的明暗程度；纯度也称饱和度。色彩作为人的视觉中十分醒目且敏感的因素，在室内绿化装饰艺术中起着举足轻重的作用。

室内绿化装饰的形式应根据室内的色彩状况而定。如选用叶色深沉的室内观叶植物或颜色艳丽的花卉进行布置时，背景底色宜用淡色调或亮色调，以突出布置的立体感；居室光线不足、底色较深时，宜选用色彩鲜艳或淡绿色、黄白色的浅色花卉，以便取得理想的衬托效果。陈设的花卉也应与家具色彩相互衬托。如清新淡雅的花卉摆在底色较深的柜台、案头上可以提高花卉色彩的明亮度，使人精神振奋。此外，室内绿化装饰植物色彩的选配还要随季节变化及布置用途不同而做必要的调整。

（3）形式和谐

姿色形态是室内绿化装饰的第一特性，能够给人以深刻印象。进行室内绿化装饰时，应依据各种植物的姿色形态，选择合适的摆设形式和位置，同时注意与其他配套的花盆、器具和饰物间搭配协调，务求做到和谐相宜。如悬垂花卉宜置于高台花架、柜橱或吊挂高处，使其自然悬垂；色彩斑斓的植物宜置于低矮的台架上，以便于欣赏其艳丽的色彩；直立、规则的植物宜摆在视线集中的位置；空间较大的位置可以摆设丰满、匀称的植物，必要时还可采用群体布置，将高大植物与其他矮生品种摆设在一起，以突出布置效果等。

2. 实用原则

室内绿化装饰的另一重要原则在于其实用性，即必须符合功能的要求。因此，应根据绿化布置场所的性质和功能要求，从实际出发，做到绿化装饰美学效果与实用效果的高度统一。如新装修的房间可多摆一些吸毒植物；书房是读书和写作的场所，不宜摆设色彩鲜艳的花卉，应以清秀典雅的绿色植物为主，以创造一个安宁、优雅、静穆的环境，使人在学习间隙举目张望，让绿色调节视力，缓解疲劳，起到镇静悦目的功效。

3. 经济原则

室内绿化装饰除应注意美学原则和实用原则外，还要求绿化装饰的方式经济、可行，而且能保持长久。设计布置时，应根据室内结构、建筑装修和室内配套器物的水平，选配合乎经济水平的档次和格调，使室内“软装修”与“硬装修”相协调。同时，应根据室内环境特点及用途选择相应的室内观叶植物及装饰器物，使装饰效果能够保持较长时间。

二、各类场所租摆方案设计

1. 办公场所植物租摆方案

在办公场所，绿植摆放的空间受到限制，一般不是很大；室内温度适宜，一般在25℃左右，但昼夜温差变化小，容易使绿植抗性降低；空气质量相对较差，空气流通较差，不同位置的光照差别较大。

因此，办公室内的绿植布置，除了美化作用外，空气净化作用也很重要。由于计算机等办公设备的增加，辐射增加，采用一些对空气净化作用大的绿植尤为重要。另外，由于空间的限制，采用吊篮绿植也可增加绿化的层次感。常用植物如绿萝、吊绿萝、巴西木、吊兰、荷兰铁、散尾葵、鱼尾葵、夏威夷椰子、棕竹等。

2. 会议场所植物租摆方案

会议场所的布置因不同场合而异，如国庆节、中秋节、公司员工大会、年会等，不同的场合对于会场布置的要求也不相同。良好的会场布置会使整个会议拥有较好的气氛。

其中，最常见的是非节日的普通布置，这类布置多采用鲜花和绿植的合理搭配。一般采用一些高大植物摆在主席台的背后作为背景，如棕竹、散尾葵等；然后用一些小盆植物或花卉放在主席台的下方作为呼应，常用的植物有一叶兰、一品红、鸭脚木等。此外，在会场四周合理地摆放植物也是不错的选择，常用的植物有马拉巴栗、巴西木、绿萝等。同时，鲜花的布置也在会场布置中起到画龙点睛的作用。例如，在会场入口插一盆较大的迎宾花卉，在主席桌和宾客的座位上摆放一盆插花等。此外，应切合会议主题进行会场布置。例如，元旦庆典时，可以加上有吉祥寓意的花卉，如金橘、金玉满堂、金枝玉叶等，再配合一些精美的中国结、红灯笼搭配，使整个会场充满氛围感。

3. 医院植物租摆方案

医院的环境温度白天通常在25℃左右，但冬天夜晚一般温度较低，昼夜有一定温差，温度环境较适宜植物花卉生长；医院人员流动多，空气质量较差；不同位置的光照差别较大，尤其是走廊光照少。医院花卉植物通常摆放在走廊等公共区域，摆放空间较大。

医院植物租摆在选择上首先要考虑能吸收有害气体、净化空气。应考虑医院光照、通风较差的特点，选择对光照和通风要求不高的花卉植物。此外，还应选择能够美化环境、改善患者心情的花卉植物。避免使用枝叶尖硬、花粉较多的花卉植物。常用的如绿萝、巴西木、荷兰铁、散尾葵、棕竹、夏威夷椰子、肉桂、心叶藤、富贵竹笼、橡皮树等中大型植物；黄金葛、吊兰、常春藤、银边铁、金边铁、玛丽安、万年青、白掌、袖珍椰子、芦荟、虎皮兰等小型植物。

4. 酒店植物租摆方案

酒店环境温度适宜，昼夜都在25℃左右；通风条件、空气质量一般；光照条件一般，常年无阳光直射。大堂和电梯间是酒店主要绿化空间，摆放空间较大。

酒店植物租摆时首先考虑环境整体形象，摆放应气派典雅。室外绿化和室内绿化兼顾，注重整体环境协调。植物租摆应考虑光照、通风特点，选择摆放适宜室内生长的花卉植物。同时，应考虑能够净化空气，吸收有害气体，创造赏心悦目的绿色环境。

适宜室内生长的花卉基本都可在酒店中使用，但应尽量使用高大、绿色的植物花卉。常用的如垂叶榕、绿萝、散尾葵、鱼尾葵、国王椰子、马拉巴栗、棕竹、夏威夷椰子、橡皮树、针葵等中大型植物；常春藤、银边铁、金边铁、万年青、白掌、袖珍椰子、金琥、黑美人、银皇后、虎皮兰等小型植物。

5. 商场植物租摆方案

商场的环境温度白天通常在25℃左右，夜晚温度有所下降，但通常能保证花卉植物生存的适宜温度；通风条件一般，人流量较大，环境混杂；光照条件较差，灯光是主要的光照来源。商场中通常没有专门设计的花卉摆放空间，但是整体上摆放空间充足。

由于环境混杂，商场的花卉租摆只要能起到一定的点缀效果即可，通常没有很高的要求。花卉租摆应尽量考虑能吸收有害气体、净化空气。花卉选择时，应考虑商场内光照、通风较差的特点，选择对光照和通风要求不高的花卉。由于人流量大，应尽量选择不易被摩擦碰撞损伤的植物花卉，不要选择坚硬扎人和花粉多的植物。常用的如绿萝、散尾葵、国王椰子、棕竹、夏威夷椰子、心叶藤、富贵竹笼、橡皮树等中大型植物；黄金葛、吊兰、常春藤、银边铁、金边铁、万年青、白掌、袖珍椰子、金琥、银皇后、虎皮兰等小型植物。

6. 家庭植物布置方案

家庭室内摆花应讲究植物摆设的方法，要根据房间和门厅大小、朝向和采光条件而定。一般来说，房间大的客厅、大门厅，可以选择枝叶舒展、姿态潇洒的大型观叶植物，如棕竹、橡皮树、南洋杉、散尾葵等；也可选用绿萝、发财树、巴西铁等，同时吊数盆悬挂植物，使房间显得明快，富有自然气息。大房间和门厅绿化装饰应以大型观叶植物和吊盆为主，在某些特定位置，如桌面、柜顶和花架等处点缀小型盆栽植物；若房间面积较小，则宜选择娇小玲珑、姿态优美的小型观叶植物，如文竹、袖珍椰子等，或置于案头，或摆放窗前，这样布置，既不拥挤，又不空虚，与房间大小协调，充分显示出室内观叶植物装饰的艺术魅力。

观叶植物的色彩、形态和气质应与房间功能相协调。客厅布置要选择庄重幽雅的观叶植物，墙角放置苏铁、棕竹等大中型盆栽植物，或席地而放，或置于花架上，可具有四季常青的效果；沙发旁宜选用较大的散尾葵、鱼尾葵等，人坐在沙发上犹如置身于大自然的怀抱之中；茶几和桌面上可放1～2盆小型盆栽植物，以欣赏植物的自然美；在较大的客厅里，可在墙边和窗户旁悬挂1～2盆绿萝、常春藤，以形成丰富的层次，使客厅更添情趣盎然的优美景色；书房应突出宁静、清新、幽雅的气氛，在写字台放置一盆叶形秀丽、体态轻盈、格调高雅的文竹，书架顶端可放一盆悬垂的常春藤或绿萝，再在适当位置点缀一盆精巧的微型盆景或一瓶清雅绝俗的插花，使整个书房显得文雅洁净；卧室应突出温馨和谐、宁静舒适的特点，宜选择色彩柔和、形态优美的观叶植物作为装饰材料。

三、室内花卉装饰的注意事项

1. 忌有刺花卉摆放不当

少数带刺的花卉品种，如仙人掌类，夜间送氧有益人体健康；叶子花、月季等姿美色艳，具有较高的欣赏价值。但这类花应安放在家人触及较少的地方，以免刺伤老人和儿童。

2. 电视机前不宜摆花

因为电视机辐射出的射线会使花卉植物的生殖器官发生病变，引起植株萎缩、不开花。因此，在电视机射线波及的地方不宜摆花。

3. 水果附近不宜摆花

由于水果释放的乙烯气体会加速花瓣脱落，因此水果附近不宜摆花。对乙烯气体较敏感的有水仙花、月季等。

4. 忌在盆内扣蛋壳、倒残茶

忌在盆内扣蛋壳、倒残茶。这是因为蛋壳残留的蛋清渗入盆土表层，其发酵产生的热量会灼伤根系；残茶含茶碱，能够破坏土壤中的有机养分，不利于盆花生长。同时，这些盆面覆盖物既影响土壤透气，又会招引蚂蚁、苍蝇、蚊子等诱发病害，且发霉后酸臭难闻，污染室内空气。

5. 忌“互克”花卉同处

在花卉中，如把玫瑰花和木樨草放在一起，玫瑰会排斥木樨草使其凋谢。另外，石竹花、百合、紫罗兰、兰花、虞美人等草花也难以和别的花共处。因此，不要把“互克”的花卉摆在一起，以免造成植物死亡。

6. 忌过香或带有某种异味花卉

某些花草香味过于浓烈，可能会使人难受，甚至产生不良反应，如夜来香、郁金香、五色梅等。同样地，松柏类会分泌脂类物质，从而释放出较浓的松香油味，久闻会导致食欲下降和恶心。因此，应避免使用香味过于浓烈或带有某种异味的花卉。

7. 忌致敏花卉

某些花卉，如月季、五色梅、洋绣球、天竺葵、紫荆等，当人碰触、抚摸时，往往会引起皮肤过敏，甚至出现红疹，导致奇痒难忍。因此，应避免使用致敏花卉。

8. 忌毒性花卉

有的观赏花卉带有毒性，应慎用。如含羞草，接触过多时易引起眉毛稀疏、毛发变黄，严重时可引起毛发脱落；万年青内含毒素，会使咽喉水肿甚至引起麻痹失声；水仙花的鳞茎中含有毒素，儿童误食后会引起呕吐等症状；叶子花的汁液会使皮肤红肿，若汁液误入眼中，还会使眼睛受到伤害等；一品红、夹竹桃、黄杜鹃、铁海棠、红背桂花、变叶木等观赏性花卉，均含有促癌物质，不能在卧室摆放。

9. 忌摆放数量过多

在夜间，大多数花卉会释放二氧化碳、吸收氧气，与人共争有限氧气。而夜间居室大多封闭，空气与外界流通不够，如果室内摆放花卉过多，会减少夜间室内氧气的浓度，进而影响夜晚睡眠的质量，可能引发胸闷、频发噩梦等不良影响。

思政内容

<table>
<tr><th colspan="3">课程思政分析</th></tr>
<tr><td>思政元素</td><td colspan="2">团队协作能力、规范操作及安全意识</td></tr>
<tr><td>融入知识点</td><td colspan="2">盆栽花卉的室内应用</td></tr>
<tr><td>融入方式</td><td colspan="2">① 通过实践环节，树立规范操作及安全意识
② 通过小组合作，培养团队协作能力</td></tr>
<tr><td rowspan="2">融入资源</td><td>资源名称</td><td>描述</td></tr>
<tr><td>室内绿植设计</td><td>室内绿植设计流程</td></tr>
</table>

参考文献

[1] 张树宝，李军. 园林花卉［M］. 北京：中国林业出版社，2013.

[2] 张建新，许桂芳. 园林花卉［M］. 北京：科学出版社，2011.

[3] 布伦特·埃利奥特. 玫瑰之书［M］. 冯真豪，柏淼，译. 上海：上海人民美术出版社，2022.

[4] 安格斯·海兰，肯德拉·威尔逊. 名画中的花［M］. 刘慧宁，译. 长沙：湖南美术出版社，2022.

[5] 玛格丽特·米. 森林之花［M］. 李永学，译. 长沙：湖南美术出版社，2021.

[6] 妮娜·鲁索. 花的姿态：画笔下的繁花盛宴［M］. 曲文静，译. 北京：北京科学技术出版社，2022.

[7] 娜奥米·斯莱德. 绣球全书［M］. 耿娟，译. 天津：天津人民出版社，2021.

[8] 傅玉兰. 花卉学［M］. 北京：中国农业出版社，2001.

[9] 郭强，张鲁归. 浓情蜜意节庆花卉100种［M］. 上海：上海科学技术出版社，2010.

[10] 龚雪梅. 花卉生产实习手册［M］. 北京：科学出版社，2017.

[11] 何济钦，唐振缁. 园林花卉900种［M］. 北京：中国建筑工业出版社，2006.

[12] 江荣先，董文珂. 园林景观植物花卉图典［M］. 北京：机械工业出版社，2010.

[13] 刘金海，王秀娟. 观赏植物栽培［M］. 北京：高等教育出版社，2009.

[14] 刘奕清，王大来. 观赏植物［M］. 北京：化学工业出版社，2009.

[15] 古润泽. 高级花卉工培训考试教程［M］. 北京：中国林业出版社，2006.